中途测试风险评估

付道明　编著

中国石化出版社

内 容 提 要

本书是针对油气井中途测试风险评价需要而编写的，系统介绍了中途测试技术和风险评价方法。主要章节包括中途测试基础知识、中途测试工艺技术、试井理论与资料解释、风险评价方法、中途测试风险评价与中途测试风险评价实例分析等。

本书取材广泛、内容全面、针对性强，是一本供广大中途测试技术人员、试井资料分析人员、风险分析人员和钻杆测试风险管理人员使用的工具书，同时也可作为石油工程中途测试研究机构、石油院校相关专业师生的参考资料。

图书在版编目(CIP)数据

中途测试风险评估／付道明编著. —北京：中国石化出版社，2015.11
ISBN 978-7-5114-3731-0

Ⅰ.①中… Ⅱ.①付… Ⅲ.①钻柱地层测试-风险评价 Ⅳ.①TE27

中国版本图书馆 CIP 数据核字(2015)第 275045 号

中国石化出版社出版发行
地址：北京市东城区安定门外大街 58 号
邮编：100011 电话：(010)84271850
读者服务部电话：(010)84289974
http://www.sinopec-press.com
E-mail:press@sinopec.com
北京科信印刷有限公司印刷
全国各地新华书店经销
*
787×1092 毫米 16 开本 15 印张 362 千字
2016 年 5 月第 1 版 2016 年 5 月第 1 次印刷
定价：58.00 元

序

根据国家“一带一路”的能源战略部署，油气勘探开发工程领域加大了“油气先行”新举措的实施力度。面对低油价的新常态以及复杂的国际地区形势，如何能够在复杂地质油气勘探开发过程中及时发现油气层和快速评价油气产能对提高勘探开发效率，节约测试作业成本，降低现场施工风险，提高资料评价水平，缩短建井周期等具有至关重要的作用。中途测试技术 Drill Stem Testing (DST) 就是在钻井过程中发现良好的油气显示时，用钻杆测试方法来快速证实其工业价值，及时准确评价地层油气产能的关键技术。

随着油气勘探程度的不断深入和海外油气勘探开发工作的持续推进，发现和评价新油气层难度越来越大，钻完井和地层测试遇到的新油气层越来越复杂，多类型储层、多压力系统和多类型油气流体等地层特征表现突出。中途测试一次成功率低，测试管柱断、卡、漏事故时有发生，及早做好中途测试风险分析和预测，及时优化测试工艺和优选测试工具对提高地层测试成功率具有重要的指导意义。

作者以国家重大科研专题“中东复杂地层完井关键技术研究”项目研究为契机，在对中途测试技术分析及其安全风险评价基础上，结合中东地区中途测试工艺和地层压力高、井壁稳定性差和流体腐蚀性强特点，形成了中途测试风险评价方法和技术。该书内容系统、翔实、实用，既可供需要学习和了解中途测试及风险评价技术的工程技术人员学习之用，也可作为科研院所技术人员和大专院校相关专业师生参考用书。

宋涛

前　言

本着"系统、翔实、准确、实用"的原则，本书参考了《地层测试技术》、《安全评价方法》以及《完井工程技术手册》等图书和资料，并结合中国石化石油工程技术研究院和中国石化国际石油勘探开发有限公司的相关科研成果，整理编写而成。

该书由付道明主编，张同义、张宁主审。主编主要负责全书的内容和结构等详细设计，并负责全书的编写工作。编写小组成员有付道明、张宁、张同义、刘欢乐、梁永图、贾先起、姜夏雪等。其中第一章和第二章由付道明、刘欢乐编写；第三章由付道明、张同义编写；第四章和第五章由付道明、贾先起编写；第六章由梁永图、付道明、刘欢乐、姜夏雪编写。

本书在编写过程中得到了中国石化石油工程技术研究院路保平院长的耐心指导和大力支持，同时也得到了石油界众多老前辈、专家、学者的热忱帮助。值此图书出版之际，向所有为《中途测试风险评估》的编写和出版付出辛勤劳动和智慧的人员以及所引资料的作者表示衷心感谢！

本书涉及的内容多，专业领域广，加上作者水平有限，错误之处在所难免，恳请广大学者及工程技术人员批评指正。

前 言

目　　录

第一章　中途测试基础知识

在油气田勘探和开发评价钻井过程中，为了及时掌握新发现油气层段或已发现的油气层的油气产能、流体性质和储层特征，用钻具将地层测试器下到预定位置进行地层测试的方法叫做中途测试，又叫钻杆测试，中途测试在国外称作DST，即Drill Stem Testing。中途测试的工作原理是利用封隔器将被测试层段隔开，使其不受封隔器以上井筒液柱压力的影响，使测试地层与井筒底部形成一定生产压差，使地层中流体流入井筒，再通过测试管柱流出地面，以达到试油目的。其特点是在钻井过程中或在完井投产前进行的地层测试，测试目的层段一般为裸眼井段。

中途测试其实是地层测试的一种，主要是在钻井过程中发现油气显示以后的一种临时完井测试方法。在钻井过程中如果发现良好油气显示后需要及时确定地层含油气情况，可以停止钻进，对可能的油气层进行测试求产。中途测试减少了储层受污染的时间和多种后续井下工程对储层的影响，可以有效保护储层，是提高低压低渗和易污染油气层勘探成功率的有效手段之一。中途测试往往也使油气层提前被发现，争取了时间，便于及时安排油气田下步开发评价工作。

中途测试采用钻杆或油管将地层测试器送入井筒的方法测试。这类地层测试器一般包括控制井下流动开关阀、封隔测试层的封隔器、便于压井的循环阀等井下工具及井下压力计。相比电缆送入的地层测试器，该套工具价格高，但可以不动管柱产生测试压差，较快地探测储集层边界，并能直接测量流体产能数据。

目前，中途测试采用的地层测试器类型有MFE测试器、HST测试器、APR测试器、膨胀式测试工具、PCT测试器及智能远程脉冲控制双阀IRDV测试器等。该测试工艺可实现常规单封隔器坐封测试或双封隔器跨隔分层测试，负压开井诱喷测试，可获得多次开井生产流动测试资料和井下关井压力恢复曲线，也可实现井下流体的高压物性取样。中途测试操作时，用钻杆或油管将测试工具(包括压力温度记录仪、封隔器、测试阀等)下入井筒后，通过地面操作和控制使井下封隔器胶筒膨胀坐封于测试层上部裸眼段或套管内，将测试层与封隔器之上钻井液或完井液隔离开来，然后通过地面控制将井下测试阀打开，测试地层流体流入测试管柱，并到达测试井口，再经过地面油嘴管汇、分离计量装置进行计量求产、取样化验，最后经地面放空管线流到燃烧处理装置或回收装置进行处理。井下测试阀是由地面进行控制的，可以进行多次井下开井和关井，开井流动求得产量，关井测压求得压力数据。用电子压力计记录测试全过程井下压力和温度变化情况，根据测得的压力、温度数据，进行压力恢复测试来评价解释测试层的特征和产能性质。测试结束后，通常先打开循环阀循环压井，再解封封隔器，确认压稳后，起出测试管柱。

中途测试的分类，按照封隔器坐封对象不同划分为坐套测裸和坐裸测裸两种测试方式。坐套测裸中途测试封隔器坐封在套管上，由于套管内坐封井壁规则、套管支撑测试管柱的强度高，封隔器不易出现坐封不严、漏失及封隔器下滑等作业风险；坐裸测裸中途测试封隔器坐封于裸眼内，封隔器坐封通常采用尾管支撑坐封，也有采用膨胀式地层测试器旋转胀封封隔器。尾管支撑式坐封测试，支撑尾管在测试期间承受压缩变形并静止不动，易发生吸附卡钻。同时测试期间井壁掉落的岩块或沉砂易于井底堆积，掩埋卡钻。另外，支撑式坐封测试封隔器之下管柱直接接触井底，在测试期间发生井壁失稳卡测试管柱的风险大。膨胀式地层测试器旋转胀封封隔器，是一种适用于不规则裸眼井的单封隔器测试和跨隔双封隔器测试的地层测试工具，具有下入一次测试管柱即可进行分层测试、多次测试的特点。旋转胀封封隔器坐封测试方式可减少封隔器以下的管柱长度，减少管柱阻卡风险。

由于中途测试期间产生的负压直接作用于测试裸眼地层，易造成严重的井周岩石应力破坏，而这种应力破坏严重的井壁又无支撑防护，因此与其他有完井工具支撑井壁的完井测试及正常钻进的钻井作业相比，通常具有更大的井壁失稳埋卡或砂卡管柱井下安全风险。

由于中途测试多在裸眼井中进行，测试环境复杂，风险较大，容易发生事故。对于一个未知区块，如果能在已知邻井相关数据的基础上，通过建立数学模型对风险进行评估，来判断该区块是否可以采用中途测试，这样不仅可以节省时间和人力物力，又可以有效地规避风险。地层测试器诞生于19世纪中叶，经过不断地改进，终于研发出适用于裸眼井的MFE提放式测试器和适用于套管井的APR压控式测试器。随后，又出现了膨胀式测试器，使裸眼井中的测试更加快捷。随着海洋勘探的发展，又研发出PCT全通径压力测试器，大大提高了测试成功率。近年来产生的测试与射孔联作技术，不仅使测试速度进一步提高，还令其获取的资料更为准确。我国于20世纪中后期才引进中途测试技术，并逐步在各区块的勘探中推广使用。尽管各国都在逐步完善中途测试技术，但因其测试环境复杂，且大部分在裸眼井中进行，出现过许多问题。我国华北油田测试公司在苏402井测试时，发生了严重的卡钻事故，直接经济损失达25万元，延误了工期。在川东北气藏测试时，曾出现过因测试层高温高压而导致井下工具损坏、测试管柱断裂的情况。

在国外地层测试工作中，也常出现地层测试问题，特别是伊朗雅达油田、叙利亚油田现场测试过程中问题较多。伊朗雅达油田APP1井在测试时，由于测试层温度较高，计量套在下井之后无法正常工作，无法进行测试作业；APP1井由于油管腐蚀严重，在测试结束起钻后发现油管断裂，17根油管和其连接的测试工具一并掉入井底，经过三次打捞才起出全部工具，耽误工期近30天；在地面测试流程方面，受测试压差影响，出现凝析气藏相态转化，影响油气流体分析和资料解释；在伊朗雅达油田的测试流体中硫化氢和二氧化碳含量较高，对地面管路及井下测试管柱和测试工具的腐蚀严重，增加了油管断裂的风险，同时对施工人员的安全造成威胁，给测试施工带来了较大的困难。在中途测试过程中存在较大的安全隐患。正是因为在复杂井中进行中途测试时成功率不高，为了防止事故发生，人们通常选择坐套测裸和坐套测套等测试方式，从而降低测试风险，在测试方式确定之前对其开展风险评估工作，再根据评估结果选择合适的测试方式，这样既规避了风险，又缩短了测试时间，并可以节约测试成本。

对于风险评估方法，目前国内主要应用的领域有经济分析、环境污染、煤矿安全和工具可靠性分析等，针对中途测试的风险评估工作研究较少，大部分处于定性评价阶段，只对某几个作业环节进行定量分析，通用性较差。目前尚未发现研究人员系统地开展对中途测试定量化的风险评估工作。尹正钰采用预先危险分析方法对海上中途测试设计工艺进行评价，并提出应按照测试各阶段寻找可能发生的危险，分析其产生原因并讨论解决对策，以此来指导现场测试工艺，它是靠定性分析的方法，其分析结果主要依靠专家经验，主观影响较大；西南石油大学的陈伟等对试井设计进行风险评价，主要对象是地层完井测试，将蒙特卡洛方法应用其中，通过概率分布估算出未知参数的取值，该法的应用基于大量的统计数据，若对于未知区块，其评价结果则基于工程经验的估计，有一定主观性。陈伟等提出测试设计合格率的概念，来优选测试工作制度，但此方法考虑的因素较少，没有对测试整个流程可能出现的主要问题加以分析。由于缺少大量的历史数据，在对中途测试进行风险分析时可以考虑采用事故树分析法和 LEC 分析法，这两种方法在工程上都得到了广泛应用，如果能将二者应用到勘探开发的中途测试中，必将进一步扩大中途测试的应用范围，从而促进我国石油工业的发展。在事故树分析法方面，张军等针对坍塌事故，防止人员伤亡，采用安全工程里的事故树分析，建立了建筑物坍塌的事故树总图，求解最小割集或最小径集，并分析结构重要度，找到了导致坍塌的主要原因，从而得出预防此类事故的方法；周寅等运用事故树分析方法，对矿场爆破飞石的事故进行分析，绘制事故树，并计算结构重要度，系统分析了爆破飞石事故产生的原因，提出了相应的防范措施，为爆破的安全管理提供了依据；曹邱林等针对泵站工程进行风险分析，首先绘制泵站运行风险的事故树，并结合层次分析法，输入指标权重和基础事件概率，最终计算出泵站系统的风险概率值，并判断风险等级。在 LEC 分析法方面，王卸云以浙江省某个易发生事故的矿井为对象，用 LEC 法进行半定量分析，找出了其中潜在的主要风险；朱渊岳等针对 LEC 法的局限性，加入了管理系数 M 值，提出了改进的 LECM 法，并用于水利水电工程的风险评价中，以提高人们的管理水平；王建平等将升船机施工的风险分为三类进行辨识，并运用 LECM 法进行评价，确定各自的风险等级，从而提出降低风险的有效措施。针对中途测试，其测试过程的安全性以及取得数据的准确性就显得格外重要。目前国内外尚未形成一套完整的中途测试风险评估体系，难以表示测试的风险程度。影响中途测试效果的因素有很多，需要对其各环节辨识风险源，选择适当的方法进行风险评估，规避风险；同时对测试方案进行定量分析，规范现场工艺，保证中途测试顺利进行，最终有助于实现油气探测的突破。由此说明，建立一套中途测试风险评估体系显得格外重要。

第一节　油气藏工程基础知识

一、油气藏类型

油气在圈闭中的聚集称为油气藏，一个油气藏具有同一压力系统和统一的油气水界面。从开发地质的角度来说，油气藏是由几何形态及其边界条件、储集及渗流特性和流体性质这三个独立的因素组合而成的，缺乏其中任何一个因素就构不成油气藏。

（一）按储层孔渗特征分类

按照油气储集空间和流体流动主要通道的不同，可将油气藏划分为 9 种类型（表 1-1），下面介绍常见几种油气藏类型。

表 1-1　储层类型及储集/渗流空间体系分类

序号	类　型	储集空间发育程度/%			裂缝相对孔隙度/%			裂缝/基块渗透率比
		孔隙	溶洞	裂缝	大裂缝	中裂缝	小裂缝	
1	孔隙型	>75	<25	<5	0	0	100	≤1
2	裂缝孔隙型	>50	<25	>5	25	25	50	≥10
3	微裂缝孔隙型	50~95	<25	<25	0	10	90	≥3
4	裂缝型	<25	<25	>50	30	30	40	∞
5	孔隙裂缝型	25~75	<25	25~75	40	40	20	≥10
6	溶洞裂缝型	<25	25~75	25~75	50	40	10	∞
7	溶洞型，裂缝溶洞型	<25	>75	5~25	50	40	10	∞
8	缝洞孔复合型	25~75	25~75	5~50	30	30	40	≥10
9	似孔隙型	>50	<1	≈50	0	0	100	1

1. 孔隙型油气藏

以粒间孔隙为储油气空间和渗流通道，故也称为孔隙性渗流，如砂岩油气藏、砾岩油气藏、生物碎屑灰岩油气藏、鲕粒灰岩油气藏。

2. 裂缝型油气藏

天然裂缝既是主要的储油气空间，又是渗流通道。可能不存在原生孔隙或有孔隙而不连通、不渗透。裂缝孔隙度一般不超过6%，如致密碳酸盐岩油气藏、变质岩油气藏、泥页岩气藏。

3. 裂缝孔隙型油气藏

以粒间孔隙为主要储集空间，以裂缝为主要渗流通道，称为双孔单渗介质渗流，其裂缝往往延伸较远而孔隙的渗透率却很低。我国任丘的碳酸盐岩油藏、美国的斯普拉柏雷油藏均属此类油藏。

4. 孔隙裂缝型油藏

粒间孔隙和裂缝都是储集空间，又都是渗流通道，亦称为双孔双渗介质渗流，其裂缝发育而延伸不远，储层基块孔隙度较低。

5. 缝洞孔复合型油藏

溶洞、孔洞、孔隙和裂缝既是储集空间，又是渗流通道。储集层均属可溶性盐类岩石，以次生孔隙为主，也称为三重介质油气藏。

（二）按油气藏几何形态分类

油气藏按几何形态可分为块状、层状、断块和透镜状4类。

1. 块状油气藏

油气藏的油气层有效厚度大（大于10m），油藏可以有气顶和底水，气藏可以有底水。油气藏具有统一的水动力系统和良好的连通性，底水具有一定的补给能力。在选择完井方式时要考虑油藏有无气顶、底水，气藏要考虑底水是否活跃等。一般采用射孔完井或裸眼完井方式。

2. 层状油气藏

此类油气藏多属背斜圈闭，构造完整，具有统一的油气水界面。油气层在纵向上分层性好，层数多。各单层的有效厚度小，单层厚度 5～10m 为厚层状，1～5m 为中厚层状，小于 1m 为薄层状，层间渗透率差异较大。油藏的边水驱动能量较弱，在注水开发过程中应充分应用分层注水、分层压裂、分层堵水等工艺，调整注采剖面，提高注水效率，故一般采用射孔完井方式。我国大庆萨尔图油田、胜利胜坨油田、长庆马岭油田均属此类油藏。

3. 断块油气藏

油气藏断裂十分发育，构造被切割成为许多大小不等的断块。有些断块面积小于 $0.5km^2$，纵向上含油层系多，含油井段长。每个断块甚至同一断块内，不同油组不但有不同的油水界面，而且油气的富集程度、油层物理性质、天然驱动能量大小差异都较大。其中封闭型的断块，初期依靠弹性能量开采，后期宜采用选择性的点状注水；开启型的断块宜采用边缘或边外注水。由于这类油藏油层层系多，层间差异大，一般采用射孔完井方式。我国胜利东辛油田、中原文明寨油田均属此类油藏。

4. 透镜状油气藏

砂体几何形态的地质描述一般以长宽比划分。长宽比小于或等于 3 的砂体称为透镜体，透镜体呈零星分布，大面积为尖灭区。透镜体相互交错叠合时，含油气井段纵向上就出现多个油气层。

（三）按油气藏流体性质分类

一般按油气藏所产流体分为天然气藏、凝析气藏、挥发性油藏、常规油藏、高凝油藏和稠油油藏。

（四）按油气藏开发地质特征分类

王乃举等根据中国陆相油藏的主要开发地质特征及开发方式，将中国陆相油藏划分为 10 个大类：①多层砂岩油藏；②气顶砂岩油藏；③低渗透砂岩油藏；④复杂断块砂岩油藏；⑤砂砾岩油藏；⑥裂缝性潜山基岩油气藏；⑦常规稠油油藏；⑧热采稠油油藏；⑨高凝油油藏；⑩凝析油气藏。

二、油气藏流体性质

（一）原油性质

原油是由各种烃类、沥青、少量硫及其他非烃类物质构成，故其物理和化学性质变化相当大。原油的重要物理性质包括密度、黏度、凝固点等，应考虑地面（标准状态）和油层两种状况。

1. 密度

密度是单位体积内所含物质的质量，以 ρ 表示，物理制单位为 g/cm^3，SI 制为 kg/m^3，标准状况即压力为 0.101MPa，温度为 20℃时的密度被规定为石油和液体石油产品的标准密度，以 ρ^{20} 表示。

美国常用 *API* 度表示石油的密度，换算关系如下：

$$°API=\frac{141.5}{60℉(15.6℃)时的密度}-131.5 \tag{1-1}$$

随密度增加，°*API* 反而减小。

2. 黏度

黏度是指液体(或气体)分子之间做相对运动时所产生的摩擦力。SI 制黏度的单位是 Pa·s，油藏工程中常用 mPa·s，原油的黏度变化范围很宽。我国根据黏度将原油划分为常规油和稠油两大类，将油层温度下的脱气原油黏度小于 50mPa·s 者称为常规油，大于 50mPa·s 者称为稠油。稠油又有自身的划分标准，稠油是沥青基原油，我国通称稠油，是按黏度而言。国际上通称重油，是按相对密度而言。我国和国际上都是以黏度作为主要指标，以相对密度为辅助指标，稠油实际上就是重油，只是称呼不同而已，由于各国稠油成因不尽相同，因而划分标准时也略有差异。我国稠油划分标准见表 1-2，由联合国培训研究署(UNITAR)推荐的重质原油及沥青分类标准见表 1-3。

表 1-2 中国稠油分类

稠油分类			主要指标	辅助指标	开采方式
名称	级别		黏度/mPa·s	相对密度	
普通稠油	Ⅰ	Ⅰ—1	50~150①	>0.9200	常规或注蒸汽
		Ⅰ—2	150①~10000	>0.9200	注蒸汽
特稠油	Ⅱ		10000~50000	>0.9500	注蒸汽
超稠油(天然沥青)	Ⅲ		>50000	>0.9800	注蒸汽

①指在标准状况下的黏度，其他指油层温度下的脱气油黏度。

表 1-3 UNITAR 推荐的重质原油及沥青分类标准

分类	第一指标	第二指标	
	黏度①/mPa·s	密度(60℉)/(g/cm³)	密度(60℉)/°*API*
重油	100~10000	0.934~1.0	20~10
沥青	>10000	>1.0	<10

①指在油层温度下的脱气油黏度。

普通稠油中级别Ⅰ—1 类大都可用注水开发，如胜利孤岛、孤东、埕东、胜坨等油田；级别Ⅰ—2 类应采用注蒸汽开发。

特稠油、超稠油(级别Ⅱ类、Ⅲ类)都必须采用注蒸汽开发，如辽河高升、曙光、欢喜岭油田，新疆克拉玛依油田九—6、7、8 等区，胜利单家寺、乐安油田和河南井楼油田等。

稠油油藏的储层大多属泥质胶结的中粗粒砂岩、砂砾岩。胶结疏松，易出砂。

3. 凝固点

在一定的试验条件下，原油冷却至某一温度，当流面倾斜 45°角经 1min 仍不流动，这个最高温度点则为凝固点。凝固点高的原油富含石蜡。

我国原油凝固点大于 25℃ 的约占 90%，其中 15% 大于 30℃，还有不少凝固点大于 40℃。辽河沈阳油田原油凝固点平均为 55℃，最高达 67℃。我国将原油凝固点大于 40℃ 的油藏定为高凝油油藏。辽河沈阳油田高凝固点原油是世界上罕见的，高凝油油田的开发关键是原油的流温必须高于凝固点，才能维持正常生产。

（二）天然气性质

天然气在油气田呈几种状态存在，包括伴随原油产出的溶解气、油藏气顶产出的游离气、气藏中的游离气和地层水中的溶解气。

天然气的成分主要是甲烷，还含少量的乙烷、丙烷、丁烷、戊烷和较重的烃类。非烃气体包括 N_2、CO_2、H_2S、He 等。

若地层水中溶解有 CO_2，当压力降低时，可引起 CO_2 分压的降低，导致 $CaCO_3$ 垢的形成。

H_2S 是天然气的常见成分，特别是以碳酸盐岩为储层的油气藏，一般均含有不同数量的 H_2S 气体。根据非烃气体的类型及含量的气藏分类见表 1-4（引自 SY/T6168—1995 气藏分类）。如我国川东北罗家寨高吉硫气藏、普光特高含硫气藏（H_2S 含量 150~264g/m^3）。当含有一定量的 H_2S 和 CO_2 酸性气体时，它会危及操作人员的安全，对钻井完井、油套管防腐设计、井口装置、天然气处理及运输都应有特殊的要求。

表 1-4 根据非烃气体含量的气藏分类

类型	亚类/分类指标						
含硫化氢气藏	亚类	微含硫气藏	低含硫气藏	中含硫气藏	高含硫气藏	特高含硫气藏	硫化氢气藏
	H_2S/(g/cm^3)	<0.02	0.02~5.0	5.0~30.0	30.0~150.0	150.0~770.0	≥770.0
	H_2S/(g/%)	<0.0013	0.0013~0.3	0.3~2.0	2.0~10.0	10.0~50.0	≥50.0
含二氧化碳气藏	亚类	微 CO_2 气藏	低含 CO_2 气藏	中含 CO_2 气藏	高含 CO_2 气藏	特高含 CO_2 气藏	CO_2 气藏
	CO_2/%	<0.01	0.01~2.0	2.0~10.0	10.0~50.0	50.0~70.0	≥70.0
含氮气气藏	亚类	微 N_2 气藏	低含 N_2 气藏	中含 N_2 气藏	高含 N_2 气藏	特高含 N_2 气藏	N_2 气藏
	NO_2/%	<2.0	2.0~5.0	5.0~10.0	10.0~50.0	50.0~70.0	≥70.0

（三）地层水性质

地层水是天然存在于岩石中，并且在钻井以前一直存在的水。油田水是指任何与油气藏伴生的水，这些水有某些突出的化学特征。原生水是至少在地质时期的大部分时间中已经同大气失去接触的化石水。地层水的物理性质主要是密度、黏度、压缩性等，因这些性质随压力温度变化较原油小，一般查图表确定。所以地层水的化学性质显得更为重要，所含盐类主要由 K^+、Na^+、Ca^{2+}、Mg^{2+} 和 Cl^-、$SO_3{}^{2-}$、$CO_3{}^{2-}$ 和 $HCO_3{}^-$ 等离子组成。总含盐量一般以 mg/L 为单位，也称总矿化度（TDS）。

1. 地层水的组成及性质

油田水中含有各种可溶的无机和有机化合物，经常存在的主要元素是钾、钠、钙、镁、氯以及碳酸根、碳酸氢根和硫酸根。油田水中的各类元素和离子通常以如下浓度存在：

10^3~10^5mg/L　　K^+、Na^+、Cl^-

10^3~10^4mg/L　　Ca^{2+}、Mg^{2+}、$SO_4{}^{2-}$、$CO_3{}^{2-}$、$HCO_3{}^-$

10^1~10^3mg/L　　K^+、Na^+、Sr^{2-}

10^0~10^2mg/L　　Al^{3+}、Ba^{2+}、Fe^{2+}、Li^+

地层水中微量元素含量一般如下：

10^{-3}mg/L(多数油田水)　　　　Cr、Cu、Mn、Ni、Sn、Ti、Zr

10^{-3}mg/L(某些油田水)　　　　Be、Co、Ga、Ge、Pb、V、W、Zn

阳离子中的Ca^{2+}可形成$CaCO_3$或$CaSO_4$垢，Ba^{2+}、Sr^{2+}也可形成硫酸盐垢，如长庆马岭油田的油管结垢、大庆油田聚合物驱采油井油管中硫酸钡垢。Cl^-含量高表明腐蚀性大，生产管柱应考虑防垢、防腐的问题。地层水性质主要包括pH值、总矿化度等。

① pH值。地层水的pH值受碳酸氢盐体系的控制，碳酸钙和铁的化合物的溶解度在很大程度上取决于pH值。pH值越高，结垢趋势就越大。pH值低，结垢趋势减小，但腐蚀性增大。大多数油田水的pH值在4~9之间。在实验室储存期间，多数油田水的pH值升高，原因是碳酸氢根离子离解成为碳酸根离子。

② 总矿化度。通过水分析报告中给出的阳离子、阴离子的浓度总数计算。高矿化度水(如中原油田地层水矿化度达30×10^4mg/L)腐蚀性强，套管伤害严重，在生产过程中油管结盐常堵死油管。

根据水中溶解盐类的不同组合，可将水型划分为4种基本类型，进一步细分为组、亚组和类。一般工程上仅描述属于哪一种类型。表1-5列出每类的特性系数，亦即划分标准。

表1-5　原生水型的特性系数及地层水分类

水　型	以毫克当量百分数表示的浓度比		
	$\frac{Na^+}{Cl^-}$	$\frac{Na^+-Cl^-}{SO_4^{2-}}$	$\frac{Cl^--Na^+}{Mg^{2+}}$
氯化钙型	<1	<0	>1
氯化镁型	<1	<0	<1
碳酸氢钠型	>1	>1	<0
硫酸钠型	>1	<1	<0

2. 地层水分析的应用

地层水与油、气、岩石共生，具有相同或相似的演化历史，因此在地层测试中水分析资料具有重要的价值。应用如下：

① 水的化学组成分析，可帮助判别出水来源及可能的产水量，对于气基流体钻开的层的钻井设计十分关键。

② 根据地层水的性质配制实验流体，评价储层敏感性和工作液的伤害程度。

③ 测地层水电阻率R_w，可根据测井数据求取油、气饱和度，准确识别油气层。

④ 判断结垢类型及趋势，研究其与钻井完井液、射孔液、压井液、压裂液、酸液等的配伍性。

⑤ 配制保护储层的完井液。

三、油气层特征

油气藏类型是决定完井方式的主要依据。但在具体油气藏完井设计时，还必须综合考虑油气层特性的诸多方面。如油气层岩性、渗透率及层间渗透率的差异、油气藏压力及层间压力的差异、流体空间分布及层间流体性质的差异，以及有无气顶，有无边、底水等。

（一）储层岩性

目前重要并且分布最广的储集岩是各类砂岩、砾岩、石灰岩、白云岩，此外还有少量的火山岩、变质岩、泥岩、煤岩等。要从产层中高效地采出油气，必须研究储层性质，使钻井、完井工艺能够最大限度地发挥油气藏的潜力。

1. 碎屑岩

碎屑岩主要包括各种砂岩、砂砾岩、砾岩、粉砂岩、泥质粉砂岩等，它们是我国目前最重要的储集岩类型。碎屑岩的物质成分主要由颗粒和胶结物两部分组成。其胶结物主要为硅质、钙质、黏土矿物，有时为原油或沥青胶结。黏土矿物类型多，含量变化范围宽(3%～25%)，其性质易受外来流体的影响，是造成各种作业过程中储层伤害的主要因素。而且我国砂岩油气藏多为层状，压力系数变化范围大，以中-低渗透层为主，在开发中采用多层同井合采、分层注水、增产措施等。多数采用套管(或尾管)射孔完井，极少数采用裸眼或割缝衬管完井，一般适合完井地层测试。

2. 碳酸盐岩

碳酸盐岩主要是石灰岩和白云岩。碳酸盐岩在我国约占沉积岩总面积的55%，特别在西南和中南地区很发育，且时代愈老碳酸盐岩所占比例越大。据估计世界石油储量的一半左右在碳酸盐岩中。我国除华北的碳酸盐岩古潜山油藏外，大部分碳酸盐岩主要作为天然气储层，如四川盆地侏罗系大安寨介屑灰岩气藏、川东石炭系鲕粒灰岩气藏和陕甘宁盆地中部古风化壳碳酸盐岩气藏。

碳酸盐岩在很多方面不同于砂岩。它们主要由动物和植物(藻类)的遗体组成，并且几乎是存在和生长在同一地点。碳酸盐矿物易被水溶解，所以在沉积之后的成岩作用过程中被溶解和重结晶是常见的。碳酸盐岩比砂岩脆得多，裂缝、溶洞较发育，裂缝和溶洞的储渗作用也相对重要。

碳酸盐岩大多坚硬、致密，储渗空间为孔隙、裂缝和孔洞，也可能存在底水、气顶，开采过程中大多数井都要采取酸化、酸压或压裂等增产措施。对于孔隙性的碳酸盐岩如川中磨溪雷口坡气藏，渗透率 $0.88\times10^{-3}\mu m^2$ 时，孔隙度8.35%，其完井方式可按砂岩油层来对待，可以采用酸化、前置液酸压或加砂压裂。裂缝性古潜山碳酸盐岩可用裸眼完井，如华北任丘古潜山油藏。但近年来国内外趋于套管射孔完成，这样有利于控制底水和进行增产措施。近年来采用水平井开发碳酸盐岩油气藏已成为一种必然发展趋势，如川中磨溪雷口坡气藏水平井开发效果良好，塔里木塔河油田、哈萨克斯坦肯基亚克盐下油气藏也在大力应用水平井开发。该类储层井眼一般相对稳定，适合于裸眼中途测试和完井地层测试。

3. 其他岩石类型

除碎屑岩和碳酸盐岩之外，其他岩类储层有岩浆岩、变质岩、泥页岩和煤岩等。我国及国外均发现了这种类型的油气藏，对其研究不可忽视。岩浆岩及变质岩油气藏大都为古潜山油气藏，岩石本身是致密的，存在裂缝或孔洞等，这类油气藏大多采取将不整合面的风化壳钻开后裸眼完井，如辽河东胜堡油田的斜长角闪岩、混合花岗岩等以及胜利、辽河油田片麻岩，克拉玛依油田板岩，江苏油田玄武岩，辽河油田安山岩等，当然这类油藏也可射孔完成，该类储层比较适合裸眼中途地层测试，对于射孔完井亦可开展完井地层测试。

（二）储层物性

储层物性是评价储集和渗流能力的基本参数。孔隙类型、喉道类型及孔隙-喉道的配合关系与储集能力密切相关，它们是多孔介质（岩石）的重要组成部分。物性与孔隙结构研究对于钻井、完井液设计，完井方式和测试方法选择及开发方案的制定均有十分重要意义。

1. 孔隙度

岩石的孔隙度是衡量岩石储集流体能力的参数。对碎屑岩而言，孔隙度与渗透率关系密切，相关性显著。决定碎屑岩孔隙度的主要因素是沉积作用和成岩作用。具体说来包括碎屑颗粒的大小以及分选程度好坏、压实及压溶作用、胶结作用、溶解及破裂作用。从我国的砂岩储油层来看，良好的储层主要是中粒砂岩和细粒砂岩。胶结物含量增加，常使孔隙度降低，泥质胶结的砂岩孔隙度又比碳酸盐矿物胶结的砂岩要高。

碳酸盐岩油气层，除生物格架碳酸盐岩外，颗粒碳酸盐岩的孔隙发育情况与砂岩相似，亦受颗粒大小、分选、形状及胶结物含量等因素的影响。白云岩中这些性质与孔隙度相关性不明显。

裂隙（缝）孔隙度一般很低，为0.01%~6%，很少超过6%。碳酸盐岩的孔隙仍然是储集油气的主要空间，而裂缝则主要形成渗流通道。

表1-6为我国碎屑岩类储集层分类推荐标准。

表1-6　碎屑岩类储集层分类推荐标准

名　　称	孔隙度/%	名　　称	渗透率/$10^{-3}\mu m^2$
特高孔隙度	>30	特高渗透率	>2000
高孔隙度	25~30	高渗透率	500~2000
中孔隙度	15~25	中渗透率	50~500
低孔隙度	10~15	低渗透率	10~50
特低孔隙度	<10	特低渗透率	≤10

2. 渗透率及其层间差异

影响孔隙度的地质因素也直接影响孔隙系统的绝对渗透率。渗透率同孔隙度、粒径、分选、排列方式、胶结物类型及地应力大小、方位有密切关系。

我国以往将储层划分为特高渗透率、高渗透率、中渗透率、低渗透率和特低渗透率5种类型。近年来随着我国非常可观的低渗透难动用石油储量的发现及开发技术进步，已经把低渗透的上限从原来的$100\times10^{-3}\mu m^2$调整为$50\times10^{-3}\mu m^2$。四川盆地、鄂尔多斯盆地致密砂岩和致密碳酸盐岩油气藏的勘探开发，要求对非常规储层有一个分类方案供对比使用。参考国外和已开发气田实际，给出了表1-7、表1-8的划分方案供参考。

表1-7　根据储层物性的气藏分类（SY/T6168—1995）

名　　称	有效渗透率①/$10^{-3}\mu m^2$	绝对渗透率/$10^{-3}\mu m^2$	孔隙度/%
高渗透油气藏	>50	>300	>20
中渗透油气藏	10~50	20~300	15~20
低渗透油气藏	0.1~10	1~20	10~15
致密油气藏	≤0.1	≤1	≤10

① 有效渗透率为通过试井资料求取值；绝对渗透率通过岩心分析获得。

表 1-8　根据储层基块渗透率的油气藏分类

类　　型	名　　称	绝对渗透率①/$10^{-3}\mu m^2$
常规油气藏		>1.0
非常规油气藏	近致密	0.1~1.0
	致密	0.005~0.1
	很致密	0.001~0.005
	超致密	<0.001

① 渗透率指模拟原地层条件下的气测值，储层类型划分依据岩样渗透率分布累积曲线的中值。

在选择完井方式和测试方法时，渗透率是重要指标。国外仅对渗透率作出较粗略的划分，即把 $10\times10^{-3}\mu m^2$作为孔隙型油层高渗透和低渗透的区分标准，把 $100\times10^{-3}\mu m^2$作为裂缝型油层高渗透和低渗透的区分标准。国外将原始地层条件下储层气测渗透率小于 $0.1\times10^{-3}\mu m^2$的油气藏称为致密油气藏(Tight Reservoir)。高渗透油气层的油气井产量较高，油气流入井筒的速度较快，选择测试方式时需考虑这一特点。

一般使用渗透率变异系数、渗透率级差和非均质系数(也称突进系数)来描述层内和层间的渗透率非均质程度。

渗透率变异系数：

$$K_v=\sigma/K_a$$

K_v在 0~1 之间变化，K_v值越接近于 1，非均质越强。

渗透率级差：

$$K_b=K_{max}/K_{min}$$

K_b越大，非均质越强。

非均质系数：

$$K_k= K_{max}/K_a$$

K_k越大，非均质越强。

式中　σ——渗透率的均方差，应考虑厚度加权值；

K_a——单层或层系的平均渗透率，应考虑厚度加权值；

K_{max}——单层或层系的最大渗透率，应考虑厚度加权值；

K_{min}——单层或层系的最小渗透率，应考虑厚度加权值。

层间渗透率差异在砂岩层状油气藏中是常见的。我国层状油藏层间渗透率差异有的可以达到几十倍，甚至上百倍。在选择完井方式和测试方法中，国外对层间渗透率差异的划分原则是，若各分层之间的渗透率变化范围不超过下面 6 个等级中的一个：①$K>1\mu m^2$；②$K=0.5\sim1\mu m^2$；③$K=0.1\sim0.5\mu m^2$；④$K=0.05\sim0.1\mu m^2$；⑤$K=0.01\sim0.05\mu m^2$；⑥$K<0.01\mu m^2$，被认为层间渗透率差异不大，可以同井合采。否则需按两套层系开发布井。例如，我国大庆油田同一开发层系的层间渗透率级差不超过 5。对层间渗透率差异的处理办法一般是采用分层测试和分段完井方法，尽量分层分段开采以提高油气藏最终采收率。

3. 饱和度

确定油气藏流体饱和度的方法有测井法和岩心分析法。测井法能够获得流体饱和度，但不能代替岩心分析法。在钻井取心时取心流体(油、气、水)可能侵入岩心，当岩心取至地面后温度压力变化也会改变岩心的原始的饱和状态。一般认为，使用油基钻井液密闭取心时，岩心的含水饱和度变化很小，可以代表油气藏原始含水饱和度。

近年来，关于流体饱和度分析取得了一些新认识。以我国四川盆地、鄂尔多斯盆地致密砂岩气藏为例，原来通过水基钻井液取心及测井获得的致密砂岩气层含水饱和度高达40%~70%，然而采用油基钻井液密闭取心测得的含水饱和度仅为15%~25%。川东北普光气田飞仙关组气藏密闭取心，156块样品分析最小水饱和度仅1.4%，平均8.09%，含水饱和度S_{wi} ≤5%的岩样超过20%。

（三）油气层压力及层间压力差异

油气层压力指孔隙和裂缝中流体的压力，它是油气藏能量的反映，是推动流体在储层中运动的动力。明确各油气层的压力、分清不同压力系统是正确选择测试方法、有效利用油气藏能量、合理开发的前提。

一般用压力梯度和压力系数来表示地层压力的高低。压力梯度是指同一油气藏中海拔高程差所对应的压力变化值，单位MPa/100m。一个油气田内可以出现多个压力系统，一个油气藏一般属于同一个压力系统。油气藏投入开发后，由于渗透率、能量补充、工程措施等差异会使相邻油气层的压力发生变化。

油气藏原始地层压力与同一深度静水柱压力的比值称为压力系数α。实际工作中，计算静水柱压力时，地层水密度常取为1.0g/cm^3。国外对油气层压力的划分是：压力系数$\alpha>1.0$为异常高压油气层；压力系数$\alpha=1.0$为正常压力油气层；压力系数$\alpha<1.0$为异常低压油气层。我国将压力系数$\alpha=0.9\sim1.2$的油气层称为正常压力油气层，压力系数$\alpha>1.2$时为异常高压油气层，压力系数$\alpha<0.9$时为异常低压油气层。

国内对层间压力差异尚无一个公认的量化标准。在处理层间压力差异的矛盾时，一般可采用双油管分采，单管下封隔器分层，对自喷、气举、电动潜油泵、螺杆泵等连续排油的采油方式的条件下，在高压层装井下油嘴将高压层的流体经过井下油嘴降至与低压层流压接近等方法。如果用这些办法均无法调整层间矛盾，则只能分两套层系布井。层间主要矛盾还是在于层间压力的差异。对于层间压力差异较大的地层一般采用分层测试方法来确定油层产能和分层流体性质。

（四）流体性质及其层间差异

在地层流体中，由于水的物理化学性质受溶解物质、温度和压力的影响较小，所以主要考虑原油性质。原油的黏度、密度、凝固点与所含的胶质、沥青质和含蜡量有关，而且也受温度、压力的影响。若层间的原油性质属同一类型，可认为层间原油性质差异不大，否则应划分为不同的含油层系，完井时应采取层段分隔或按不同的层系开采，地层测试时也应采用分层地层测试。

第二节 矿物岩石分析评价

一、井筒矿物岩石分析

要分析储层岩石特征，一般通过钻井取心获取岩石样品。岩心代表了地下岩石，所以岩心分析是获取地下岩石信息十分重要的手段。岩心分析的样品可以是规则的圆柱体、井壁取心柱塞或钻屑，视分析项目的内容而定。经验表明，钻屑的代表性很差，通常使用规则的岩心柱塞。这样多个项目可以进行配套实验，利于分析岩石各种性质的变化及规律。

中途测试和油藏工程中的岩心分析主要包括如下内容：常规物性分析、岩相学分析、孔隙结构分析、敏感性分析及配伍性评价，见表1-9。

表1-9 油藏工程岩心分析项目分类表

分析项目	总项目数	必须分析项目		选择分析项目	
		项目数	分析项目	项目数	分析项目
常规物性分析	12	4	(1) 气体渗透率 (2) 孔隙度 (3) 饱和度 (4) 粒度	8	(1) 油气水饱和度(密闭取心) (2) 碳酸盐含量 (3) 岩石视密度 (4) 相对渗透率 (5) 垂直渗透率 (6) 原地渗透率和孔隙度 (7) 全尺寸岩心物性分析 (8) 润湿性
岩相学分析	9	4	(1) 薄片 (2) X射线衍射(XRD) (3) 扫描电镜(SEM) (4) 电子探针或能谱	5	(1) 重矿物分析和鉴定 (2) 阴极发光 (3) 红外光谱 (4) 热分析 (5) 荧光分析
孔隙结构分析	5	3	(1) 铸体薄片图像分析 (2) 压汞法毛细管压力曲线 (3) 扫描电镜(SEM)	2	(1) X射线CT扫描 (2) 核磁共振(NMR)技术
敏感性分析及配伍性分析	18	8	(1) 煤油速敏 (2) 地层水速敏 (3) 水敏 (4) 盐敏 (5) 碱敏 (6) 酸敏 (7) 流体配伍性评价 (8) 应力敏感性	10	(1) 钻井液伤害评价 (2) 正、反向流动实验 (3) 体积流量评价实验 (4) 顺序接触流体评价实验 (5) 阳离子交换实验 (6) 膨胀率实验 (7) 酸溶矢量实验 (8) 酸浸泡实验 (9) 毛细管自吸实验 (10) 温度敏感性

物性分析是必做项目，要求取样间距为3～10块/m。物性分析是油层物理的基本内容，选择分析项目间距可以适当加大。

岩相学分析也是必做项目，要求在了解岩心宏观描述、常规物性、普通薄片观察的基础上进行。内容及要求如下：铸体薄片的样品应能包括储层中所有岩石性质的极端情况，间距平均为1～2块/m，必要时可加密；X射线衍射(XRD)和电镜扫描(SEM)分析样品密度大约为铸体薄片的1/3～1/2，对油气层要加密取样，水层仅进行控制性分析。此外还要对夹层开展XRD和SEM分析，间距为5～20m。

孔隙结构分析特别是毛细管压力曲线测定，样品的选择应在物性和薄片观察后进行。对一个油组，每个渗透率级别至少应有3～5条毛细管压力曲线，最后可根据物性分布，求取该油组的平均毛细管压力曲线。

敏感性及配伍性评价实验是必做项目。每个油组一个渗透率级别至少有3块样品方能了解某项敏感性。选择分析项目视研究内容而定。

从中途测试及井眼稳定性出发，还应分析泥页岩、不稳定夹层的组成及与工作液作用后的性质变化，研究手段基本同表1-9。对于泥页岩还要补充理化性能分析实验内容。

对于裂缝性储层，要对岩心裂缝进行详尽描述，并结合常规测井、成像测井、岩石力学强度测井、试井、试采等手段对裂缝分布、发育情况以及未来对油气生产的影响开展综合研究。

二、岩心分析内容及应用

岩心分析一般包括常规物性分析、岩相学分析、孔隙结构分析、敏感性分析及配伍性评价等。敏感性分析及配伍性评价在第三节中详细介绍。因此，本节主要简介岩相学分析和孔隙结构分析内容。

（一）岩相学分析技术

岩相学分析中用得最多的是铸体薄片、X射线衍射和电镜扫描，有时也包括电子探针分析。

1. 铸体薄片

用铸体薄片技术可以较准确地测定岩石的孔隙结构、面孔率、裂缝率、裂缝密度、宽度和孔喉配位数等。铸体薄片结合普通偏光薄片、阴极发光薄片和荧光薄片以及薄片染色技术，可以测定骨架颗粒、基质、胶结物及其他敏感性矿物的类型和产状，并能描述孔隙类型及成因，估计岩石的强度及结构稳定性，这对于在完井过程中保护油层防砂设计、酸化设计以及测试方式的选择等方面非常重要。

2. X射线衍射(XRD)

X射线衍射是鉴定晶质矿物应用最广泛而有效的技术，对黏土矿物及其内部结构的分析有独到之处。利用X射线衍射仪进行XRD物相分析可以分别确定各类黏土矿物，包括在成岩作用中形成的一些间层黏土矿物。XRD不仅可以确定间层矿物的类型，还可以确定间层矿物中蒙皂石所占的比例，如伊/蒙间层矿物中蒙皂石的比例占多少。此外，还可以进一步确定黏土矿物的结构类型。总之，使用XRD分析，对确定黏土矿物的绝对含量、黏土矿物类型及相对含量非常重要，这也正是中途测试井壁稳定性分析以及完井过程中实施油气层保护所需的基本参数。

3. 电镜扫描分析(SEM)

敏感性类型和伤害程度是与敏感性矿物的成分、含量和产状分布密切相关的。前述的XRD在认识敏感性矿物的成分和含量方面有它独到的作用(表1-10)，但是在认识敏感性矿物的大小、产状、孔隙形状、喉道大小、颗粒表面和孔喉壁的结构等方面，则是电镜扫描的特色功能，而且分析直观、快速和有效。此外，利用SEM还能观察岩石与外来流体接触后的孔喉堵塞情况。如果再配合能谱仪，还能进行元素分析，比如对与油气层伤害有关的铁离子鉴定等。因此，SEM分析结果也是中途测试井壁稳定性分析和储层保护等所需要的重要资料。

表1-10 主要黏土矿物在扫描电镜下的特征

构造类型	族	矿物	化学式	d_{001}/ 10^{-3}mm	单体形态	集合体形态
1：1	高岭石	高岭石 地开石	$Al_4(Si_4O_{10})(OH)_8$	7.1~7.2，3.58	假六方板状、鳞片状板条状	书页状、蠕虫状、手风琴状、塔晶
	埃落石	埃落石	$Al_4(Si_4O_{10})(OH)_8$	10.05	针管状	细微棒状、巢状
2：1	蒙皂石	蒙皂石 皂石	$Rx(AlMg)_2(Si_4O_{10})(OH)_2 \cdot 4H_2O$	Na~12.99 Ca~15.50	弯片状、皱皮鳞片状	蜂窝状、絮团状
	伊利石	伊利石 海绿石 蛭石	$KAl(AlSi_3O_{10})(OH)_2 \cdot mH_2O$	10	鳞片状、碎片状、毛发状	蜂窝状、丝缕状
2：1：1	绿泥石	各种绿泥石	FeMgAl的层状硅酸盐、同形置换普遍	14.7.14.4.7 2.3.55	薄片状、鳞片状、针叶片状	玫瑰花状、绒球状、叠片状
2：1：1层链状	海泡石	山软水	$Mg_2Al_2(Si_8O_{20})(OH)_2(OH)_4 \cdot m(H_2O_4)$	10.40.3.14.2.59	棕丝状	丝状、纤维状

近年来，环境扫描电镜(ESEM)已广泛用于储层伤害研究，观察黏土矿物的膨胀过程、聚合物在孔喉中的微观网架结构等。环境扫描电镜能够在湿式状态下观察样品，这是其最显著的优势。

4. 电子探针分析

电子探针X射线显微分析是运用高速细电子束作为荧光X射线的激发源进行显微X射线光谱分析的一种技术。电子束细得像针一样，因此可以作样品的微区分析，而且穿透样品1~3μm，可以不破坏样品测量微区的化学成分，可以分析细微矿物的成分、晶体结构、成岩环境、储层伤害类型及程度等方面的信息。

(二) 孔隙结构分析

孔隙结构分析主要基于铸体薄片和孔隙铸体分析，并结合岩心毛细管压力曲线测定，从而确定孔隙类型、孔隙直径、喉道大小及分布规律。这对于研究地层微粒在岩石孔隙中的运移规律、研究外来固相堵塞油气层的机理，钻开油气层的屏蔽暂堵完井液、射孔液、压井液、水力压裂中的滤失控制、注水固相控制、调剖堵水剂等与井筒稳定和油气田开发相关的工程设计是非常重要的。见表1-11。

表1-11　岩石孔隙结构分析项目表

主要分析项目	可获取的主要参数	应用要点
（1）常规物性分析（孔、渗、饱测定及筛析粒度）	孔隙度、渗透率、碎屑岩颗粒的粒度分布	（1）油气层评价、储量计算、开发方案设计 （2）测试方法的选择、完井设计、优化射孔设计、砾石充填最佳砾石尺寸选择
（2）孔隙结构分析（铸体薄片及孔隙铸体分析）	孔隙类型、孔隙结构几何参数及分布；喉道的类型、喉道几何参数及分布等	（1）油气层评价、储量计算、开发动态分析 （2）潜在伤害评价，制定保护油气层技术方案 （3）屏蔽暂堵钻井完井液、射孔液压井液、修井液等的设计
（3）薄片分析（普通偏光薄片、铸体薄片、荧光薄片和阴极发光薄片）	岩石结构及构造、骨架颗粒的成分、基质成分及分布、胶结物类型及分布、孔隙特征、敏感性矿物类型、含量、产状等	（1）油气层评价、岩石学特征、潜在伤害评价 （2）制定保护油气层技术方案 （3）完井液的设计 （4）岩石固结程度及强度的评估
（4）电镜扫描分析（含环境扫描电镜分析）	孔喉特征分析、岩石结构分析、黏土矿物产状和类型分析	（1）油气层评价、岩石学特征，潜在伤害评价与井壁稳定性分析 （2）保护油气层技术方案设计
（5）X射线衍射分析	黏土矿物的绝对含量、黏土矿物类型及相对含量、层间比、有序性	（1）潜在伤害评价 （2）保护油气层技术方案设计
（6）电子探针分析（电子探针波谱及能谱）	矿物成分鉴定，晶体结构分析	（1）潜在伤害评价 （2）储层保护技术方案设计

（三）黏土矿物分析

油气层中黏土矿物的组成、含量、产状和分布特征不仅直接影响到储集性质和产能大小，而且也是决定油气层敏感性的最主要因素。在油气田开发生产中，必须结合油气层中黏土矿物的特点，优化设计开发方式、完井工艺和投产措施方案，以避免或减少储层伤害。在分析黏土矿物的潜在伤害时，重点应集中在黏土矿物的产状和种类上。产状不同、组成不同，对油气层产生的影响也不同。

1. 不同类型黏土矿物的潜在伤害

在黏土矿物诸多物理化学性质中，其微粒性即比表面、阳离子交换容量及亲水性对油气层潜在伤害和保护措施具有重要意义。不同的黏土矿物所导致的伤害类型和伤害程度实质上反映了黏土矿物之间的物理化学性质的差异。常见的黏土矿物类型有：

① 蒙皂石。蒙皂石常出现在埋藏深度较浅的储层中，以薄膜形式贴附在碎屑颗粒表面或在孔隙喉道中形成桥接式胶结。当含量较高时，还可呈现各种形态的集合体充填于孔隙中。蒙皂石的强亲水性和高的阳离子交换容量决定了其具有强烈的水敏性。特别是富含钠的蒙皂石，遇水后体积可膨胀600%～1000%。显然，这种吸水膨胀可引起严重的孔喉堵塞和地层结构的破坏。

② 高岭石。高岭石作为储层中最常见的黏土矿物，在不同的物理化学环境下，可以转变成其他黏土矿物。常呈树叶状和蠕虫状充填于孔隙中。由于高岭石集合体内各晶片之间的结合力很弱，且与碎屑颗粒的附着力也很差，在高速流体的剪切应力作用下，很容易随孔隙流体运移堵塞孔喉，具有较强的速敏性。

③ 伊利石。伊利石是形态变化最多的黏土矿物，随储层深度增加，其含量也增加。常见的鳞片状伊利石以骨架颗粒薄膜产出，而毛发状、纤维状伊利石则在孔隙中搭桥生长，交错分布。前者可能在孔喉处形成堵塞，而后者则主要增加孔隙通道的迂曲度、降低储层的渗透性。

④ 绿泥石。绿泥石常出现在深埋藏的地层中，或以柳叶状垂直于骨架颗粒生长(包壳状)，或以绒球状集合体、玫瑰花状集合体充填于孔隙中。富含铁的绿泥石具有较强的酸敏性。在对储层进行酸化作业时，绿泥石可能被酸溶解而释放出铁离子，在富氧的条件下与其他组分化合生成粒度大于孔喉的氢氧化铁胶体沉淀。

此外，常见的还有伊利石/蒙皂石和绿泥石/蒙皂石间层矿物，其特征和伤害程度取决于它们的含量及间层比。

2. *黏土矿物产状对储层伤害的影响*

与骨架颗粒同时沉积的原生黏土常以薄层纹状或团块形式存在于砂岩中，由于这些黏土与孔隙流体接触面小，因此，所产生的储层伤害也小。而在成岩过程中通过化学沉淀和早期黏土矿物演变而成的自生黏土矿物，由于完全暴露在孔隙流体中，优先与进入地层的流体发生各种物理化学反应，从而导致严重的储层伤害。大量研究表明，在很多情况下，从储层伤害的角度出发，黏土矿物的产状比其成分的影响还要大。

砂岩储层的黏土矿物分碎屑成因和自生成因两大类型。碎屑成因的黏土是与颗粒同时沉积的，或沉积后由生物活动引入的，常见的产状如图1-1所示。当埋藏较浅时岩石固结程度差，易于发生微粒运移、出砂。酸化时若黏土溶蚀严重，岩石的结构遭受破坏，容易诱发出砂。与淡水接触，黏土纹层的膨胀会使孔隙缩小、微裂缝闭合。

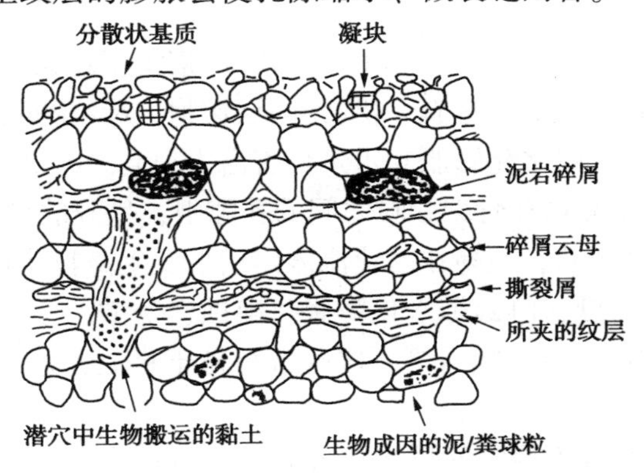

图1-1　砂岩中碎屑黏土的产状

砂岩储层最常见的是自生黏土矿物。根据黏土矿物集合体与颗粒和孔隙的空间关系，并考虑对储层物性和敏感性的影响，将自生黏土矿物产状归结为七类(图 1-2)。

① 栉壳式。黏土矿物集合体包覆颗粒的程度分孔隙衬边和包壳式两种。黏土矿物叶片垂直于颗粒表面生长，表面积大，又处于流体通道部位，呈这种产状以蒙皂石、绿泥石为主。流体流经它时阻力大，因此极易受高速流体的冲击，然后破裂形成微粒随流体而运移，若被酸蚀后，形成 $Fe(OH)_3$胶凝体和 SiO_2凝胶体，堵塞孔喉。

② 薄膜式。黏土矿物平行于骨架颗粒排列，呈部分或全包覆颗粒状，这种产状以蒙皂石和伊利石为主。流体流经它时阻力小，一般不易产生微粒运移，但这类黏土易产生水化膨胀，缩小孔喉。微孔隙发育时，甚至引起水锁伤害。

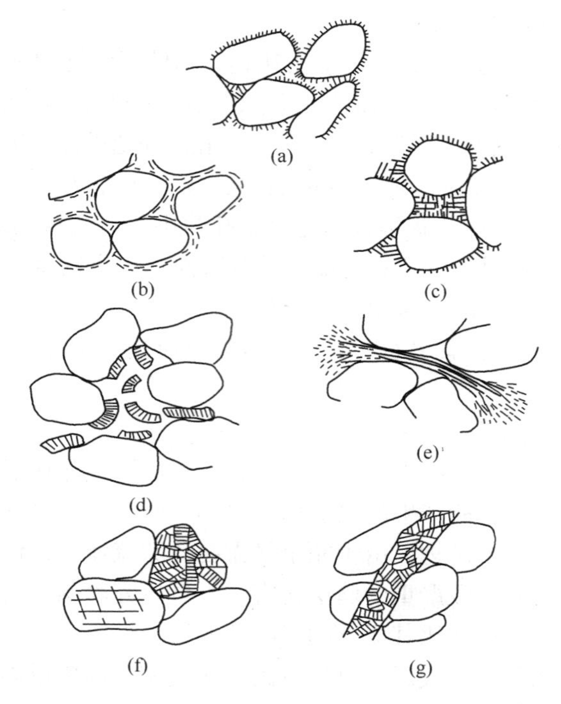

图 1-2　砂岩中自生黏土矿物产状

(a)栉壳式；(b)薄膜式；(c)桥接式；(d)分散质点式；
(e)帚状撒开式；(f)颗粒交代式；(g)裂缝充填式

③ 桥接式。由毛发状、纤维状的矿物(如伊利石)搭桥于颗粒之间，流体极易将它冲碎，造成微粒运移。或者由栉壳式的蒙皂石、伊/蒙间层矿物、绿/蒙间层矿物发展而来，有时会在孔喉变窄处相互搭接，此时水化膨胀和水锁伤害潜力很高。

④ 分散质点式。黏土充填在骨架颗粒之间的孔隙中，呈分散状，黏土粒间微孔隙发育。高岭石、绿泥石常呈这种产状，极易在高速流体作用下发生微粒运移。

⑤ 帚状撒开式。黑云母、白云母水化膨胀、溶蚀、分散，在端部可以形成高岭石、绿泥石、伊利石、伊/蒙间层矿物、蛭石等，这些微粒易于释放，进入孔隙流动系统，发生微粒运移和膨胀伤害。

⑥ 颗粒交代式。长石或不稳定的岩屑在成岩作用过程中向黏土矿物转化，如长石的高

岭石化、黑云母的绿泥石化、喷出岩屑的蒙皂石化等。与前面几种产状相比，敏感性伤害要弱得多，只是在酸化中表现略明显。

⑦ 裂缝充填式。在裂缝性砂岩、变质岩和岩浆岩储层中，蒙皂石、高岭石、绿泥石、伊利石等黏土矿物的裂缝部分充填、完全充填常见，它们可引起各种与黏土矿物有关的敏感性伤害。

3. 高温下黏土矿物的人工成岩反应

黏土矿物在加温过程中会发生脱水、分解、氧化、还原及相变等一系列复杂的化学、物理–化学变化。研究这些变化对于防止稠油油藏热采作业中的储层伤害具有重要意义。在热采作业中，注入蒸汽的地面温度可达360℃。当蒸汽抵达储层时，随着蒸汽的冷凝并与地层水混合，将导致储层中黏土矿物在其他矿物的参与下发生各种变化。所伴随的潜在地层伤害主要取决于地层矿物性质、流体组成和地层温度，对于埋藏较浅的稠油井，在温度为200～250℃时，主要的水–岩反应表现为石英、高岭石的溶解和方沸石、蒙皂石的生成。当地层混合液的pH值足够高时，将发生如下反应：

高岭石+Na^++石英→方沸石+H^++H_2O

当地层混合液的pH值较低时，将发生如下反应：

高岭石+白云石+石英→蒙皂石+方解石+ H_2O+CO_2

由于方沸石不属于黏土矿物，且比表面较小，一般情况下它不会堵塞孔喉。因此，上述第一个反应对于避免热采过程中储层伤害的发生是有利的。

图1–3为加拿大阿尔伯达地区稠油砂岩储层产出水和注蒸汽的锅炉水(含饱和汽)的组成范围。相图中的坐标是在200℃时水相中的离子浓度比，矿物稳定区的条件是石英完全呈饱和状态。与锅炉水相比，虽然产出水的Na^+、K^+含量较高，但地层水向酸性方向变化更快，因此，总的结果是注蒸汽采油的产出水趋向于高岭石区域，而锅炉水则落入长石和方沸石稳定区域。显然，产出水成分处在常见的黏土矿物集合体——高岭石、伊利石和蒙皂石三相区。这表明，尽管注入的蒸汽具有极高的pH值(有利于生成方沸石)，但由于地层水的稀释和矿物之间的反应双重作用的结果，有可能导致潜在的储层伤害最大的蒙皂石的形成。所以，在注蒸汽前对岩心进行详细的分析、评估反应相及产物，对于预测、防止或尽可能减小储层伤害具有极其重要的意义。

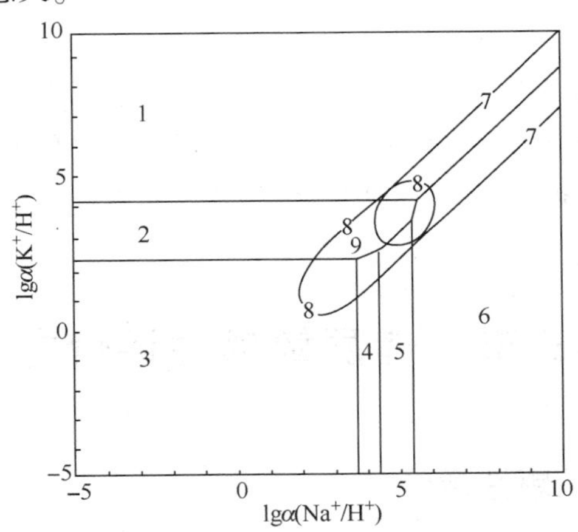

图1–3　在200℃时的地层水化学性质与黏土矿物稳定性的关系

1—钾长石；2—伊利石；3—高岭石；4—蒙皂石；5—云母；6—方沸石；7—锅炉水；8—产出水；9—油层矿物；α—离子摩尔浓度比

粒度分析：

粒度分析是指确定岩石中不同大小颗粒的含量。它不仅广泛应用于研究沉积岩的成因和沉积环境、储集层岩石分类和评价，而且粒度参数还是疏松、弱胶结储层砾石充填完井设计的一个重要工程参数和油田开发中判断储层均质性的一个重要依据。

测定岩石粒度的实验室方法主要有筛析法、沉降法、薄片图像统计法和激光衍射法。各种方法都有其优点和局限，实际工作中，选择哪种方法主要取决于被分析样品的粒级范围和实验室的技术水平。

筛析法是最常用的粒度分析测定方法。筛析前，首先把样品进行清洗、烘干和颗粒分解处理，然后放入一组不同尺寸的筛子中，把这组筛子放置于声波震筛机或机械震筛机上，经振动筛析后，称量每个筛子中的颗粒质量，从而得出样品的粒度分析数据。筛析法的分析范围一般从 4mm 的细砾至 0.0372mm 的粉砂。

图 1-4 为辽河油田第三系储层的粒度分析结果。所用筛网级别为 50 目、60 目、70 目、80 目、100 目、120 目、140 目、170 目、230 目、325 目和 400 目。岩样的主要粒度分布为 0.3~0.06mm，根据粒度分布的主峰区间可确定该岩样为中粒砂岩。

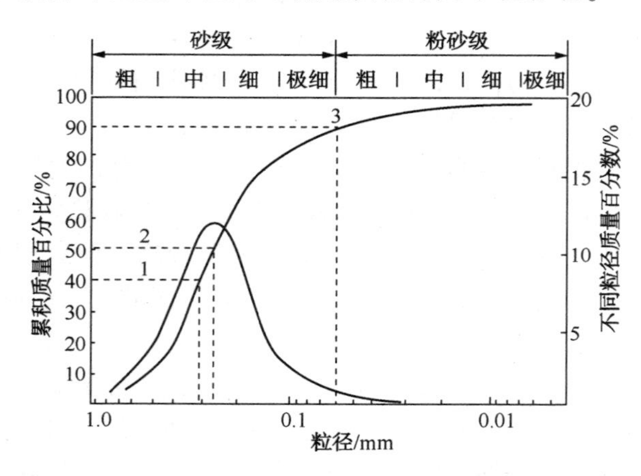

图 1-4　筛析法粒度分析曲线

1—D_{40}；2—D_{50}；3—D_{90}

砾石充填防砂设计所需参数可从图 1-4 上获取。根据累积质量（纵坐标）为 40%、50% 和 90%所对应的粒径值（横坐标）可得 D_{40}、D_{50}和 D_{90}分别为 0.31mm、0.26mm、0.061mm，其中的 D_{50}为粒度中值，代表了粒度分布的集中趋势；而岩样的均质系数 C 为 D_{40}/D_{90}，即 $C=5.080$。

第三节　储层敏感性评价方法

一、储层对流体的敏感性评价

储层敏感性评价主要是通过岩心流动实验，考察储层岩心与各种外来流体接触后所发生的各种物理-化学作用对岩石性质，主要是对渗透率的影响程度。对于与储层敏感性密切相关的岩石矿物物理化学性质，还必须通过其他方法进行测定，以便在全面、充分认识储层性质的基础上，通过室内伤害评价实验，优选出与油气层配伍的地层测试前置液，为地层测试设计和实施提供必要的参数和依据。

（一）储层伤害

绝大多数油气层，总是含有或多或少的敏感性矿物，它们一般粒径很小（<20μm），往往分布在孔隙表面和喉道处，处于与外来流体优先接触的位置。由于敏感性矿物的物理和化学稳定区间狭小，在地层测试和生产作业过程中，当各种外来流体（入井液）侵入油气层后，容易与储层原生流体和矿物作用，其结果是降低油气天然生产能力或注入能力，即发生油气层伤害。伤害程度可用油气层渗透率的下降幅度来表示。

储层伤害类型包括物理作用伤害、化学作用伤害、生物作用伤害和热力作用伤害4大类。在其中任何大类下还可以分出亚类和具体因素。实践证明，在钻井、完井、测试、增产措施、修井作业、注水和采油等过程中，都可能发生不同类型和程度的储层伤害（表1-12），而且多数伤害是永久性的和不可逆的。因此，油气层一旦受到伤害往往难以消除，必须以“预防为主，补救为辅”的原则对待伤害问题。通过油气层敏感性评价，找出油气层发生敏感的条件及伤害程度，为保护油气层、优化工程设计提供科学依据。

表1-12　油气藏开发各阶段储层伤害类型及评价

伤害因素	建井阶段		油气藏开采阶段				
	钻井固井	完井	井下作业	增产改造	地层测试	天然能量开采	补充能量开采
钻井液固相颗粒侵入	****	**	***	—	*		
微粒运移	***	****	***	****	****	***	****
黏土矿物膨胀	****	**	***	—	—	—	**
乳化堵塞/水相圈闭伤害	***	****	**	****	*	****	****
润湿性反转	**	***	***	****	—	—	****
相对渗透率下降	***	***	****	***	—	**	—
有机垢	*	*	***	****	—	****	—
无机垢	**	***	****	*	—	***	***
入井流体固相颗粒侵入		****	***	***	—	—	****
二次矿物沉淀	—	—	—	****		—	***
细菌侵入伤害	**	**	**		—	**	****
出砂	—	***	*	****	—	***	**

注：“*”代表严重程度；“—”代表无伤害。

（二）速敏评价

1. 速敏和实验

油气层的速敏性是指在钻井、测试、采油、增产作业和注水等作业或生产过程中，当流体在油气层中流动时，引起油气层中微粒运移并堵塞喉道造成油气层渗透率下降的现象。对于特定的油气层，微粒运移造成的伤害主要与油气层中流体的流动速度有关，因此速敏评价实验之目的在于：①找出由于流速作用导致微粒运移从而发生伤害的临界流速，以及找出由速度敏感引起的油气层伤害程度；②为后续的水敏、盐敏、碱敏和酸敏等4种实验及其他的各种伤害评价实验确定合理的实验流速提供依据，通过速敏实验求出临界流速后，可将其他各类评价实验的实验流速定为0.8倍临界流速，速敏评价实验应优先于其他项目实验；③为确定合理的注采速度提供科学依据。

2. 实验程序与分析

参照《储层敏感性流动实验评价方法》(SY/T 5358—2002)，以不同的注入实验流体(煤油或地层水)，并测定各个注入速度下岩心的渗透率，从注入速度与渗透率的变化关系上，判断油气层岩心对流速的敏感性，并分析渗透率明显下降时的临界流速。如果流量 Q_{i-1} 对应的渗透率 K_{i-1} 与流量 Q_i 对应的渗透率 K_i 满足式(1-2)：

$$\frac{K_{i-1}-K_i}{K_{i-1}}\times 100\% \geqslant 5\% \tag{1-2}$$

说明已发生速度敏感，流量 Q_{i-1} 即为临界流量。速度敏感程度评价指标见表1-13。

表1-13 速敏伤害程度评价指标

渗透率伤害率/%	$D_k \leqslant 5$	$5<D_k \leqslant 30$	$30<D_k \leqslant 50$	$50<D_k \leqslant 70$	$D_k>70$
伤害程度	无	弱	中等偏弱	中等偏强	强

表1-13中速敏伤害程度的计算见式(1-3)。

$$D_k=\frac{K_{max}-K_{min}}{K_{max}}\times 100\% \tag{1-3}$$

式中 D_k——速敏性引起的渗透率伤害率；

K_{max}——临界流速前岩样渗透率点中的最大值，$10^{-3}\mu m^2$；

K_{min}——临界流速后岩样渗透率的最小值，$10^{-3}\mu m^2$。

图1-5和图1-6为南阳下二门油田第三系油层岩心的煤油速敏和盐水速敏曲线，K_∞ 表示原始气测渗透率，临界流量分别为3.0mL/min和0.4mL/min。

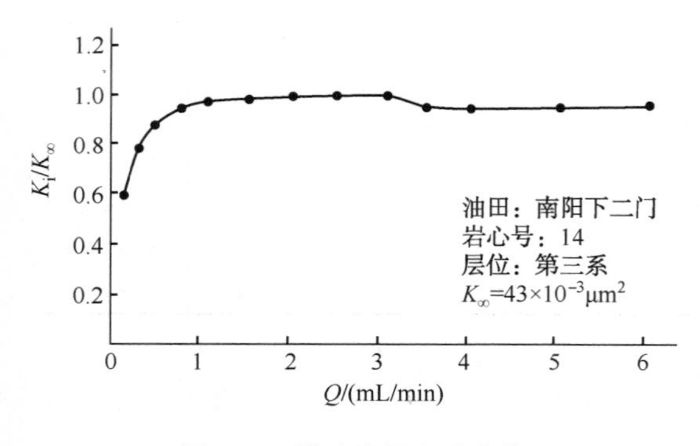

图1-5 煤油速敏实验曲线

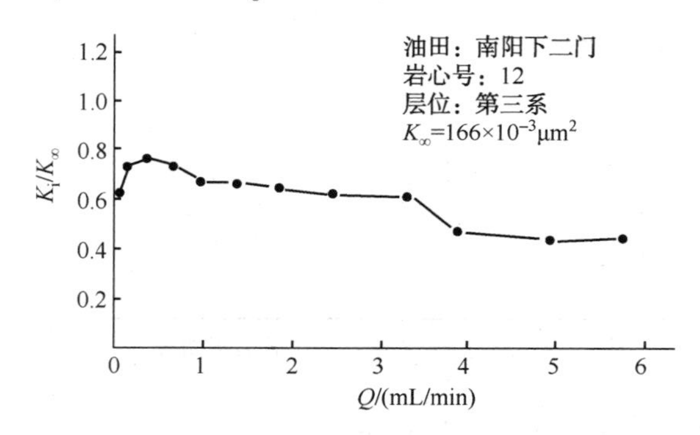

图1-6 盐水(地层水)速敏实验曲线

表1-14为代表该层的10块样品的评价结果。用煤油实验的临界流量为0.5~3.5mL/min，而用地层盐水实验的临界流量为0.1~0.5mL/min，并且煤油的速敏伤害程度明显低于盐水的速敏伤害程度。这是因为油层岩石的润湿性为弱亲水-亲水，当流体为盐水时，地层微粒很容易被润湿相(盐水)带走而造成微粒的运移并堵塞孔道，从而伤害渗透率；而当流体为

煤油时，煤油是非润湿相，只有当煤油的流速达到一个较高值，并对地层微粒产生机械剪切破坏作用时，微粒才可发生运移。这就导致了煤油和盐水速敏实验结果的不同。这也说明，该油田开发时允许油在储层中的流速高于注入水(或地层水)的流速。表 1-14 中的径向流临界速度是根据岩心线性流动实验所获得的临界速度转换而来的，可以直接用于现场生产和测试工作制度的选择。

临界流速转换公式为：

$$\frac{Q}{h}=\frac{1.52r_{w}Q_{c}}{D^{2}} \tag{1-4}$$

式中　Q——油层临界产量或注入量，m^3/d；

h——油层有效厚度，m；

r_w——井眼半径(射孔井为孔眼端部距井中心距离)，cm；

Q_c——岩心速敏实验所获得的临界体积流量，cm^3/min；

D——实验岩心直径，cm。

表 1-14　南阳下二门油田岩心煤油速敏评价结果

井序号	岩心编号	层位	K_∞/ $10^{-3}\mu m^2$	K_{max}/ $10^{-3}\mu m^2$	K_{min}/ $10^{-3}\mu m^2$	临界流量		D_k/%	速敏程度
						线性流/ (mL/min)	径向流/ [m^3/ (d·m)]		
1	11	H_3Ⅵ	176.0	158.0	70.5	1.5	5.50	55	中等偏弱
	14	H_3Ⅵ	43.0	43.3	40.8	3.0	10.9	6	弱
	20	H_3Ⅵ	5.40	6.19	3.88	2.5	9.10	37	中等偏弱
2	81	H_3Ⅶ	14.0	13.5	9.97	3.5	12.7	26	弱
	115	H_3Ⅶ	100.0	100.0	50.9	0.5	1.80	49	中等偏弱
3	12	H_3Ⅵ	166.0	136.0	73.8	0.4	1.80	46	中等偏弱
	15	H_3Ⅵ	93.0	93.0	62.7	0.1	0.36	33	中等偏弱
	20	H_3Ⅶ	4.55	3.82	1.62	0.1	0.36	58	中等偏强
4	82	H_3Ⅵ	44.0	42.3	14.9	0.25	0.91	65	中等偏强
5	150	H_3Ⅶ	80.9	77.5	39.9	0.25	0.91	49	中等偏弱

要注意的是对于采油井，用煤油作为实验流体时要求岩心先经过干燥，再用白土除去其中的极性物质，然后用 G5 砂心漏斗过滤。对于注水井，应使用经过过滤处理的地层水(或模拟地层水)作为实验流体。

(三) 水敏评价

1. 水敏实验

油气层中的黏土矿物在原始的地层条件下与一定矿化度的地层水相接触，当淡水进入储层时，某些黏土矿物就会发生膨胀、分散、运移，从而缩小或堵塞储层孔隙和喉道，造成渗透率降低。油气层的这种遇淡水后渗透率降低的现象，称为水敏。水敏实验的目的是了解黏土矿物遇淡水后的膨胀、分散、运移过程，分析发生水敏的条件及水敏引起的油气层伤害程度，为各类测试、作业时井筒液体的设计提供依据。

2. 实验程序与分析

参照《储层敏感性流动实验评价方法》(SY/T 5358—2002)：①先用地层水测定岩心的渗透率 K_f；②再用次地层水(50%地层水矿化度的实验流体)测定岩心的渗透率；③用蒸馏水(一般为去离子水)测定岩心的渗透率 K_w；④正向测地层水渗透率；⑤反向测地层水渗透率。确定淡水引起岩心中黏土矿物的水化膨化及造成的伤害程度，了解正向、反向地层水作用恢复率。评价指标见表1-15。计算公式如下：

$$I_w=\frac{K_f-K_w}{K_f}\times100\% \tag{1-5}$$

式中 I_w——水敏指数；

K_f——地层水测定岩样渗透率平均值，$10^{-3}\mu m^2$；

K_w——蒸馏水测定岩样渗透率，$10^{-3}\mu m^2$。

表1-15 水敏程度评价指标

水敏指数/%	$I_w\leqslant5$	$5<I_w\leqslant30$	$30<I_w\leqslant50$	$50<I_w\leqslant70$	$70<I_w\leqslant90$	$I_w>90$
水敏程度	无	弱	中等偏弱	中等偏强	强	极强

表1-16是松辽盆地南部低渗透油田白垩系油层岩心的水敏实验结果，图1-7为典型实验曲线，为弱-中等水敏性。在分别浸泡20～24h后，正向地层水、反向地层水测渗透率，仅有部分恢复，说明发生了微粒分散、运移和渗透率伤害。

表1-16 松辽盆地南部油田水敏性评价结果

样号	井号	层位	$K_f/10^{-3}\mu m^2$	$K_{f1}/10^{-3}\mu m^2$	$K_w/10^{-3}\mu m^2$	I_w/%	水敏程度
DB15-10B	DB15	青二段	7.750	7.003	5.459	29.6	弱
DB16-3	DB16		1.839	1.904	1.764	4.1	无
DB18-2B	DB18	青一段	0.423	0.399	0.41	3.1	无
DB20-3A	DB20		2.524	2.497	2.231	11.6	弱
DB16-28B	DB16	泉四段	0.210	0.161	0.14	33.3	中偏弱
DB17-24B	DB17		0.074	0.065	0.025	66.2	中偏强

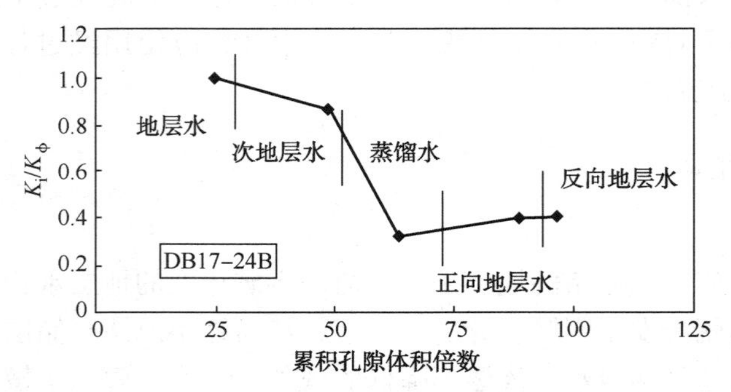

图1-7 岩心水敏实验曲线

（四）盐敏评价

1. 盐敏及实验

在油气田开发生产作业过程中，各种井筒工作液具有不同的矿化度，有的低于地层水矿化度，有的高于地层水矿化度。当高于地层水矿化度的工作液的滤液进入油气层后，可能引起黏土矿物的收缩、失稳、脱落，当低于地层水矿化度的工作液滤液进入油气层后，则可能引起黏土的膨胀和分散，这些都将导致孔隙空间和喉道的缩小及堵塞，引起渗透率的下降从而伤害油气层。因此，盐敏评价实验的目的是找出盐敏发生的临界矿化度，以及由盐敏引起的油气层伤害程度，为试油测试、完井作业等各类井筒工作液的设计提供依据。

2. 实验程序与分析

通过向岩心注入不同矿化度的盐水（按地层水的化学组成配制）并测定各矿化度下岩心对盐水的渗透率，根据渗透率随矿化度的变化来评价盐敏伤害程度，找出盐敏伤害发生的条件。根据实际情况，一般要做升高矿化度和降低矿化度两种盐敏评价实验。对于升高矿化度的盐敏评价实验，第一级盐水为地层水，将盐水按一定的浓度差逐级升高矿化度，直至找出临界矿化度 C_{C2} 或达到工作液的最高矿化度为止。对于降低矿化度的盐敏评价实验，第一级盐水仍为地层水，将盐水按一定的浓度差逐级降低矿化度，直至注入液的矿化度接近零为止，求出的临界矿化度为 C_{C1}。

如果矿化度 C_{i-1} 对应的渗透率 K_{i-1} 与矿化度 C_i 对应的渗透率 K_i 之间满足下述关系：

$$\frac{K_{i-1}-K_i}{K_{i-1}}\times 100\% \geqslant 5\% \tag{1-6}$$

说明已发生盐敏，并且矿化度 C_{i-1} 即为临界矿化度 C_c。按此标准，在升高矿化度实验时可以确定临界最高矿化度 C_{C2}，而在降低矿化度实验时可以确定临界最低矿化度 C_{C1}，从而确定出避免发生盐敏伤害的完井液有效矿化度区间。伤害程度的计算方法同式（1-3），评价指标见表 1-13。

图 1-8 和表 1-17 为吐哈丘陵油田侏罗系油层代表性岩心降低矿化度的盐敏实验结果。可以看出，当盐水矿化度逐级递减时，岩心渗透率逐渐降低，这是由于岩心中的黏土矿物遇淡水膨胀而缩小孔喉尺寸以及黏土矿物膨胀后分散脱落并堵塞小喉道所致，当矿化度降至蒸馏水后，再测恢复至地层水矿化度的岩心渗透率，其值远小于初始地层水的岩心渗透率。表明降低矿化度的盐敏伤害是不可逆的。

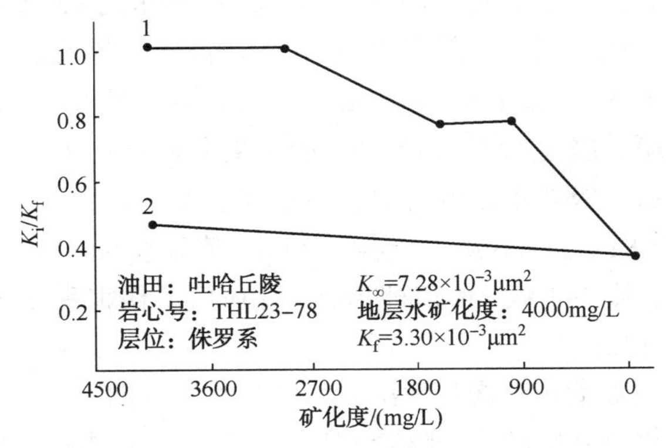

图 1-8　吐哈丘陵油田降低矿化度的盐敏实验曲线

1—矿化度逐级降低实验；2—恢复至地层水矿化度实验

表 1-17 吐哈丘陵油田降低矿化度盐敏实验结果

井号	样号	层位	K_∞/$10^{-3}\mu m^2$	矿化度/(10^4mg/L)	0.4	0.3	0.15	0.1	0	0.4
陵 23	23-18	E_{s1}	16.2	K_i/$10^{-3}\mu m^2$	3.77	3.44	2.89	2.04	1.01	1.43
				伤害程度/%	—	8.75	23.34	45.89	73.21	62.07
陵 22	22-30	E_{s2}	2.36	K_i/$10^{-3}\mu m^2$	0.75	0.68	0.66	0.62	0.35	0.46
				伤害程度/%	—	9.60	11.60	18.00	53.47	38.93
陵 7	7-27	E_{s3}	9.34	K_i/$10^{-3}\mu m^2$	2.32	2.28	1.95	1.85	0.39	0.78
				伤害程度/%	—	2.15	16.31	20.60	84.16	66.59
陵 23	23-78	E_{s2}	7.28	K_i/$10^{-3}\mu m^2$	3.30	3.37	2.47	2.66	1.26	1.51
				伤害程度/%	—	-2.12	25.15	19.39	61.82	54.24
陵 12	12-16	E_{s2}	2.07	K_i/$10^{-3}\mu m^2$	0.47	0.40	0.32	0.32	0.13	0.16
				伤害程度/%		16.25	33.12	33.33	73.21	85.61
陵 12	12-9	E_{s2}	3.73	K_i/$10^{-3}\mu m^2$	1.19	0.98	0.75	0.47	0.21	0.36
				伤害程度/%	17.48	36.98	60.67	82.77		69.66

（五）碱敏评价

1. 碱敏概念及实验

地层水 pH 值一般为 4~9，而大多数井筒作业液和水基泥浆的 pH 值在 8~12 之间，当高 pH 值流体进入油气层后，将造成油气层中黏土矿物和硅质胶结物的结构破坏(主要是黏土矿物和胶结物溶解后释放微粒)，从而造成油气层的堵塞伤害。此外，大量氢氧根与某些二价阳离子结合会生成不溶沉淀物，也会造成油气层的堵塞伤害。因此，碱敏评价实验的目的是找出碱敏发生的条件，主要是临界 pH 值的确定，以及由碱敏引起的油气层伤害程度，为地层测试等井筒内各类工作液的设计提供依据。

2. 实验程序及结果分析

通过注入不同 pH 值的地层水并测定其渗透率，根据渗透率的变化来评价碱敏伤害程度，分析碱敏伤害发生的条件。评价方法如下：①制备不同 pH 值盐水，根据实际情况，一般要从地层水的 pH 值开始，逐级升高 pH 值，最后一级盐水的 pH 值可定为 12~13；②将选好的岩心抽真空饱和第一级盐水，并浸泡 20~24h，在低于临界流速的条件下，用第一级盐水测出岩心稳定的渗透率 K_1；③注入 10 倍孔隙体积的第二级盐水，浸泡 20~24h，在低于临界流速的条件下，用第二级盐水测出岩心稳定的渗透率 K_2；④改变注入盐水的级别，重复第③步，直至测出最后一级盐水处理后的岩心稳定渗透率 K_n。

如果 $i-1$ 级 pH 值盐水的渗透率 K_{i-1}，与第 i 级 pH 值盐水的渗透率 K_i 之间满足式(1-6)的条件，说明已发生碱敏，则 $i-1$ 级 pH 值即为临界 pH 值。伤害程度的计算方法与式(1-3)相同，评价指标同表 1-13。

图 1-9 为塔里木东河塘油田石炭系地层岩心的碱敏评价曲线。表 1-18 为该油层三块岩心的评价结果。由实验数据分析可见，随着 pH 值升高，岩心渗透率降低。在 pH 值恢复实验时，发现当地层水的 pH 值从 10.24 恢复至 8.55 时，岩心渗透率不能恢复到初始值，并有

进一步降低趋势，表明碱敏伤害也是不可逆的。

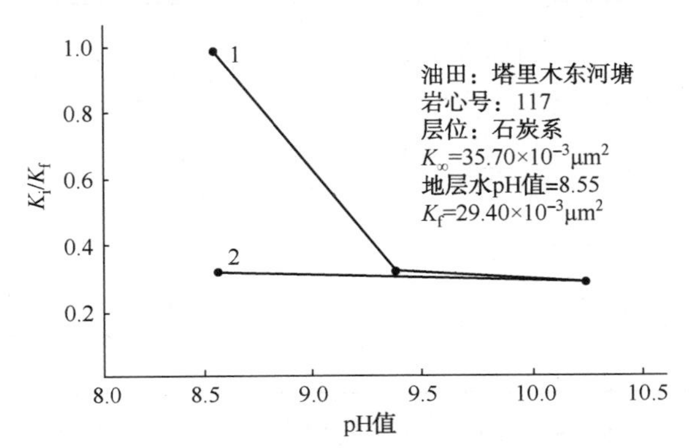

图 1-9　塔里木东河塘油田岩心碱敏实验评价曲线

1—pH 值升高实验；2—pH 值恢复实验

表 1-18　塔里木东河油田石炭系砂岩储层碱敏实验结果表

井号	岩心编号	层位	K_w/10^{-3}μm^2	K_1/10^{-3}μm^2(伤害程度)			
				pH 值=8.55	pH 值=9.41	pH 值=10.24	pH 值=10.55
河东 1	117	C	35.70	29.40	9.58(67.4%)	8.68(70.5%)	9.47(67.8%)
	123	C	21.20	11.30	7.99(29.3%)	6.90(38.9%)	5.22(53.8%)
	171	C	22.30	15.10	12.90(14.6%)	10.30(31.8%)	10.30(31.8%)

（六）酸敏评价

1. 酸敏概念及实验

酸化、酸压是油气田广泛采用的解堵和增产措施。酸液进入油气层后，一方面改善油气层的渗透率，另一方面又与油气层中的矿物及地层流体反应产生沉淀并堵塞油气层的孔喉。油气层的酸敏性是指油气层与酸作用后引起的渗透率降低的现象。因此，酸敏实验的目的是研究各种酸液对岩石渗透率的伤害程度，其本质是研究酸液与油气层的配伍性，为油气层基质酸化时确定合理的酸液配方提供依据。

2. 实验程序及结果分析

酸敏实验包括原酸(一定浓度的盐酸、氢氟酸、土酸)和残酸(可用原酸与另一块岩心反应后制备)的敏感实验，具体做法是：①用地层水测基础渗透率 K_1(正向)；②反向注入 0.5~1.0 倍孔隙体积的酸液，关闭阀门反应 1~3h；③用地层水正向测出恢复渗透率 K_2。

改进的实验方法为：①用地层水测基础渗透率，再用煤油测出酸作用前的渗透率 K_1(正向)；②反向注入 0.5~1.0 倍孔隙体积的酸液；③用煤油正向测出恢复渗透率 K_2，用实验所测的两个渗透率 K_1 和 K_2，并计算伤害率(即酸敏指数 I_A)来评价酸敏程度，见表 1-19。表 1-20 为塔里木吉拉克三叠系砂岩储层酸敏评价结果。

表 1-19　酸敏程度评价指标

酸敏指数/%	$I_a \approx 0$	$0<I_a \leq 15$	$15<I_a \leq 30$	$30<I_a \leq 50$	$I_a>50$
酸敏程度	弱	中等偏弱	中等偏强	强	极强

表 1-20 塔里木吉拉克气田砂岩储层酸敏评价结果

井号	样号	层位	酸液类型	实验前 K_1/$10^{-3}\mu m^2$	实验后 K_2/$10^{-3}\mu m^2$	K_2/K_1	I_a/%	酸敏程度
轮南 55	118 179	T	盐酸	200. 57 242. 49	126. 78 240. 04	0. 63 0. 99	37 1	强 中等偏弱
轮南 57	96 104	T	土酸	82. 62 103. 83	43. 64 67. 68	0. 53 0. 65	47 35	强 强

综上所述，上述五敏实验是评价和诊断油气层伤害的重要手段之一。一般说来，对每一个区块，都应做五敏实验，参照表 1-21 进行完井过程中保护油气层技术方案的制定，并指导作业。

表 1-21 储层五敏实验结果应用

实验项目	实验结果及其应用
(1) 速敏实验(包括油速敏和水速敏)	① 确定其他几种敏感性实验(水敏、盐敏、酸敏、碱敏)的实验流速； ② 确定油气井不发生速敏伤害的临界流量 Q_{cw}； ③ 确定注水并不发生速敏伤害的临界注入量 Q_{cw}，如果 Q_{cw} 太小，不能满足配注要求，应考虑增注措施，或加入黏土稳定剂和防膨剂； ④ 确定各类工作液允许的最大密度 ρ_{max}
(2) 水敏实验	① 如无水敏，则进入储层的工作液之矿化度只要小于地层水矿化度即可，不作严格要求； ② 如果有水敏，则必须控制工作液的矿化度大于 C_{c1}； ③ 如果水敏性较强．但工作液中要考虑使用黏土稳定剂和防膨剂
(3) 盐敏实验(升高矿化度和降低矿化度)	① 各类工作液都必须控制其矿化度在两个临界矿化度之间，即 C_{c1}<工作液矿化度<C_{c2}； ② 如果是注水开发的油田，当注入水的矿化度比 C_{c1} 要小时，为了避免发生水敏伤害，一定要在注入水中加入合适的黏土稳定剂，或对注水井进行周期性的黏土稳定剂处理
(4) 碱敏实验	① 对于进入储层的各类工作液都必须控制其 pH 值在临界 pH 值以下； ② 如果是强碱敏地层，由于无法控制水泥浆在临界 pH 值之下，为防止油气层伤害，建议采用屏蔽暂堵技术； ③ 对于存在碱敏性的地层，要避免使用强碱性工作液
(5) 酸敏实验	① 为基质酸化的酸液配方设计提供科学的依据； ② 为确定合理的解堵方法和增产措施提供依据

(七) 井筒作业液伤害评价

在正压差条件下钻开油气层，井筒作业液不可避免地要进入油气层，如果作业液与地层不配伍的话，其固相和液相的侵入必然要造成储层伤害。因此，除了评价上述五种储层敏感性之外，还应该了解完井液对储层的伤害情况，这对于钻井完井作业尤为重要。完井液评价实验的目的就是要了解现场用完井液与岩心接触后对储层的伤害程度，从而评价完井液及优选配方。当需要时，还可专门评价完井液中的处理剂及钻井液滤液对储层的伤害。

1. 井筒作业液静态伤害实验

在恒定压力下，让井筒作业液与岩心接触一定时间，测定岩心与作业液接触前后的渗透率值，即可评价井筒作业液的伤害程度。该项实验可在岩心上游端面加一圆环(不锈钢空心圆柱体)完成。事实上，井筒作业液主要有钻井液和完井修井作业液，钻井完井液静态伤害实验主要模拟了钻井过程中井筒液体对地层浸泡的影响，其实验程序如下：①正向测定岩心的地层水渗透率 K_f；②正向油(气)驱水并正向测定岩心束缚水状态下的油(气)相渗透率 K_n(K_g)；③反向完井液滤失，要求压差保持为 3.5MPa，直至上游端流出滤液为止；④正向驱替完井液，直至下流端排出液全部是油(气)为止；⑤正向测定岩心伤害后的油(气)相渗透率 K_{op}(K_{gp})。在实验过程中，要求流体流动速度不大于临界流速。

2. 井筒作业液动态伤害实验

井筒作业液动态伤害实验实质是模拟井筒流体在井眼环空的静、动态滤失以及剪切作用对储层岩心产生的固、液两相伤害。典型的动态伤害评价装置示意图如图 1-10 所示。整个装置主要由柱塞泵、岩心夹持器、加温加压系统、计量系统等部分构成。

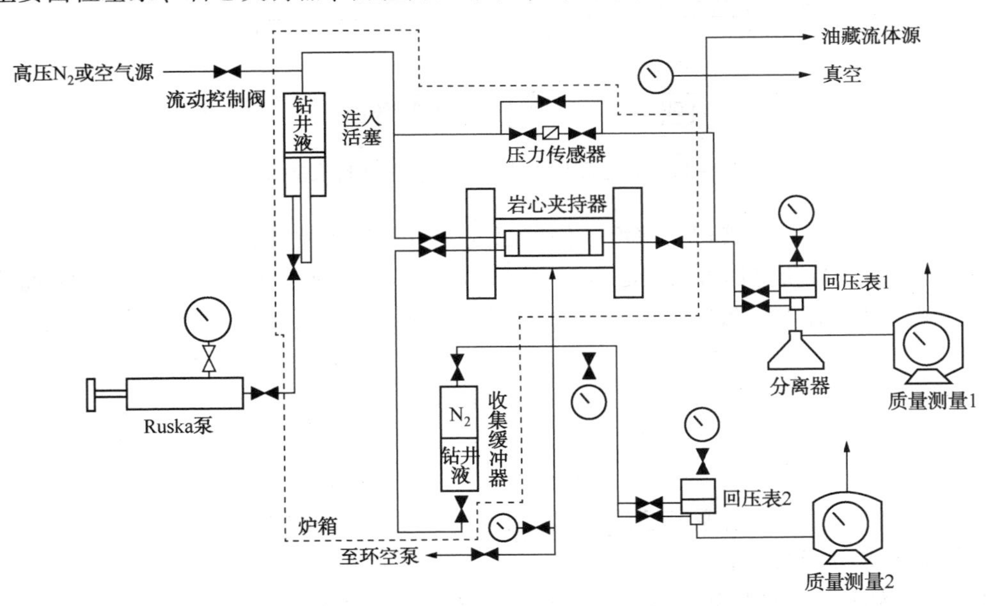

图 1-10　钻井完井液伤害动态评价仪系统

其实验程序简述如下：①正向测定岩心的地层水渗透率 K_i；②正向油驱水并正向测定岩心束缚水状态下的油(气)相渗透率 K_o(K_g)；③在动态条件下，让完井液反向接触岩心，模拟的动态条件为：压差 3.5MPa、温度为实际地层温度、岩心端面流速控制在临界流速的 50%，时间为 1~2h；④正向驱替完井液，直至下流端排出液全部是油(气)为止；⑤正向测定岩心伤害后的油(气)相渗透率。在整个实验过程中，要求流体流动速度不大于临界流速。

3. 井筒作业液侵入深度与伤害程度评价实验

上述两种实验均是只对井筒作业液伤害程度进行评价，而钻完井过程中作业液对地层的侵入是一个渐进过程，侵入带(剖面)是不规则的。从井眼至地层深部地层流体的分布为冲洗带、过渡带、扩散带和原状地层，而每个带由于完井液侵入量不同、固相和液相的侵入深度也不同，伤害程度也就不同。因此，钻井完井液侵入深度与伤害程度评价实验一方面考察了伤害程度随侵入深度的变化关系，为优化射孔时穿透深度设计或评价提供依据；另一方面，也为建立矿场测井和试井评价与实验室评价之间的相互转换关系奠定基础。

高温高压长岩心多点伤害评价系统主体装置如图 1-11 所示。最高工作温度为 150℃、最高围限压力为 50MPa，实验用岩心最大长度为 100cm，直径 2.54cm。沿岩心轴向分布有间距为 3~6cm 的压力和电阻率测点共 16 个。通过岩心电阻率测定，可精确确定滤液侵入深度以及原始地层流体饱和度的变化；通过压力测定，可精确获得渗透率变化，从而评价伤害程度。该系统采用计算机实时监控并显示以及数据回放两种数据采集、处理和输出格式，既可模拟动态伤害，也可模拟静态浸泡或两种影响的共同作用。实验程序与前述的两种实验程序基本相似。

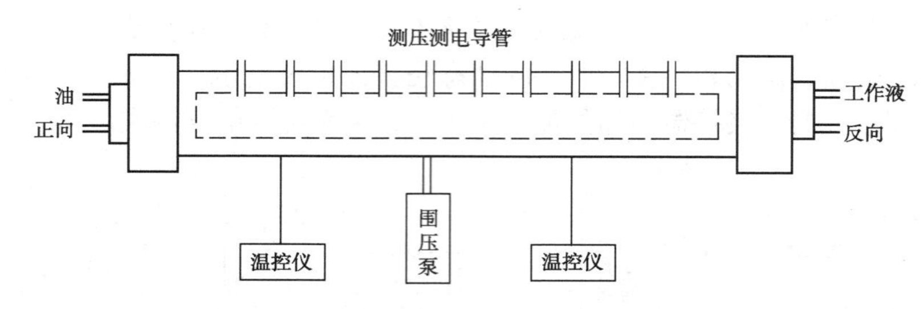

图 1-11　高温高压长岩心多点伤害评价实验装置

该实验除了获得作业液侵入深度、伤害深度、伤害程度及其相互之间的关系等结果外，还可以根据式(1-7)获得伤害后岩心渗透率平均值。从伤害前后地层流体流动的宏观尺度考虑，当测量条件与井下一致时，该渗透率值可以与地层测试中试井评价获得的渗透率值相比较。

$$\overline{K}=\frac{1}{\frac{L_1}{L}\cdot\frac{1}{K_1}+\frac{L_2}{L}\cdot\frac{1}{K_2}+\cdots+\frac{L_i}{L}\cdot\frac{1}{K_i}} \tag{1-7}$$

值得指出的是，该评价系统还广泛应用于注水、三次采油等实验评价。

4. 实验结果分析及评价标准

表 1-22 为南阳 X 油田第三系砂岩油层 4 块岩心完井液静动态伤害实验结果。工作液体系为模拟现场完井液配方。

表 1-22　南阳 X 油田井筒作业液静动态伤害实验结果

井号	岩心编号	层位	初始渗透率/$10^{-3}\mu m^2$	伤害后渗透率/$10^{-3}\mu m^2$	伤害率/%	实验条件				
						压差/MPa	剪率/s^{-1}	时间/h	温度/℃	滤液/mL
泌 118	147	H_3 V	1.66	0.58	65.1	3.5	180	1	90	6.7
泌 191	377	H_3 Ⅳ	11.5	2.43	78.9	3.5	180	1	90	4.2
下 16	265	H_3 Ⅵ	6.93	4.95	28.6	3.5	0	1	90	0.5
下 16	262	H_3 Ⅵ	36.4	27.7	27.7	3.5	0	1	90	0.8

根据伤害前后油相渗透率比值可以计算伤害程度(表 1-23)。由此可见，完井液对该油

层伤害较大，静态时为中等偏弱，动态时为中等偏强。这种伤害包括固相颗粒侵入、水敏(因系水基完井液)及处理剂等伤害在内的综合效应。为了考察完井液滤液的伤害，又做了4块岩心的滤液静态伤害实验，结果见表1-24。显然，本区完井液固相侵入伤害程度大于滤液伤害程度，动态伤害大于静态伤害。总的说来，该体系不宜用来钻开油气层，除非采取特殊措施，如应用屏蔽暂堵技术或欠平衡钻开技术。

表1-23 完井液伤害实验评价指标

伤害率 D_k/%	$D_k \leq 5$	$5<D_k \leq 30$	$30<D_k \leq 50$	$50<D_k \leq 70$	$D_k>70$
伤害程度	无	弱	中等偏弱	中等偏强	强

表1-24 南阳下二门油田完井液滤液伤害实验结果

井号	岩心编号	层位	初始渗透率(K_o)/$10^{-3}\mu m^2$	伤害后渗透率(K_{op})/$10^{-3}\mu m^2$	伤害率/%	浸泡温度/℃	浸泡时间/h
下16	313	H_3Ⅶ	42.86	35.24	17.8	90	24
泌118	152	H_3Ⅶ	21.63	17.54	18.9	90	24
泌191	328	H_3Ⅳ	10.50	8.39	20.1	90	24
泌118	119	H_3Ⅳ	4.38	3.32	24.2	90	24

表1-25为我国吐哈鄯善油田侏罗系油层岩心钻井液滤液侵入深度与伤害程度实验结果，数据处理结果如图1-12和图1-13所示。

表1-25 吐哈鄯善油田钻井液侵入深度与伤害程度实验数据表

测点	1	2	3	4	5	6	7	8	9	10	11
距离/cm	3	6	9	12	15	18	21	24	27	30	33
ϕ/%	10.28	10.54	10.68	10.38	11.76	11.92	9.72	9.24	10.00	11.86	11.77
S_{wi}/%	28.15	29.33	28.17	26.64	25.77	25.01	29.81	30.55	22.37	23.05	34.76
K_{o1}/$10^{-3}\mu m^2$	5.52	5.58	5.29	5.50	6.03	6.35	6.18	6.06	5.95	6.26	6.38
R_{n1}/Ω·m	272.3	258.4	277.7	286.0	294.9	301.3	264.1	236.7	331.5	319.4	310.8
R_{n2}/Ω·m	25.60	33.59	52.76	79.79	132.3	205.5	239.0	236.7	331.5	319.4	310.8
K_{o2}/$10^{-3}\mu m^2$	1.126	1.534	1.793	2.393	3.401	4.731	5.500	5.866	5.95	6.26	6.38
R_{n2}/R_{n1}	0.094	0.130	0.190	0.279	0.450	0.682	0.908	1.00	1.00	1.00	1.00
K_{o2}/K_{o1}	0.204	0.275	0.339	0.435	0.564	0.745	0.890	0.968	1.00	1.00	1.00

注：电阻率、渗透率、孔隙度的重量测量误差分别为3%、1%、0.3%。

由图1-12、图1-13可以得出4点认识：①滤液侵入深度为24cm，而伤害深度为27cm，两者之比为0.89，分析伤害深度大于侵入深度的原因，是离子扩散产生岩心盐敏伤害所致，即高矿化度的滤液侵入含低矿化度地层水岩心时发生的渗透率下降现象；②滤液侵入是一个舌进过程，侵入滤液总量为岩心孔隙总体积的1/3，但侵入深度却达岩心总长度2/3的位置，此外，越靠近岩心上游段，电阻率降低幅度越大，说明滤液侵入量越多；③滤液伤害程度明显与伤害深度有关，滤液侵入量越多、伤害程度也越大；渗透率恢复率随侵入深度也逐渐增大；④滤液侵入深度与滤液侵入量、滤液伤害深度与伤害程度呈幂函数关系变化，进一步结合矿场测井与试井评价，可以确定井下储层伤害范围及大小，从而指导完井作业。

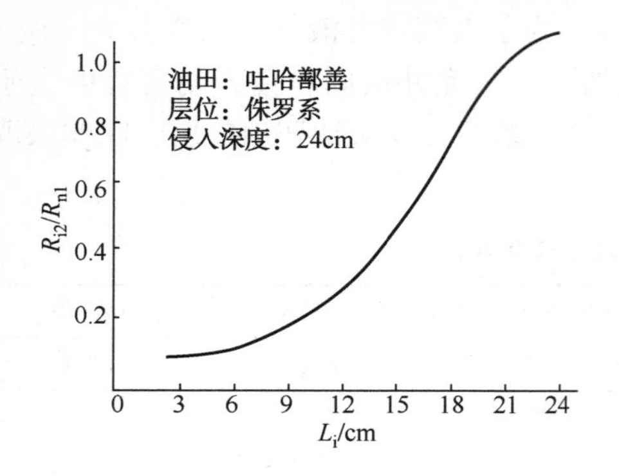

图 1-12　钻井液滤液侵入深度与电阻率关系曲线

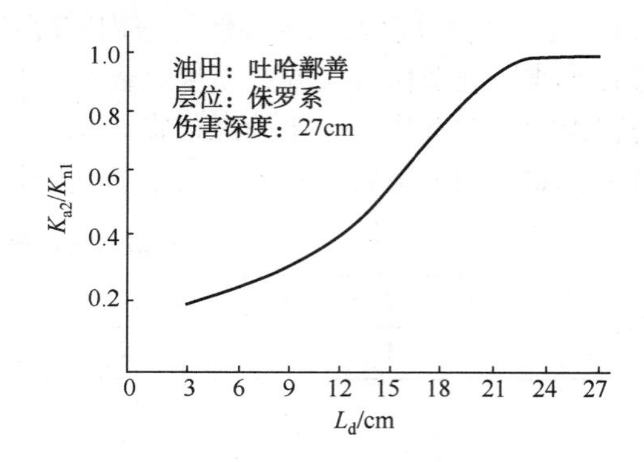

图 1-13　钻井液滤液伤害深度与渗透率关系曲线

（八）其他评价实验

其他伤害评价方法还有体积流量评价实验、系列流体评价实验、离心法测毛细管压力快速评价工作液及正反向流动实验、润湿性实验、相对渗透率曲线等实验，各实验的目的及用途见表 1-26。

表 1-26　其他油气层伤害评价方法

实验项目	实验目的及用途
正反向流动实验	观察岩心中微粒受流体流动方向的影响及运移产生的渗透率伤害情况
体积流量评价实验	在低于临界流速的情况下，用大量的工作液流过岩心，考察岩心胶结的稳定性用注入水做实验可评价油层岩心对注入水量的敏感性
系列流体评价实验	了解油气层岩心按实际工程施工顺序与各种外来工作液接触后所造成的总伤害及其程度
阳离子交换实验	通过油层岩石的阳离子交换容量测量，确定黏土矿物水化膨胀的相对严重程度。为油层伤害机理研究及防止油层伤害的完井措施提供依据
酸液评价实验	按酸化施工注液工序向岩心注入酸液，在室内预先评价和筛选保护油气层的酸液配方
润湿性评价实验	通过测定注入工作液前后油气层岩石的润湿性，观察工作液对油气层岩石润湿性的改变情况
相对渗透率曲线评价实验	测定油气层岩石的相对渗透率曲线，观察相圈闭伤害的程度；或测定注入工作液前后油气层岩石的相对渗透率曲线，观察工作液对油气层岩石相对渗透率的改变及由此发生的伤害程度
毛管自吸实验	测定不同初始含水饱和度下，工作液滤液和实验流体自吸动力学规律，评价潜在水相圈闭伤害程度，提出预防措施
膨胀率评价实验	测定工作液进入岩心后的膨胀率，评价工作液与油气层岩石(特别是黏土矿物)的配伍性
离心机法毛管压力快速评价实验	用离心法测定工作液进入油气层岩心前后毛细管压力的变化情况，快速评价油气层的伤害

综上所述，油气层伤害的室内评价结果可以为油气井地层测试和各个作业环节保护油气层技术方案的制定提供依据。也就是说，从钻开油气层开始到油田开发全过程中的每一个作

业环节的油气层保护技术方案的确定都需要开展和应用室内评价工作和成果。

随着技术的不断进步，油气层伤害的室内评价技术也在向前发展，目前已形成了如下几个发展方向：①全模拟实验，模拟井下实际工况，如温度、压力(回压、地层压力)、各向异性、油气层伤害评价；②多点渗透率仪的应用，由短岩心向长岩心发展；③小尺寸岩心向大尺寸岩心发展；④实验的自动化与智能化，广泛引入计算机数据采集；⑤计算机数值模拟与室内物理模拟相结合。

二、储层应力敏感性分析

一般意义上的储层敏感性评价指的是储层矿物与流体作用的结果。而应力敏感性则考察在施加一定的有效应力时，岩样的物性参数随有效应力变化而改变的性质。它反映了岩石孔隙几何形状、裂缝壁面形态、岩石力学性质等对应力变化的响应。应力敏感性与钻井完井液滤失及井漏、水力压裂(酸压)中压裂液的滤失、测试及开采中裂缝闭合等有密切关系。应力敏感性伤害通常又叠加在其他伤害因素上，如中途测试和完井测试中，既有速敏伤害问题，也可能有应力敏感伤害、井筒内井壁稳定性和测试成功率等问题。

(一) 应力敏感性实验评价

应力敏感性有双层含义：①标准状况下物性与地层条件下(原地条件，in-situ)物性测定值的差异；②原地应力改变时，物性(包括裂缝宽度)随应力而改变的特性。对于孔隙型储层而言，岩性疏松的高渗层和物性极差的致密层，应力敏感性显著。裂缝型储层对应力变化非常敏感。

1. 实验目的和程序

目的有三个：①准确评价储层，通过模拟地层条件测定孔隙度，可以将常规的孔隙度值转换成原地条件下的值，用于储量计算；②求出岩心在地层条件下的渗透率，便于建立岩心渗透率 K_c 与测试有效渗透率 K_e 的关系，对认识 K_e 和地层电阻率的关系也有帮助；③为确定合理的生产压差服务。

测定应力敏感性使用岩心夹持器的围压最大值应不低于60MPa。一般用干岩样做气测渗透率实验，标准岩样的直径为25.4mm或38.1mm。要分别测出基块和裂缝岩样的有效应力与物性参数关系。具体评价方法如下：①选择实验岩心，测量长度、直径等；②选择有效应力实验的压力值分别为2.5MPa、5.0MPa、10MPa、…、40MPa、60MPa；③在CMS-3 00全自动岩心测试装置(或其他高压渗透率仪)上，测量各实验应力值下的渗透率和孔隙度。

2. 应力敏感性评价指标

目前国内常用的应力敏感实验方法和评价指标主要分为三种：①行业标准法(SY/T5358—2002)；②应力敏感性系数法；③基于原地应力(Stress in situ，也称就地应力)渗透率伤害率法。下面分别讨论三种实验方法及其评价指标。

(1) 石油行业标准法

在2002年发布的“储层敏感性流动实验评价方法(SY/T5358—2002)”中，给出了应力敏感性实验方法和评价指标。该方法系统地阐述了实验条件、实验步骤和实验数据处理评价。

行业标准中对渗透率伤害系数给出了明确的定义，其计算公式如下：

$$D_{kp}=(K_i-K_{i+1})/(K_i\,|\,P_{i+1}-P_i\,|\,) \tag{1-8}$$

式中　D_{kp}——渗透率伤害系数，MPa^{-1}；

K_i，K_{i+1}——第 i，$i+1$ 个有效应力下的岩样渗透率，$10^{-3}\mu m^2$；

P_i，P_{i+1}——第 i，$i+1$ 个有效应力值，MPa。

渗透率伤害率的计算如下：

$$D_k = (K_1 - K_{min})/K_1 \times 100\% \tag{1-9}$$

式中　D_k——渗透率伤害率；

K_1——第一个应力点对应的岩样渗透率，$10^{-3}\mu m^2$；

K_{min}——达到临界应力后岩样渗透率的最小值，$10^{-3}\mu m^2$。

对于评价方法中需要进一步说明：①规定的有效应力最大为20MPa，对于一般储层来说，还未达到原地有效应力，而在油田的钻井、完井及开发过程中，工程师最关注的是有效应力在原地有效应力附近波动时的储层渗透率变化情况；②把渗透率伤害系数的最大值所对应的应力值作为临界应力(图1-14)，而考虑大多数油气藏的实际情况，储层的有效应力远大于临界应力，使得临界应力的定义对于实际应用没有明显的工程意义；③最大有效应力测点的选择受到实验人员的主观影响和实验仪器额定压力的限制，那么对于同一块岩心所得到的渗透率伤害率就不统一，给工程的实际应用带来不必要的麻烦。

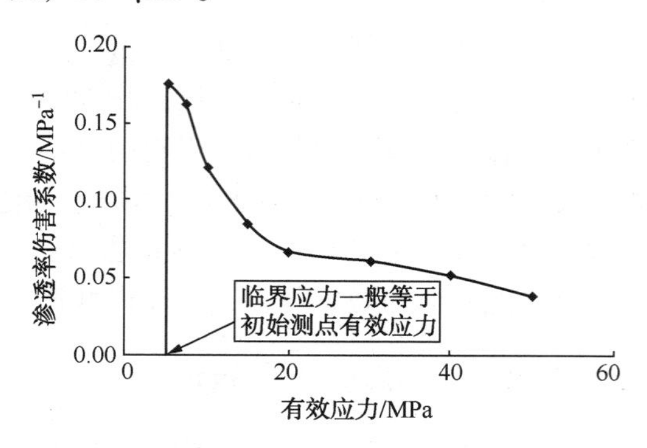

图1-14　渗透率伤害系数与有效应力的关系

（2）应力敏感系数法

应力敏感系数法(Jones and Ow-ens，1980；康毅力，1998)是通过公式(1-10)对所测的实验数据进行处理，得到岩心的应力敏感性系数，评价岩样的应力敏感程度。

$$S_s = \left[1 - \left(\frac{K}{K_0}\right)^{1/3}\right] / \lg\frac{\sigma}{\sigma_0} \tag{1-10}$$

式中　S_s——应力敏感系数；

σ——有效应力，MPa；

K——对应有效应力点的渗透率，$10^{-3}\mu m^2$；

σ_0——初始测点的有效应力，MPa；

K_0——初始测点的渗透率，$10^{-3}\mu m^2$。

对公式(1-10)进行数学的转换得到公式(1-11)。

$$[K/K_0]^{1/3} = 1 - S_S \lg\frac{\sigma}{\sigma_0} \tag{1-11}$$

如以$\left(\frac{K}{K_0}\right)^{1/3}$为纵坐标，以 $\lg\frac{\sigma}{\sigma_0}$为横坐标，理论上，实验点应成一直线，其斜率即为应力敏感系数 S_s，实际测定数据则需要线性回归，将其拟合成直线，斜率的绝对值即为应力敏感性系数，如图1-15所示。

用于拟合直线的有效应力测点既有小于原地应力点，又包括大于原地应力点，符合数据处理的要求。应力敏感性系数是通过实验得到的全部数据进行拟合得到，每一岩样对应一个应力敏感系数，其值是唯一的，但其物理意义不如渗透率伤害率直观，易于理解。

（3）基于原地有效应力的应力敏感性评价

把有效应力测点的选择集中在原地有效应力附近，按油气藏孔隙压力增减百分比来确定有效应力测点。例如，对于平均上覆岩层密度2.50g/cm³，取地层压力梯度为1.50MPa/100m，2000m深的地层压力为30MPa，原地有效应力为20 MPa，用20±30×β%来确定有效应力的测点。取β=5、10、15、25、50、75计算得有效应力测点分别为5MPa、12.5MPa、15.5MPa、17MPa、18.5MPa、20MPa、21.5MPa、23MPa、24.5MPa、27.5MPa、35MPa、42.5MPa，式(1-12)即为基于原地有效应力的应力敏感性评价公式，渗透率伤害评价沿用行业标准中的评价指标。

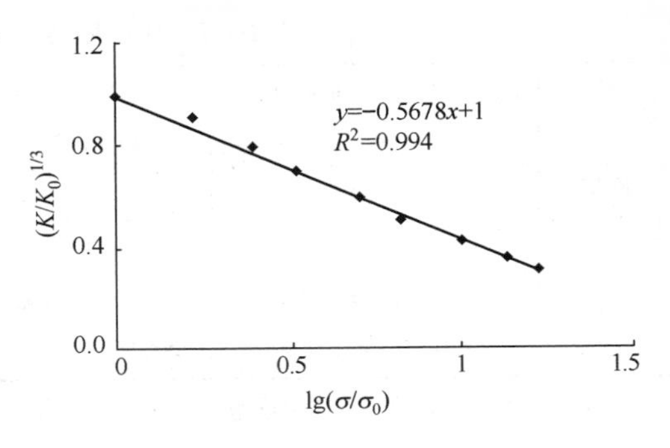

图1-15　应力敏感性系数拟合图

$$R_i = |K_{in-stiu} - K_i| / K_{in-stiu} \times 100\% \qquad (1-12)$$

式中　R_i——有效应力为1MPa时的渗透率伤害率(值为负表示渗透率随有效孔隙压力增加而增大)；

K_i——有效应力为1MPa时的渗透率，$10^{-3}\mu m^2$；

$K_{in-stiu}$——原地有效应力对应的岩心渗透率，$10^{-3}\mu m^2$。

基于原地有效应力的渗透率变化计算把应力敏感性评价分为两段(图1-16)。当有效应力自原地应力逐渐降低时，表示正压作业或流体注入时，孔隙压力增大造成储层有效应力降低，从而渗透率变大；有效应力自原地应力逐渐增高时，表示随着油气藏的开采，孔隙压力降低导致储层有效应力增加，从而渗透率降低，把应力敏感性评价与油气藏的开采实际结合起来，有利于储层应力伤害程度的正确评价和工程的实际应用。

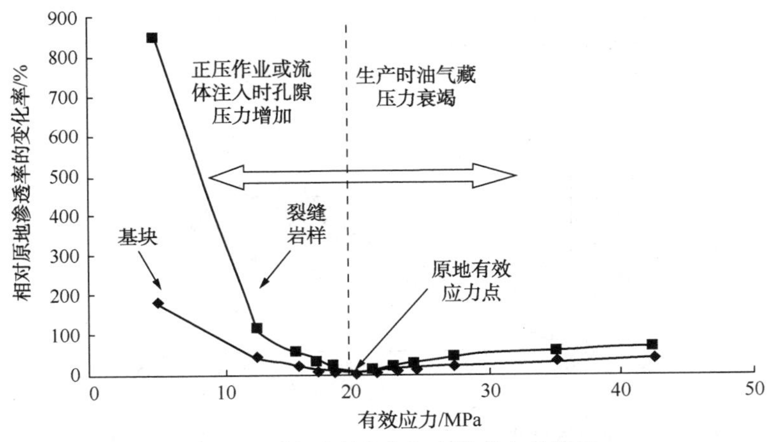

图1-16　渗透率变化与有效应力的关系

3. 不同应力敏感性评价方法的对比

表1-27是根据不同评价指标得到某一岩样的渗透率伤害评价，以3MPa为初始点算得的渗透率伤害等级为强，以原地应力为初始点的渗透率伤害等级为中等，所以行业标准得到的评价结果夸大了有效应力对储层渗透率的伤害。

表 1-27　应力敏感对渗透率伤害的评价方法统计表

评价方法	应力敏感性系数法 S_s	行业标准伤害率法 $(K_3-K_{20})/K_3$	行业标准伤害率法 $(K_3-K_{35})/K_3$	基于原地应力的伤害率法 $(K_{20}-K_{35})/K_{20}$
算例	0.54	0.83	0.92	0.55
评价等级	中等偏强	强	强	中等偏强
评价标准	$D_k \leq 0.30$，弱；$0.30<D_k \leq 0.50$，中等偏弱；$0.50<D_k \leq 0.70$，中等偏强；$D_k>0.70$，强 $S_s \leq 0.30$，弱；$0.30<S_s \leq 0.50$，中等偏弱；$0.50<S_s \leq 0.70$，中等偏强；$0.70<S_s \leq 1.0$，强；$S_s>1.0$，极强			

注：K_i 表示 iMPa 时的岩样渗透率，原地有效应力为 20MPa，地层压力衰竭 50%后有效应力增为 35MPa。

表 1-28 是一岩样分别按式(1-9)、式(1-12)计算的渗透率伤害率和伤害等级评价。结果表明：按初始测点计算的渗透率伤害等级为中等偏强—强，而按原地有效应力为基准点计算的渗透伤害率伤害等级为弱—中等偏弱。对于川中致密砂岩油层、致密砂岩气层、松辽盆地低渗透油层 70 余块样品的分析表明，应力敏感性系数与基于原地应力的当地层压力衰竭 50%时的渗透率伤害率呈线性关系，而二者量值非常接近(图 1-17)。因此使用应力敏感性系数可以表征一块岩样的应力敏感性特征，还可以像孔隙度、渗透率那样求层位、区块的平均值，进行对比。故推荐使用应力敏感系数法来评价储层的应力敏感性，评价标准见表 1-29。

表 1-28　某一岩样不同评价指标体系的应力敏感性伤害程度对比

20+30+β%/MPa	20.0	21.5	23.0	24.5	27.5	35.0	42.5
初始测点(3MPa)计算 D_k/%	64.5	66.3	68.0	69.5	72.0	76.6	79.7
伤害等级	中偏强	中偏强	中偏强	中偏强	强	强	强
原地应力(20MPa)计算 R_1/%	——	5.3	10.0	14.1	21.1	34.1	43.0
伤害等级		弱	弱	弱	弱	中偏弱	中偏弱

注：该储层的原地平均有效应力为 20MPa，底层压力 30MPa。

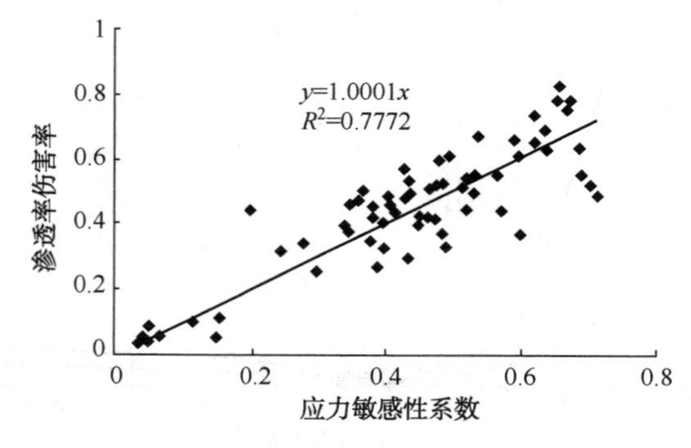

图 1-17　应力敏感系数和基于原地应力渗透率伤害率的线性关系

表 1-29　应力敏感程度评价指标

应力敏感系数 S_s	$S_s \leq 0.05$	$0.05<S_s \leq 0.30$	$0.30<S_s \leq 0.50$	$0.50<S_s \leq 0.70$	$0.70<S_s \leq 1.0$	$S_s>1.0$
敏感程度	无	弱	中偏弱	中偏强	强	极强

(二) 致密砂岩气层的应力敏感性

原地层条件下气测渗透率小于$0.1\times10^{-3}\mu m^2$的砂岩气藏称为致密砂岩气藏。岩石致密的原因有两个：①埋藏深度大，压实作用和胶结作用强烈；②岩石的颗粒细，且填隙物量大。前者形成低孔性致密砂岩，后者形成多孔性致密砂岩，如粉砂岩储层。依据砂体的几何形态，考虑增产措施的效果，又将砂体分成透镜状砂体和席状砂体。世界致密砂岩天然气开发活动主要在美国落基山盆地和得克萨斯盆地、加拿大阿尔伯达盆地、中国四川盆地和鄂尔多斯盆地。下面以四川盆地、鄂尔多斯盆地和美国的落基山盆地为例，说明致密砂岩气层的应力敏感性特征。

1. 四川盆地常规致密砂岩气层应力敏感性

四川盆地西部气层埋深250~5500m，包括侏罗系蓬莱镇组、沙溪庙组、千佛崖组、上三叠统须家河组。地层压力多为异常高压，呈现多个压力系统，压力梯度为1.15~2.05MPa/100m。岩性以细砂岩、中砂岩为主，蓬莱镇组上部为常规储层，中部为近致密储层，下部为致密储层，沙溪庙和须家河组储层以致密到很致密为主，并有相当部分的超致密储层，毛细管压力中值常规储层小于1.5MPa，近致密储层为1.5~3.0MPa，致密层为10~20MPa，很致密层为30~50MPa。无论产状如何，未充填缝的宽度由$b<0.1$mm至0.1~0.5mm，以$b<0.1$mm的裂缝居多；充填缝较宽，一些方解石充填缝，宽度可达数毫米。裂缝发育具有明显的非均质性，微裂缝提供了致密砂岩的主要渗透性。黏土矿物含量平均为3.7%~7.3%，类型有高岭石、绿泥石、伊利石、伊/蒙间层、绿/蒙间层和蒙皂石。

常规近致密储层渗透率随应力增加而下降缓慢，致密储层则有很大幅度的渗透率下降。同为常规、近致密储层，带裂缝岩样要比基块岩样的应力敏感性强。蓬莱镇组岩样埋藏较浅，原有效应力在6.9~13.8MPa，应力增加过程实际上是模拟压实作用。当地层压力降低时，基块渗透率基本恒定，有裂缝时则渗透率明显降低(图1-18)。

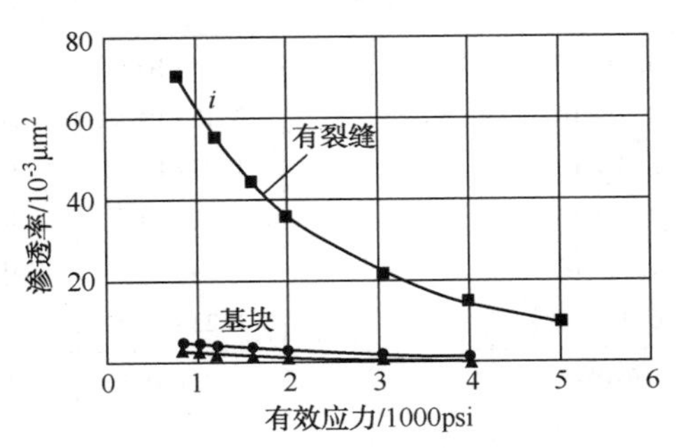

图1-18 蓬莱镇组裂缝岩样应力敏感性

须家河四段储层埋深大，原有效地应力约为25.5MPa，有效应力减小过程($\sigma_j<$25.5MPa)，渗透率随应力增加而剧烈下降，越过该点之后则趋于缓慢(图1-19、图1-20)。测试实验表明，模拟有效应力条件时，基块岩样常规至近致密储层的渗透率为常规值的4/5~1/3。而致密储层则为常规值的1/5~1/20。孔隙度值的变化相对较小，校正到原地层条件下，常规储层孔隙度降低10%左右，致密砂岩可降低10%~25%。

表1-30反映了常规—近致密砂岩气层基块应力敏感性系数为0.03~0.33，总体为弱程度，含有裂缝后应力敏感系数增加至0.40~0.52，属中偏弱程度。须四段典型致密砂岩基块

应力敏感系数0.70~0.85，含有裂缝后达到0.74~1.16，应力敏感程度变化由强增至极强。裂缝的出现使得岩样的敏感程度基本上提高了一倍。

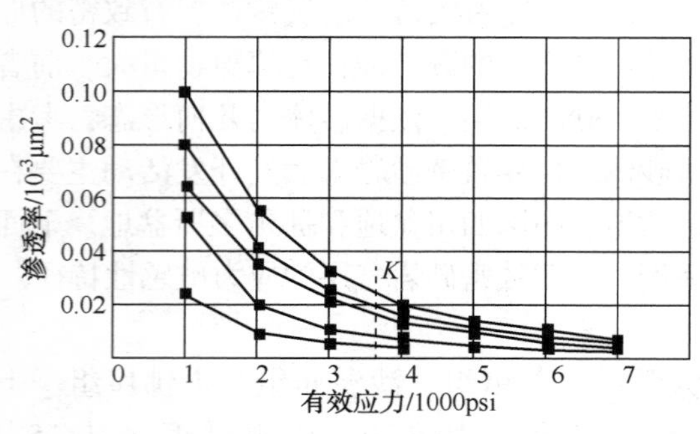

图1-19 须四段致密砂岩基块岩样应力敏感性

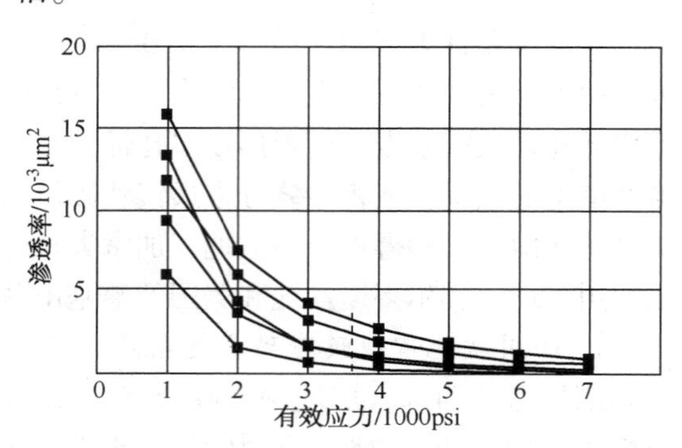

图1-20 须四段致密砂岩基块岩样应力敏感性

表1-30 川西低渗-致密碎屑岩储层的应力敏感性评价

序号	样号	渗透率/$10^{-3}\mu m^2$				S_s	评价	备注
		5.52MPa	6.9MPa	13.8MPa	27.6MPa			
1	0-12	5.150		4.990		0.03	无	J_3p 基块
2	2-23	6.080		3.970		0.33	中偏弱	
3	2-28	32.00		25.20		0.19	弱	
4	2-36	0.618		0.519		0.14	弱	
5	2-37	0.705		0.564		0.18	弱	
6	2-38	12.10		11.15		0.07	弱	
7	2-36	69.66		34.73		0.52	中偏强	J_3p 人工缝
8	2-37	4.402		2.618		0.40	中偏弱	
9	5-7		5.11×10^{-2}		5.84×10^{-3}	0.85	强	T_3x^4基块
10	5-36		2.25×10^{-2}		3.17×10^{-2}	0.80	强	
11	5-53		8.09×10^{-2}		1.47×10^{-2}	0.72	强	
12	5-54		7.99×10^{-2}		1.51×10^{-2}	0.71	强	
13	5-65		1.01×10^{-1}		1.59×10^{-2}	0.76	强	
14	5-69		6.42×10^{-2}		1.23×10^{-2}	0.70	强	
15	5-7		6.0500		0.170	1.16	极强	T_3x^4人工缝
16	5-53		13.469		0.681	1.02	极强	
17	5-54		16.010		2.552	0.74	强	
18	5-65		12.023		1.896	0.76	强	
19	5-69		9.5630		0.879	0.91	强	

对川中香溪群(相当于川西须家河组)40余块致密砂岩气层样品分析指出，基块岩样应力敏感系数0.37~0.69，平均0.48；裂缝样0.381~0.704，平均0.65。前者中偏弱，后者中偏强。致密砂岩基块渗透率越低，应力敏感性越强。

裂缝性致密砂岩具有极强的应力敏感性，这是钻井中易出现井喷井漏的本质原因。当正压差增大时，有效应力减小，岩石的裂缝宽度增大，从而导致井漏。对致密气层的测试必须控制合理的压差，并且在进行测试资料解释时必须考虑压力变化对有效渗透率的影响。

2. 鄂尔多斯盆地上古生界致密砂岩气层应力敏感性

鄂尔多斯盆地上古生界致密砂岩气层基块岩样应力敏感系数 0.22～0.74，裂缝岩样 0.37～1.02。基块岩样随渗透率增加，应力敏感性减弱。裂缝岩样随渗透率增加，应力敏感性反而增强(图 1-21)，与川西、川中分析结果一致。

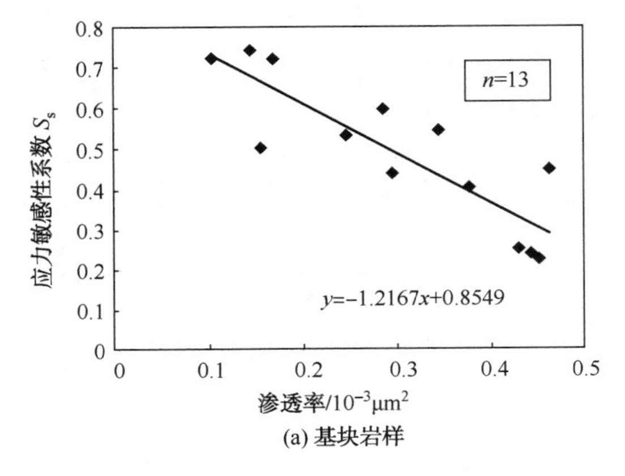

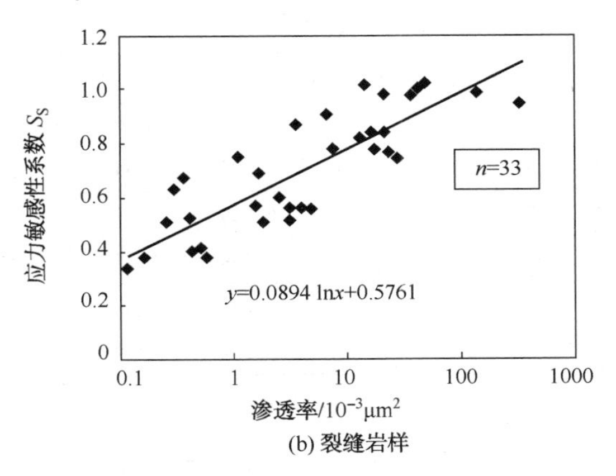

图 1-21　致密砂岩应力敏感系数与气测渗透率关系

对岩心反复加压卸压，并测量有效应力对应的渗透率。结果表明，一次加压过程应力敏感程度为较强，此后的加压、卸压过程应力敏感程度为逐渐减弱(图 1-22)。随着加减压次数的增加，岩心的塑性变形趋于完善，因此岩心内微裂缝闭合与张开、孔喉的收缩与舒张逐渐与有效应力的变化相一致，宏观表现为随着加减压次数的增加，应力敏感程度减弱。有效应力变化势必会导致孔喉和裂缝闭合，显著降低气层渗透率。气藏开发中控制合理的压差、保持压力平稳对气井产量是非常重要的。

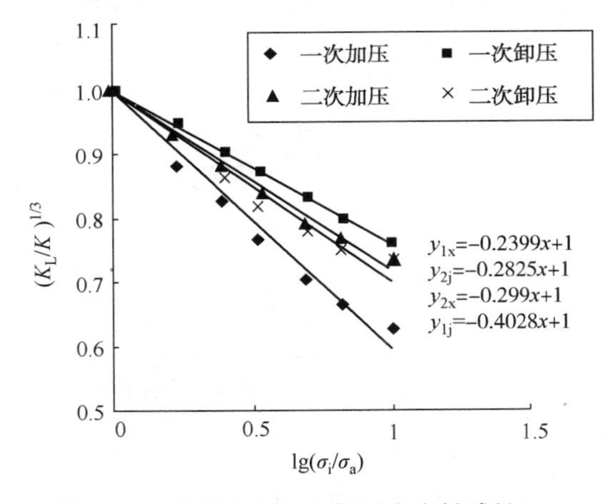

图 1-22　岩样重复加压卸压应力敏感性

含水岩样应力敏感系数基本都大于 0.5，说明水的存在加剧了岩样的应力敏感程度(表 1-31)，同组岩样(物性相近)含水饱和度越高，应力敏感性越强，这是由于随着岩样含水饱和度的增大，气体渗流的实际通道减小，或者因为水的存在使岩石在压力作用下发生了物理化学变化，降低了岩石的抗压强度，因此岩样的应力敏感程度增强。含水饱和度和有效应力综合作用会进一步加剧伤害程度。

表 1-31　含水致密砂岩应力敏感评价结果

岩样号	层位	测量前 S_W/%	气相渗透率/$10^{-3}\mu m^2$					测量后 S_W/%	应力敏感性系数 S_s	评价
			2.5MPa#	3MPa	10MPa	30MPa	40MPa			
D16-6B	盒 2+3	14.98	0.205	0.139	0.0755	0.0307	0.0235	14.61	0.38	中偏弱
D16-6C		21.43	0.427	0.284	0.113	0.0400	0.0296	21.43	0.48	中偏弱
D16-6A		53.24	0.360	0.109	0.0469	0.0124	0.009	50.93	0.51	中偏强

续表

岩样号	层位	测量前 S_W/%	气相渗透率/$10^{-3}\mu m^2$					测量后 S_W/%	应力敏感性系数 S_s	评价
			2.5MPa#	3MPa	10MPa	30MPa	40MPa			
D1-17-2	盒1	15.45	0.414	0.340	0.161	0.0456	0.0342	15.45	0.53	中偏强
D1-17-3		28.04	0.440	0.364	0.150	0.0378	0.0283	27.63	0.57	中偏强
D1-18-2		46.44	0.440	0.354	0.137	0.0338	0.0260	46.18	0.59	中偏强
D15-47B	山2	9.30	0.344	0.135	0.0532	0.0073	0.0036	9.30	0.56	中偏强
D15-47C		20.10	0.236	0.115	0.0405	0.0055	0.0032	20.09	0.62	中偏强
D15-47A		43.46	0.319	0.105	0.0399	0.0032	0.0025	43.13	0.64	中偏强
D15-69A	山1	13.50	0.329	0.112	0.0394	0.0066	0.0030	13.50	0.61	中偏强
D15-68A		26.98	0.633	0.211	0.0659	0.0083	0.0043	26.89	0.65	中偏强
D15-69B		45.41	0.207	0.046	0.0037	0.0001	0.00008	45.34	0.92	强

注："#"表示在围压为2.50MPa时干岩样($S_W=0$)的气测渗透率。

3. 北美落基山地区致密砂岩气层应力敏感性

致密砂岩气层主要为白垩系低孔性致密砂岩，岩样孔隙度一般5%~16%，渗透率(0.05~2.0)×$10^{-3}\mu m^2$。应力敏感系数随基块渗透率增加而降低，边缘组(Frontier Group)平均0.50左右，梅萨弗德组和棉花谷组(Mesaverde Group and Cotton Valley Group)平均在0.30左右。加拿大斯皮里特河组(Spirit River Group)致密砂岩介于二者之间(图1-23、图1-24)。

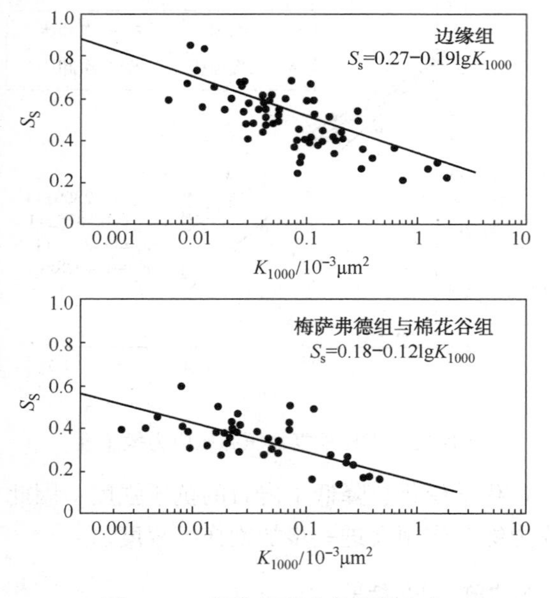

图1-23 北美典型致密砂岩应力敏感系数与渗透率关系

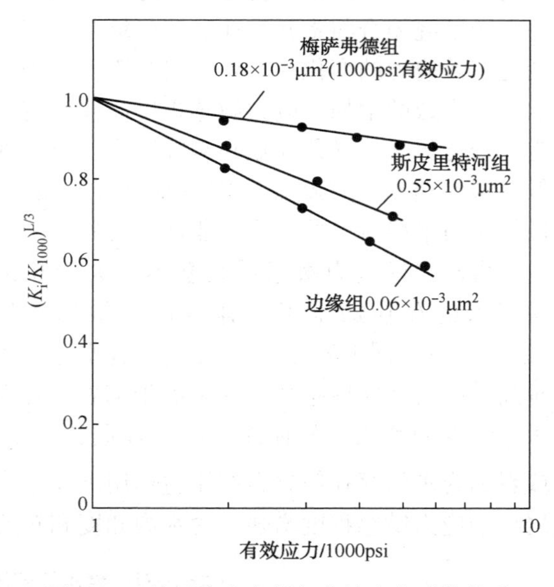

图1-24 渗透率立方根与有效应力对数关系

(三)碳酸盐岩油气层的应力敏感性

1. 哈萨克斯坦扎纳若尔碳酸盐岩油层应力敏感性

扎纳若尔油田范围内广泛沉积了古生界下石炭统到第四系的地层，储层为石炭系碳酸盐岩，划分两套含油层系，即 KT-Ⅰ、KT-Ⅱ。油藏岩性为巨厚的浅海碳酸盐岩，以灰岩为主，夹少量白云岩，储集空间以次生溶蚀孔隙为主，发育一定的微裂缝。KT-Ⅰ层为带凝析气顶的饱和油气藏，KT-Ⅱ层北区为带凝析气顶的未饱和油气藏，KT-Ⅱ层南区为未饱和油藏。油气藏具有统一的油气、油水界面，边底水不活跃。储层平均孔隙度为 10.6%~13.7%，平均渗透率为(13.1~138)×$10^{-3}\mu m^2$。实验表明，该区碳酸盐岩储层基块应力敏感程度无—微弱，可以忽略不计；而含有天然裂缝岩样的应力敏感程度中等；人工缝则表现为中等偏强—强，应力敏感性系数一般不超过 0.80(表 1-32)。

表 1-32　扎纳若尔油田储层的应力敏感系数

序号	样号	层位	渗透率/$10^{-3}\mu m^2$				S_g	评价	备注
			2.5MPa①	10MPa	20MPa	40MPa			
1	9-2B	r	46.219	44.033	43.099	41.275	0.026	无	基块
2	9-6B	r	26.490	25.6077	22.271	23.392	0.034	无	
3	9-9C	r	308.80	316.04	302.74	285.84	0.013	无	
4	9-12A	r	7.531	7.3436	7.051	6.9336	0.022	无	
5	9-17B	r	0.328	0.2945	0.2824	0.2643	0.060	弱	
6	2-13A	B	19.260	9.726	4.130	1.553	0.435	中偏弱	天然缝
7	2-15	B	15.638	3.200	1.122	0.433	0.613	中偏强	
8	2-4B	B	16864.1	3903.5	917.1	318.06	0.627	中偏强	人工缝
9	2-10B	B	185.697	76.432	42.465	18.875	0.434	中偏弱	
10	9-5B	r	760.817	113.91	34.24	—	0.723	强	
11	9-15B	r	3729.02	1052.70	311.13	58.72	0.633	中偏强	
12	9-21C	r	1830.03	145.34	34.290	5.375	0.789	强	
13	2-19B	Д	1623.20	435.56	102.90	12.949	0.633	中偏强	
14	2-20A	Д	312.560	62.660	18.743	3.158	0.666	中偏强	
15	2-21A	Д	1871.24	225.99	41.501	4.841	0.764	强	
16	2-22A	Д	654.724	93.049	24.540	2.891	0.721	强	
17	2-22D	Д	887.367	135.20	39.326	8.593	0.674	中偏强	
18	2-26B	Д	78.184	17.251	6.835	1.392	0.619	中偏强	
19	2-29A	Д	604.274	122.914	37.832	—	0.691	中偏强	
20	2-29C	Д	812.752	85.388	18.503	1.818	0.773	强	

① 有效应力。

2. 四川盆地东北部碳酸盐岩气层应力敏感性

岩性主要为灰色灰质白云岩、深灰色灰质白云岩、灰色白云岩、灰色溶孔白云岩。孔隙度一般为 0.1%~15%。飞仙关组孔渗性异常好，孔隙度最大 22.59%，渗透率高达 1640×$10^{-3}\mu m^2$。应力敏感性实验评价结果见表 1-33 和表 1-34。基块应力敏感程度为无—弱，少部分达到中偏弱程度。天然裂缝岩心和人工缝的岩心应力敏感程度大多为中等偏弱—中偏强，敏感系数 0.41~0.75。只有个别人工缝岩心敏感程度为强，且人工缝的岩心应力敏感程度整体上略强于天然裂缝岩心的应力敏感程度。与基块的应力敏感相比，裂缝的存在使应力敏感性增加。

表 1-33　四川盆地东北部碳酸盐基块应力敏感性评价

序号	样号	层位	深度/m	渗透率/$10^{-3}\mu m^2$			S_s	评价
				3MPa	20MPa	30MPa		
1	S1—6A	T_2-l	2742.06~2749.4	0.135	0.033	0.0197	0.467	中偏弱
2	H1—01A	T_1-j	4483.61	0.0279	0.0205	0.0190	0.117	弱
3	H1—02A	T_1-j	4484.11	0.5210	0.4830	0.4650	0.035	无
4	H1—02C	T_1-j	4484.11	0.5620	0.5460	0.5360	0.015	无
5	H1—12C	T_1-j	4519.69	0.0697	0.0402	0.0327	0.230	弱
6	P1—10A1	T_2-l	5298.50	3.9700	1.2100	0.6380	0.437	中偏弱
7	P1—10A2	T_1-f	5298.50	2.0600	0.5120	0.2920	0.468	中偏弱
8	P1—16A	T_1-f	5422.05	0.5450	0.1150	0.0712	0.481	中偏弱
9	P1—17C	T_1-f	5422.65	6.1000	2.5500	1.7500	0.342	中偏弱
10	P1—23B1	T_1-f	5427.55	1.3000	0.9020	0.7840	0.154	弱
11	P1—24A2	T_1-f	5427.90	0.6430	0.6430	0.2470	0.269	弱
12	P2—2	T_1-f	5090.86~5094.63	427.0	360.0	353.0	0.065	弱
13	P2—3	T_1-f		587.0	407.0	357.0	0.157	弱

表 1-34　四川盆地东北部碳酸盐裂缝应力敏感性评价

序号	样号	层位	深度/m	渗透率/$10^{-3}\mu m^2$			S_s	评价	备注
				3MPa	20MPa	30MPa			
1	S1—1B	T_2l	2742.06~2749.40	532	157	90.6	0.428	中偏弱	人工缝
2	S1—4A	T_2l		84	13.2	7.48	0.526	中偏强	人工缝
3	S1—9A	T_2l		1030	357	179	0.414	中偏弱	人工缝
4	H1—6A	T_1j	4500.57	1.5200	0.1480	0.0771	0.628	中偏强	天然缝
5	H1—10C	T_1j	4514.12	0.5740	0.1200	0.0726	0.491	中偏弱	天然缝
6	H1—07A	T_1j	4505.82	277.00	58.1000	33.5000	0.512	中偏强	人工缝
7	H1—08C	T_1j	4507.22	41.500	3.6600	2.0100	0.645	中偏强	人工缝
8	H1—11C	T_1j	4517.02	12.800	0.7760	0.3460	0.705	强	人工缝
9	H1—16C	T_1j	4525.02	6.0700	0.2360	0.1000	0.755	强	人工缝
10	P1—11A	T_1f	5300.90	3.9800	0.9950	0.6630	0.455	中偏弱	天然缝
11	P1—12C	T_1f	5292.90	11.7000	3.7300	2.1100	0.429	中偏弱	天然缝
12	P1—14B	T_1f	5304.22	132.0000	35.1000	27.0000	0.421	中偏弱	天然缝
13	P1—18C	T_1f	5423.15	120.0000	31.2000	11.9000	0.491	中偏弱	天然缝
14	P1—19B	T_1f	5425.10	5.8800	1.58000	0.9950	0.457	中偏弱	天然缝
15	P1—19C	T_1f	5425.10	72.0000	12.3000	8.2500	0.477	中偏弱	天然缝
16	P1—20B	T_1f	5426.55	4.5800	1.2000	0.7120	0.447	中偏弱	天然缝

3. *碳酸盐岩油气层应力敏感性变化规律*

两区块碳酸盐岩储层岩石基块岩样的物性参数(K、ϕ)的差异对应力敏感系数有一定影响。整体上讲高孔高渗基块岩样的应力敏感系数(平均值 $S_s=0.056$)略微低于低孔低渗岩样的应力敏感性系数(平均值 $S_s=0.219$)。基块岩样的应力敏感性系数平均值为 $S_s=0.145$，应力敏感程度为弱(图 1-25)。

天然缝岩样与人工缝岩样的应力敏感性系数有较大的差异。人工缝岩样的应力敏感系数大多在 0.61 之上，而天然缝的应力敏感系数大多集中在 0.40 左右。人工缝岩样的应力敏感系数平均值 $S_s=0.669$，应力敏感程度中等偏强；天然缝岩样应力敏感系数平均值 $S_s=0.471$，应力敏感程度均为中等偏弱(图 1-26)。分析产生此实验现象的原因是，天然裂缝在裂缝形成后的漫长时间里，会被充填、扭曲、溶蚀和发生变形，不像人工缝表面那么平直、规则。因此，当受应力变化时，天然裂缝伤害程度要弱于人工裂缝。

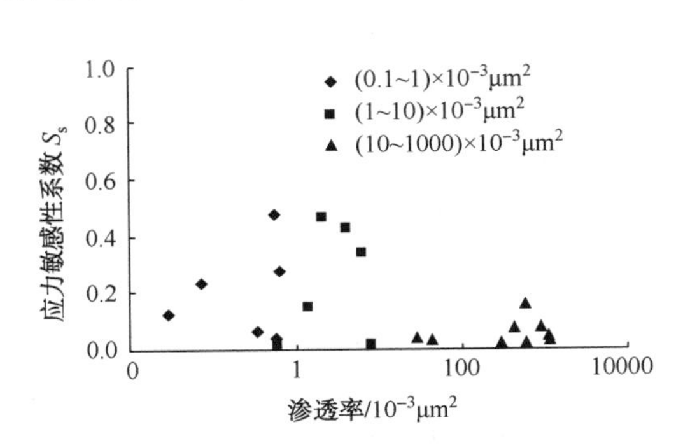

图 1-25　碳酸盐岩储层基块岩样 S_s与渗透率的关系

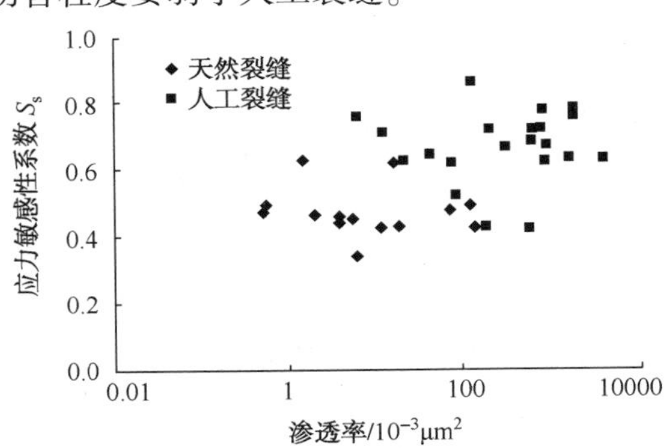

图 1-26　碳酸盐岩储层裂缝岩样 S_s与渗透率的关系

第四节　地应力及井壁稳定性理论

在中途测试过程中，井眼周围岩石的应力状态和岩石力学性质与中途测试有着密切的关系，这不仅关系到一口井怎么完井，也关系到测试方式的选择、测试工艺措施、测试设计、测试工具选择和实施。因此，研究地应力，特别是研究钻井井筒由于应力集中所引起的井眼周围岩石的应力状态变化就显得非常重要。

本节拟从地应力的基本概念出发，着重论述井眼周围岩石的应力状态(着眼于井壁岩石的坚固程度和井眼的力学稳定性)，最后简要论述地应力与完井工程的关系。

一、地应力基本原理

作用在地壳内岩体上的各种相互平衡的外力使岩体内部产生内力，它的效应会引起岩体形变，这种内力就是地应力。它是岩体内部相邻质点间沿分界面的相互作用力，以作用在单位面积上的力来量度。地应力可分解为两个部分，作用在界面法线方向的应力称为正应力，以 σ 来代表；沿界面方向的应力称为剪应力，以 τ 来代表，如图 1-27 所示。

地应力包括了正应力和剪应力。指向界面的正应力为压应力，离开界面方向的正应力为张应力。由于地壳内部压应力占绝对优势，为了方便，地质力学中定义压应力为正值。这与

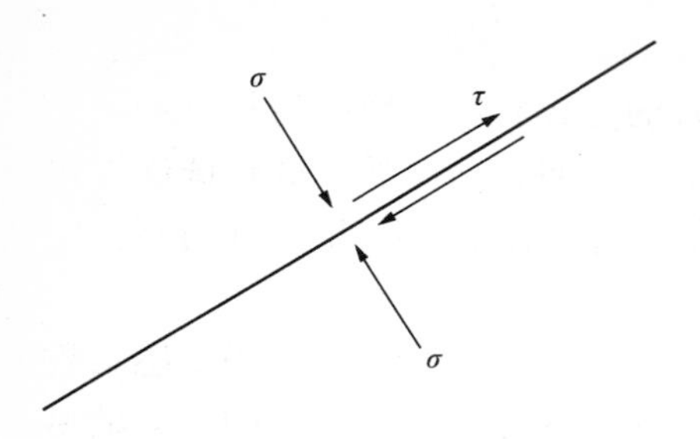

图 1-27　正应力 σ 与剪应力 τ

材料力学及一般工程力学中相反。

相互平衡的多个外力作用在岩体上时，岩体内部任意点上都有地应力产生，它们同时产生同时消失。不同空间方位的应力（正应力和剪应力）都各不相同，如图 1-28 中 A、B 所代表的两个界面上的应力 $\sigma_a \neq \sigma_b$，$\tau_a \neq \tau_b$。然而通过同一点不同方向各界面的应力值相互之间有一定的关系，组成一个整体。这个整体称为地应力张量，也可通称为地应力状态。在地应力张量内总有 3 个相互直交的平面上只有正应力而没有剪应力。这 3 个面称为主平面，其法线方向称为主方向，它们所承受的正应力称为主应力。图 1-29 表示地应力张量的 3 个主应力，它们相互垂直。

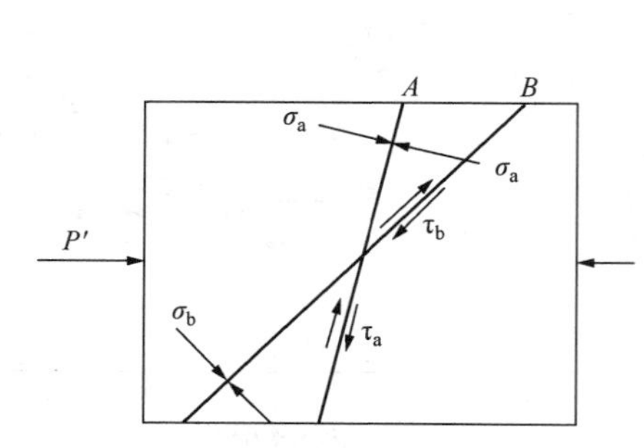

图 1-28　不同方向界面应力值的差异

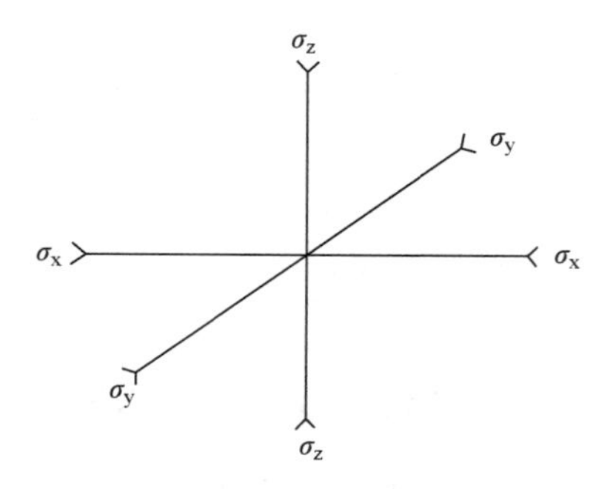

图 1-29　地应力张量的 3 个主应力

习惯上将代数值最大的主应力称为最大主应力，以 σ_1代表；代数值处中间的称为中间主应力，以 σ_2代表；代数值最小的称为最小主应力，以 σ_3代表。以 3 个主方向为坐标，那么 3 个主应力值就可以简明地描述这个地应力张量。知道了 3 个主应力值，则任意方向界面上的正应力和剪应力都是定值，是可以计算的。

地应力张量与特定界面上的地应力是分属于不同层次、性质完全不同的两种事物。由于地应力张量往往被简称为地应力，很容易在同一名称下把这两种性质不同的事物混淆起来，从而引入误区。因此在遇到地应力这个词时，必须准确判断它是指地应力张量，还是指特定界面上的地应力。地应力张量全面地反映岩体的地应力状态。

地壳内岩体上承受着多对互相平衡的作用力，每对相互平衡的作用力（外力）都在岩体内产生一个应力张量。而应力张量都是由 6 个子应力分量组成。这些子应力中最重要、最具普遍意义的是重力应力、构造应力和流体压力。有时温度变化所引起的热应力也有重要意义。还有一些别的子应力在局部或短期内有重要意义。

重力应力是上覆地层重力及下伏地层阻止岩体下落的反作用力这一对相互平衡的外力在岩体内部引起的应力。地壳内这个应力有极大的数值，这与地表不同，实验室内很难模拟。重力应力的垂向主应力（σ_{gz}）如下；

$$\sigma_{gz}=\rho_r gh \tag{1-13}$$

式中　ρ_r——覆岩层平均密度；

h——深度；

g——重力加速度。

由于地层在水平方向都是受限制的，水平主应力(σ_{gh})与垂向应力(σ_{gz})有下列关系：

$$\sigma_{gh}=\sigma_{Rx}=\sigma_{Ry}=\sigma_{gz}\left(\frac{v}{1-v}\right)^{1/n} \tag{1-14}$$

式中　v——岩石的泊松比。

由于岩体承压时间以地质年代计，所以采用实验室所求得的泊松比时应进行蠕变校正。式中 n 为与岩石非线性压缩有关的系数，一般岩石为 0.67。地下岩石承受的压力很大，所以压缩作用的非线性是必须考虑的。

构造应力是构造力与阻止岩体移动的抵抗力这一对相互平衡的外力在岩体内引起的应力。由于地壳环境具有水平不自由和垂直自由性，构造应力的垂向分力一般为零。即构造力作用前后垂向主应力不发生变化。其他两个主应力处于水平位置。一个水平主应力沿挤压构造力(S_c)或拉张构造力(S_t)的作用方向，其数值与构造力相同，分别为：

$$\begin{aligned}\sigma_{cx}&=S_c\\ \sigma_{tx}&=S_t\end{aligned} \tag{1-15}$$

另一水平主应力分别为：

$$\begin{aligned}\sigma_{cy}&=\sigma_{cx}v^{1/n}\\ \sigma_{ty}&=\sigma_{tx}v^{1/n}\end{aligned} \tag{1-16}$$

两个水平主应力具有相同的符号。各式中 S 代表构造力；下标 c 表示压性，t 表示张性；x 和 y 分别表示方向。

有时构造力是力偶，它与阻止岩体转动的反作用力偶是相互平衡的，其联合作用的结果是在岩体内部引起构造应力。这时构造应力张量的两个水平主应力的符号是相反的(一正一负)。可以看出构造应力张量的类型是按水平主应力的符号来划分的。

含油岩层的孔隙中都含有流体，流体都具有一定的压力。流体压力实质上是由重力对流体的作用引起的应力，它是一个球应力，即在任何方向上的正应力值相等。静止流体的内部不存在剪应力，因此可以取任意的坐标，3 个主应力值都相等。正常静水压力系统中流体压力(P)为：

$$P=\rho_f\cdot g\cdot h \tag{1-17}$$

式中　ρ_f——井筒内从上到下流体的平均密度。

在封闭环境内流体压力可以高于此值，少数情况下也可以低于此值。如果偏离此值较多即称为异常压力。

流体压力作用在岩体骨架上，趋向于把孔缝撑开，以抵消岩体骨架所承受的压应力。决定岩体永久形变的是岩石骨架应力与流体压力之差，这个差值一般称为有效应力。一般来说，我们所讨论的地应力都是指有效地应力。在油田开发过程中地应力变化较小，而流体压力则往往变化较快，随之有效地应力才适当改变。

温度改变可以在岩体中产生热应力。通过漫长的地质时代，热应力能逐渐释放以致消失。但在石油工程施工的短时间内热应力来不及传导出去，如果温度变化较大，则热应力在地层测试工程中能起重要作用。热应力也是一个应力张量，除决定于温度变化及岩石热力学性质外，还与所处环境自由与不自由的方向有关。

地应力则是所有以上各种子应力的代数和，地应力基本特点之一是总有一个主应力处于垂直(或接近垂直)的位置。另外两个主应力在水平方向，而且与构造应力的两个主应力方向一致。

在地表，地形的变化会影响重力水平主应力的数值，也会使构造主应力偏离垂直或水平方向，从而影响地应力的数值，并使地应力的主应力略微偏离垂直和水平方向。在接近地表处且地形起伏剧烈时，这种影响较大，愈向深处影响愈小。由于大多数油藏埋藏较深，所以地形对地应力的影响很微弱。

地应力的另一个基本特征是绝大多数情况下 3 个主应力都是压应力(正值)，其数值可以很大，只有在极少数情况下可以有一个主应力是负值(张应力)。

地应力的类型是按最大、中间、最小主应力的方位来划分的。最大主应力处于垂直位置的为Ⅰ类，又可分为两个亚类。最小主应力为正值(压应力)的称为Ⅰa 类，如图 1-30 所示，在它控制下，发育的是正断层，倾角很大。最小主应力为负值的称为Ⅰb 类，在它控制下，发育张裂缝或正断层。地应力的最小主应力在垂直位置的称为Ⅱ类，在它控制下，发育逆断层，倾角很小。中间主应力取垂直方位的称为Ⅲ类，在它控制下，发育平移断层或与平移断层相同性质的剪裂缝，近于直立。

地应力张量在空间上的变化称为地应力的分布。从地应力的构成上可以看出地应力的分布是很复杂的。其中任意一个子应力张量的主应力变化，地应力张量都会随之变化。重力应力的垂向主应力随深度增加，其水平主应力不仅与深度有关，也与岩石泊松比有关。不同性质的构造应力的两个水平主应力的方向即正负符号和数值都不同，并随着构造应力传播中的衰减而横向变化。一般构造应力随深度而有所增加。它与岩石性质也有一定关系，随流体压力也在空间上有变化。总之，地应力的一个或几个主应力的值在纵向或横向上随时间不同程度在变化。例如在不同岩性的互层中相邻地层，如果泊松比相差较大，则两层中地应力的水平主应力会有较大差别。因此，在区块内少数空间点上测得的地应力值并不能完全代表全区应力。

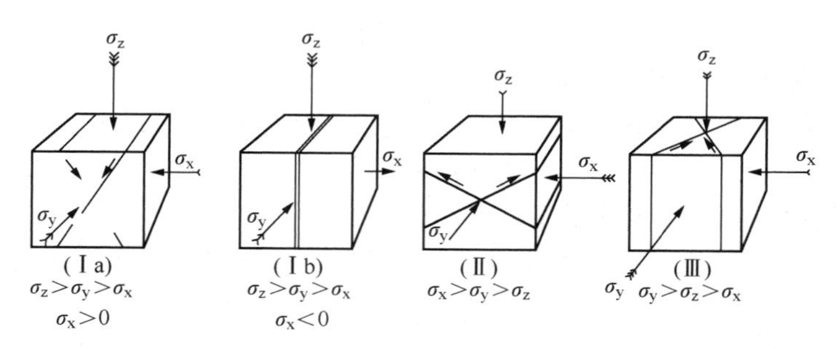

图 1-30　地应力类型示意图

每种子应力都会使岩石产生弹性形变，但是否会产生永久形变以及产生什么样的永久形变则是由总应力即有效地应力所决定的。永久形变是应力消失后仍然不能恢复原来的形变，包括断裂及塑性形变。岩石永久形变与地应力的关系分为界面地应力与地应力张量。

对界面地应力而言，永久形变的产生是由于地应力超过抵抗变形的力，这种抵抗力包括两个部分：一部分为内聚力；另一部分为内摩擦。与内聚力有关的抵抗力有 3 个应力强度。

1. 抗张强度

当某个界面上张应力超过此值时，岩石沿着这个界面发生张性断裂，相当于破坏包络线与横坐标的交点，如图 1-31 中的 *A* 点所示。

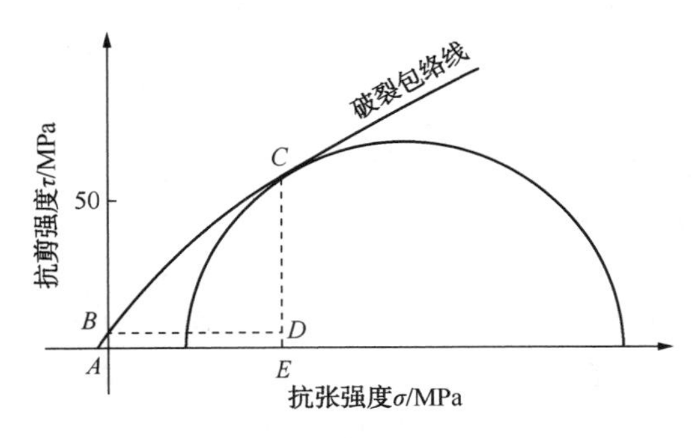

图 1-31　摩尔圆解与破坏包络线

2. 抗剪强度

当某个界面上正应力为零时剪应力超过此值，岩石就会发生剪切破裂，相当于破坏包络线与纵坐标的交点，如图 1-31 中的 *B* 点所示。

3. 屈服强度

当某个界面上剪应力超过此值后沿界面出现微观位移但不影响岩石内聚力，从而发生塑性形变。随界面的正应力增加而增加的抵抗力相当于摩擦力，称为内摩擦，反映为破坏包络线向右上方上升，如图 1-31 所示。但屈服条件受正应力的影响很小。

在摩尔图解上研究岩石破裂问题，破坏包络线较全面地反映了岩石的破裂条件，其上每一个点都代表了达到破裂条件时该界面上的剪应力值和正应力值，如图 1-31 中 *C* 点的应力值。最小主应力和最大主应力在内的摩尔圆，表示出了在特定应力张量中剪应力值较大的和正应力值较小的那些界面。将二者放在一起比较，就很容易看出特定的应力状态下是否会发生破裂。

材料实验中往往以施加的外力来表征岩石强度，这不是上面所说的内在形变条件，实质上是用形变时的应力张量来表征形变条件。单轴压缩(或拉伸)实验中用断裂时的轴向压力(或拉力)来表征岩石强度。这时轴向所加的力是一个主应力，另外两个主应力(y 向、z 向)为零。在加有一定围压条件下进行单轴加载试验时，y 向、z 向的主应力为围压，这时所得到的“岩石强度”是不同于不加围压时的。这样所得到的“岩石强度”是在上述应力张量下的形变条件下的岩石强度，如图 1-32 中较小圆所示。

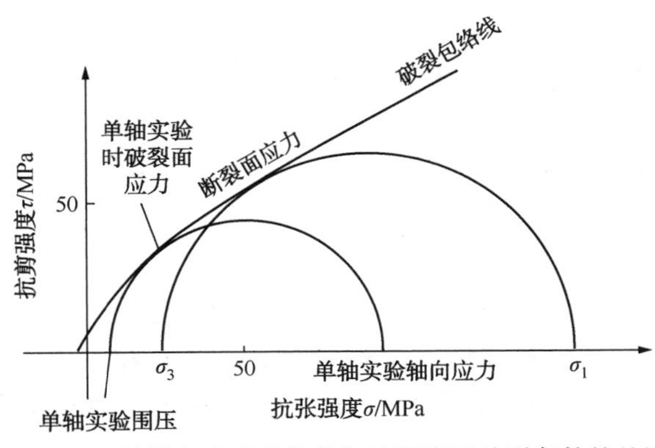

图 1-32　单轴实验破裂条件与地下岩石破裂条件的差别

地下岩体承受的应力张量与实验条件相差极大，即 y 向、z 向的主应力(图 1-32 中 σ_3)远高于实验条件，x 向所能承受的压力不同(图 1-32 中 σ_1)。所以将室内实验获得的“岩石强度”数据应用到地层分析时必须充分考虑应力张量。

二、井壁岩石的应力状态

地层被钻开后，由于井眼应力集中影响，井壁岩石的应力状态发生较大变化。由于应力集中，井壁及其邻近范围内岩石所承受的应力除了取决定于地应力外，还受到井筒的影响。对井壁及其邻近范围的某一岩体来说，其应力张量的主应力之一处于垂直方向，其数值与地应力的垂向主应力相等。也就是说垂向主应力是不受井筒影响的。但两个水平主应力则受井筒影响较大，近似于平板上圆孔周围的应力状态。两个水平主应力分别处于井筒的法线方向和切线方向，即法向主应力(σ_r)和切向主应力(σ_t)。其数值除与地应力的两个水平主应力(σ_r、σ_y)有关外，还与井筒半径(a)、岩体与井筒中心的距离(r)及岩体在井壁上的位置有关。设以 σ_r 的方向为零方位，则 r 与 σ_x 的夹角 θ 可以表征岩体在井壁上的位置。σ_r 与 σ_t 的值如下：

$$\sigma_r = \frac{1}{2}(\sigma_x + \sigma_y)\left(1 - \frac{a^2}{r^2}\right) + \frac{1}{2}(\sigma_x - \sigma_y)\left(1 - \frac{a^2}{r^2}\right)\left(1 - \frac{3a^4}{r^4}\right)\cos 2\theta \tag{1-18}$$

$$\sigma_t = \frac{1}{2}(\sigma_x + \sigma_y)\left(1 + \frac{a^2}{r^2}\right) - \frac{1}{2}(\sigma_x - \sigma_y)\left(1 + \frac{3a^4}{r^4}\right)\cos 2\theta \tag{1-19}$$

对于井壁上任一点因 $r=a$，故

$$\sigma_r = 0$$

$$\sigma_t = (\sigma_x + \sigma_y) - 2(\sigma_x - \sigma_y)\cos 2\theta$$

当 $r=a$ 且 $\theta=0$ 时

$$\sigma_t = 3\sigma_y - \sigma_x$$

当 $r=a$ 且 $\theta=\pi/2$ 时

$$\sigma_t = 3\sigma_x - \sigma_y$$

当岩体与井筒中心的距离为 a 的 3 倍或 4 倍以上时，$\frac{a^2}{r^2}\approx 0$，$\frac{a^4}{r^4}\approx 0$

故
$$\sigma_r \approx \frac{1}{2}[(\sigma_x + \sigma_y) + (\sigma_x - \sigma_y)\cos 2\theta]$$

$$\sigma_t \approx \frac{1}{2}[(\sigma_x + \sigma_y) - (\sigma_x - \sigma_y)\cos 2\theta]$$

在 $\theta = 0$ 处 $\quad \sigma_r \approx \sigma_x \quad \sigma_t \approx \sigma_y$

在 $\theta = \pi/2$ 处 $\quad \sigma_r \approx \sigma_y \quad \sigma_t \approx \sigma_r$

在距井筒中心 4 倍井半径以上时，岩石所承受的应力已接近地应力状态。井壁及邻近岩体是否处于稳定状态取决于岩体所承受的应力张量是否达到了岩石的永久变形条件(塑性变形条件或破裂条件)。

如果井壁岩石所受的最大张应力超过岩石的抗张强度，则会发生张性断裂或张性破坏，其具体表现在井壁岩石不坚固，造成油（气）层出砂。如果井壁岩石所受的最大剪应力超过岩石的抗剪强度，则会发生剪切破坏，其表现为井眼不稳定。

（一）井壁岩石的坚固程度

井壁岩石结构被破坏所引起的井壁岩石的应力状态和岩石的抗张强度（主要受岩石的胶结强度影响）是油层出砂的内因，开采过程中生产压差的大小及油层流体压力的变化是油层出砂的外因。此外，油层流体（原油）的性质及是否含水和含水率的大小也是影响油层出砂的因素。

在热采井中，热应力会叠加在井壁岩石的应力上，但由于热应力的影响尚无比较成熟的理论与方法，所以在论述井壁岩石的坚固程度时，没有考虑热应力的影响。此外，原油性质及含水对井壁岩石坚固程度的影响尚处于探索之中，因此本节也暂不考虑。

根据前人的研究成果，垂直井井壁岩石所受的最大切向应力由式（1-20）表达：

$$\sigma_t = 2\left[\frac{v}{1-v}(10^{-6}\rho gH - p_s) + p_s - p_{wf}\right] \tag{1-20}$$

根据岩石破坏理论，当岩石的抗压强度小于最大切向应力 σ_t 时，井壁岩石不坚固，将会引起岩石结构的破坏而出骨架砂。因此，垂直井井壁岩石是否坚固。判别式为：

$$C \geqslant 2\left[\frac{v}{1-v}(10^{-6}\rho gH - p_s) + p_s - p_{wf}\right] \tag{1-21}$$

式（1-20）、式（1-21）中　σ_t——井壁岩石的最大切向应力，MPa；

C——地层岩石的抗压强度，MPa；

v——岩石的泊松比，小数；

ρ——上覆岩层的平均密度，kg/m^3；

g——重力加速度，m/s^2；

H——油层深度，m；

p_s——油层流体压力，MPa；

p_{wf}——油井生产时的井底流压，MPa。

如果式（1-21）成立（即 $C \geqslant \sigma_t$），则表明在上述生产压差（p_s-p_{wf}）下，井壁岩石是坚固的，不会引起岩石结构的破坏，也就不会出骨架砂，可以选择不防砂的完井方式。反之，油层胶结强度低，井壁岩石的最大切向应力超过岩石的抗压强度引起岩石结构的破坏，油层会出骨架砂，需要采取防砂完井方式。

水平井井壁岩石所受的最大切向应力可由式（1-22）表达：

$$\sigma_t = \frac{3-4v}{1-v}(10^{-6}\rho gH - p_s) + 2(p_s - p) \tag{1-22}$$

各参数符号意义同上。对比式（1-21）和式（1-22）可以看出，由于岩石的泊松比一般在 0.15~0.4 之间，故 $(3-4v)/[(1-v)3] > 2v/(1-v)$，因此在相同埋深处水平井井壁岩石所承受的切向应力要比垂直井的大。所以，在同样埋深处垂直井不出砂的地层，打水平井就不一定不出砂。同理，水平井井壁岩石的坚固程度判别式为：

$$C \geqslant \left[\frac{3-4v}{1-v}(10^{-6}\rho gH - p_s) + 2(p_s - p_{wf})\right]$$

（二）井眼的力学稳定性

井眼的稳定性受化学和力学稳定性的综合影响。化学稳定性指油层是否含有膨胀性强容易坍塌的黏土夹层、石膏层和釉岩层。这些夹层在开采过程中遇水后极易膨胀和发生塑性蠕动，从而导致油层失去支撑而垮塌以及钻井过程中的井眼稳定性问题或化学稳定性问题，由于只发生在特殊地层，且由于它的复杂性和多变性，本节均不拟论述。因而本节重点论述生产过程中井眼的力学稳定性问题，研究在生产过程中井壁岩石所受的剪应力与岩石抗剪强度的关系，从而为选择是否支撑井壁的完井方式提供依据。

不考虑热应力的影响，按照忽略中间主应力的 Mohr-Coulomb 剪切破坏理论，作用在井壁岩石最大剪切应力平面上的剪切应力和有效法向应力为：

$$\tau_{max} = (\sigma_1 - \sigma_3)/2 \tag{1-23}$$

$$\overline{\sigma}_N = (\sigma_1 + \sigma_3)/2 - p_s \tag{1-24}$$

式中 τ_{max}——最大剪切应力，MPa；

$\overline{\sigma}_N$——作用在最大剪切应力平面上的有效法向应力，MPa；

σ_1——作用在井壁岩石上的最大主应力，MPa；

σ_3——作用在井壁岩石上的最小主应力，MPa；

p_s——地层孔隙压力，MPa。

根据考虑中间主应力的 Von. Mises 剪切破坏理论，可以计算作用在井壁岩石上的剪切应力均方根(广义剪应力)和有效法向应力：

$$J_2^{0.5} = \sqrt{1/6[(\sigma_1 - \sigma_2)^2 + (\sigma_2 - \sigma_3)^2 + (\sigma_3 - \sigma_1)^2]}$$

$$\overline{J}_1 = \frac{1}{3}(\sigma_1 + \sigma_2 + \sigma_3) - p_s \tag{1-25}$$

式中 $J_2^{0.5}$——剪切应力均方根，MPa；

$\overline{J}_1$——有效法向应力，MPa；

σ_2——中间主应力，MPa。

公式中的其他符号意义同上。下面简单介绍两种稳定性判据。

Bradley 井眼周围应力计算方法如下：

① 根据原水平方向地应力 σ_{T1}、σ_{T2} 和原垂向地应力 σ_0，井眼的倾斜角 γ，井眼的方位角 φ，将原地应力转换为井轴直角坐标系中的 3 个法向应力(正应力)及 3 个剪切应力。

$$\sigma_\chi = (\sigma_{T1}\cos^2\varphi + \sigma_{T2}\sin^2\varphi)\cos^2\gamma + \sigma_0\sin^2\gamma$$

$$\sigma_y = \sigma_{T1}\sin^2\varphi + \sigma_{T2}\cos^2\varphi$$

$$\sigma_{zz} = (\sigma_{T1}\cos^2\varphi + \sigma_{T2}\sin^2\varphi)\sin^2\gamma + \sigma_0\cos^2\gamma$$

$$\tau_{yz} = 0.5(\sigma_{T2} - \sigma_{T1})\sin2\varphi\sin\gamma$$

$$\tau_{xz} = 0.5(\sigma_{T1}\cos^2\varphi + \sigma_{T2}\sin^2\varphi - \sigma_0)\sin2\gamma$$

$$\tau_{xy} = 0.5(\sigma_{T2} - \sigma_{T1})\sin2\varphi\cos\gamma$$

② 根据井轴直角坐标系中的 3 个法向应力(正应力)和剪切应力，将它们转换为井眼圆柱体坐标系中的 3 个法向应力(正应力)σ_r、σ_θ、σ_z 和剪切应力 $\tau_{r\theta}$、τ_{rz}、$\tau_{\theta z}$。

$$\sigma_r = p_w$$

$$\sigma_\theta = (\sigma_x + \sigma_y - p_w) - 2(\sigma_x - \sigma_y)\cos2\theta - 4\tau_{xy}\sin2\theta$$

$$\sigma_z = \sigma_{zz} - 2\mu(\sigma_x - \sigma_y)\cos2\theta - 4\mu\tau_{xy}\sin2\theta$$

$$\tau_{r\theta} = \tau_{rz} = 0$$

$$\tau_{\theta z} = 2(\tau_{yz}\cos\theta - \tau_{xz}\sin\theta)$$

③ 根据井眼圆柱体坐标系中的法向应力(正应力)和剪切应力，计算其主应力。

$$\sigma_1 = \sigma_r = p_w$$

$$\sigma_{2,3} = \frac{1}{2}(\sigma_\theta + \sigma_z) \pm \frac{1}{2}\left[(\sigma_\theta - \sigma_z)^2 + 4\tau_{\theta z}^2\right]^{\frac{1}{2}}$$

计算后按其大小重新安排标码，σ_1 代表最大主应力，σ_3 代表最小主应力，σ_2 代表中间主应力。最后根据直线型剪切强度公式，计算井壁岩石的剪切强度，即：

$$[\tau] = C_h + \overline{\sigma_n}\tan\phi$$

$$C_h = \frac{1}{2}\sqrt{\sigma_c\sigma_t} \tag{1-26}$$

$$\phi = 90° - \arccos\frac{\sigma_c - \sigma_t}{\sigma_c + \sigma_t}$$

式中　$[\tau]$——油层岩石的剪切强度，MPa

C_h——油层岩石的内聚力，MPa；

ϕ——油层岩石的内摩擦角，(°)；

σ_t——油层岩石的单轴抗拉强度，MPa；

σ_c——油层岩石的单轴抗压强度，MPa；

$\overline{\sigma}_N$——由式(1-24)算出的有效法向应力，MPa。

式(1-26) 表明，只要已知油层岩石的单轴抗压强度 σ_c 和抗拉强度 σ_t，便可算出油层岩石的剪切强度$[\tau]$。若由式(1-26)算出的油层岩石剪切强度大于由式(1-24)算出的井壁岩石之最大剪切应力，即$[\tau]>\tau_{max}$，表明不会发生井眼的力学不稳定；反之，将会发生井眼的力学不稳定，即有可能发生井眼坍塌，因而在测试过程中重点要考虑井筒垮塌风险。

若是根据 Von. Mises 剪切破坏理论，计算井壁岩石应力状态，则可根据直线型剪切强度均方根公式，计算井壁岩石的剪切强度均方根，即：

$$[J_2^{0.5}] = \alpha + \bar{J}_1\tan\beta \tag{1-27}$$

$$\alpha = \frac{3C_h}{(9 + 12\tan^2\phi)^{0.5}}$$

$$\tan\beta = \frac{3\tan\phi}{(9 + 12\tan^2\phi)^{0.5}}$$

式中　$[J_2^{0.5}]$——油层岩石的剪切强度均方根，MPa；

α——岩石材质常数，MPa；

β——岩石材质常数；

$\bar{J}$——由式(1-25)算出的有效法向应力。

若由式(1-27)算出的剪切强度均方根$[J_2^{0.5}]$大于由式(1-25)算出的剪切应力均方根$[J_2^{0.5}]$，则表明井眼稳定，反之将会发生井眼的力学不稳定。

三、地应力与中途地层测试关系

中途测试技术主要是在勘探开发初期，为了及时发现油气层，当油气层被钻开后，及时下入测试工具到井筒内进行的测试，测试井段大都是裸眼井段，裸眼段地层的稳定性是测试工具是否能起下顺利的关键。地应力分布(特别是井眼周围的应力状态)与井壁稳定的关系主要体现在以下几个方面。

(一) 地应力是井筒稳定和完井方式选择的基础

钻井后由于井眼周围应力集中的作用，使井眼周围的应力状态发生了巨大的改变，完全不同于原地应力，特别是井壁岩石在生产过程中所受的最大切向应力和最大剪应力直接与井壁岩石的破坏有关。一般来讲，井壁岩石是否破坏与井眼的稳定性相关，从而决定是否采取支撑井壁的完井方式；而井壁岩石是否发生张性破坏则与井壁岩石的坚固程度相关，对砂岩地层来讲，就是决定是否采取防砂完井的前提。因此，井眼周围的应力状态直接影响完井方式的选定。此外，井眼周围的应力状态还直接影响套管的设计和水力压裂及酸压设计。

(二) 地应力状态决定测试前增产措施优选

对Ⅰ类地应力地层，垂向应力为最大主应力，水力压裂产生的裂缝与最小主应力方向垂直，这类地层压裂或酸压产生的裂缝总是垂直缝。反之，对Ⅱ类地应力地层，垂向应力为最小主应力，水力压裂产生的裂缝与最小主应力方向垂直，这类地层压裂或酸压产生的裂缝总是水平缝。因此，地应力状态及类型决定压裂或酸压产生的裂缝形状，也就直接影响到压裂设计。

第二章　中途测试工艺技术

第一节　地层测试技术基础

一、基本原理

地层测试也叫钻杆测试，国外叫 DST，是英文 Drill Stem Testing 的缩写。地层测试是目前世界上最及时、准确地评价油气层的先进方法之一。在钻进过程中或完井后通过对油气层进行井下开关测试，可以获得在动态条件下地层的各种参数和真实流体样品，从而对产层作出定性或定量的评价。

地层测试属于稳定试井方法之一。其基本原理是用钻杆或油管将测试工具(测试阀、封隔器、压力计等)下入井下测试位置，然后坐封好封隔器，将测试层与其他井段隔开，接着地面控制打开测试阀，造成井筒与地层之间有一个较大的压差，地层中的流体在压差的作用下流入测试管柱内，经过井筒钻杆或油管流到地面。通过地面操作可进行多次井下开关井，即可获得产层的产量和压力、温度等变化曲线，最后关井采集该地层条件下的流体样品。利用计算机试井解释软件分析处理井下压力记录仪测得的压力与时间的变化关系曲线，就可以计算出产层的特性参数。

地层测试除了可直接获得产层的液性、产量、温度、压力、高压物性等数据外，还可经过计算求得产层的有效渗透率(k)、地层系数(kh)、流动系数(kh/μ)、井筒储集系数(c)、产层完善程度(表皮系数 S、堵塞比 DR、污染压降 ΔP_s)、流动效率(FE)、采液指数(J_0)、研究半径(r_i)、边界距离(L)及边界类型等多项参数，并判别油藏的储集类型和计算各种类型油藏的特征参数。如双重介质油藏的储容比(ω)、窜流系数(λ)；复合油藏的内区半径(r)、流动系数比[$(kh/\mu)_1/(kh/\mu)_2$]、储能系数比[$(\Phi C_1 h)_1/(\Phi C_1 h)_2$]；压裂井的裂缝半长($X_f$)，裂缝导流能力($K_f W$)等。

二、地层测试类型

按地层测试井和测试方式的不同一般分为钻井中途测试和完井测试。钻井过程中对裸眼井段用地层测试器对钻开地层进行测试，它包括封隔器坐封在裸眼井段对封隔器下方裸眼井段进行的中途裸眼测试和封隔器坐封在套管内对封隔器下方裸眼井段进行的中途套管测试。钻井中途测试能够及时发现油气藏。按井眼的类型分为裸眼井测试和套管井测试。按封隔器坐封的方式分为支撑式测试、悬挂式测试和膨胀式测试。按封隔器封隔的方式分为单封隔器的单层测试和双封隔器的跨隔测试。单封隔器的单层测试，其封隔器下部只有一个测试层，而跨隔测试则是在一口井内有多个层位情况下对其中的某一层进行测试。因此，必须下两个或两组封隔器将测试层上部和下部隔开，同时，为了检测下部封隔器的密封性，需在下部封隔器的下方安装一支监测压力计。按测试联作的方式还可以分为射孔与测试联作、射孔与跨隔测试联作、射孔测试与排液联作以及测试、酸化与再测试联作等多种测试类型。

（一）裸眼井测试

对于裸眼完井的井段和钻探过程中井壁岩石强度较高、井筒较规则的井段，可进行裸眼测试。国内灰岩、岩石强度较高的砂泥岩井段都作过大量裸眼测试。但裸眼测试卡钻风险较大，海上极少进行裸眼测试。

① 裸眼单封隔器测试。其典型管柱组合如图 2-1 所示，适用于下部单层测试或下部多层组合测试。

② 裸眼双封隔选层锚测试。测试层段离井底较远，若下部支撑尾管过长（超过 80m），有卡钻的危险，而且管柱弯曲可能造成封隔器偏心而密封不良，这时可用选层锚支撑管柱进行测试。选层锚必须选坐在岩性致密层段上，作为一个可靠的固定器。一旦封隔器坐封后，封隔器承受负荷。裸眼双封隔器把测试层段以上和以下的其他层段封隔开，只对两封隔器之间的井段进行地层测试。裸眼双封隔选层锚测试管柱如图 2-2 所示。

③ 支撑于井底的裸眼双封隔器测试。当测试层以下还有渗透层存在，需要对目的层和其他渗透层分隔开，则在测试层上、下各下一组封隔器，整个测试管柱用筛管或钻挺支撑于井底，测试管柱如图 2-3 所示。

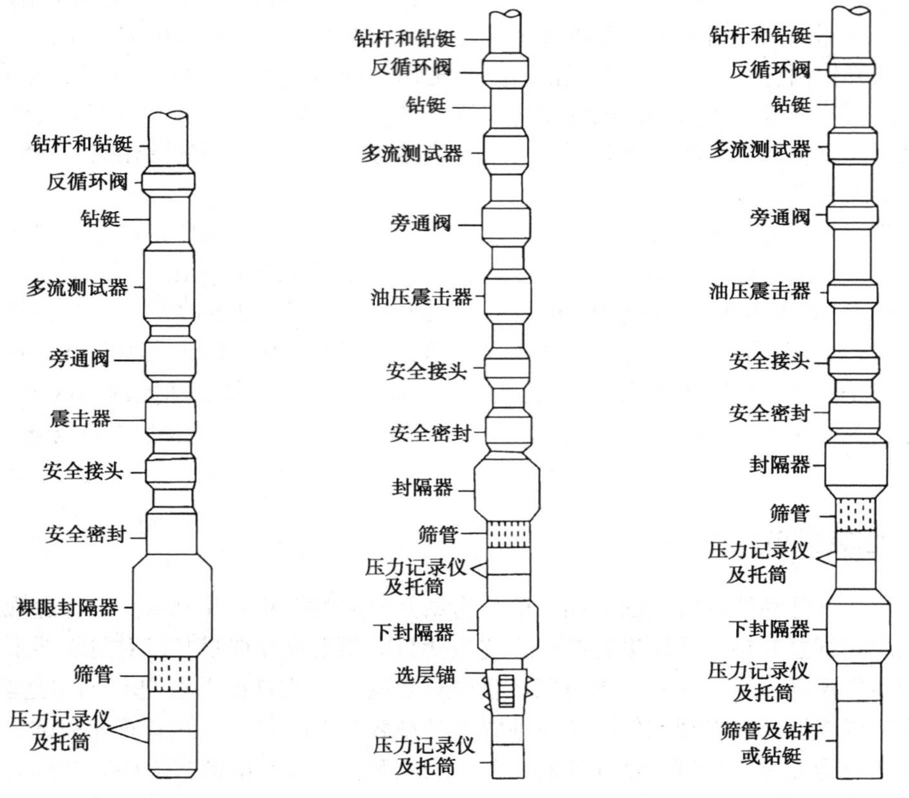

图 2-1 裸眼单封隔器测试管柱示意图

图 2-2 裸眼双封隔选层锚测试管柱示意图

图 2-3 支撑于井底的裸眼双封隔器测试管柱组合示意图

④ 膨胀式封隔器测试。对于裸眼井段井径不规则，用压缩式胶筒封隔可能密封不严，可选用膨胀式测试工具，采用单封隔器或双封隔器都可以，双封隔器测试管柱如图 2-4 所示。

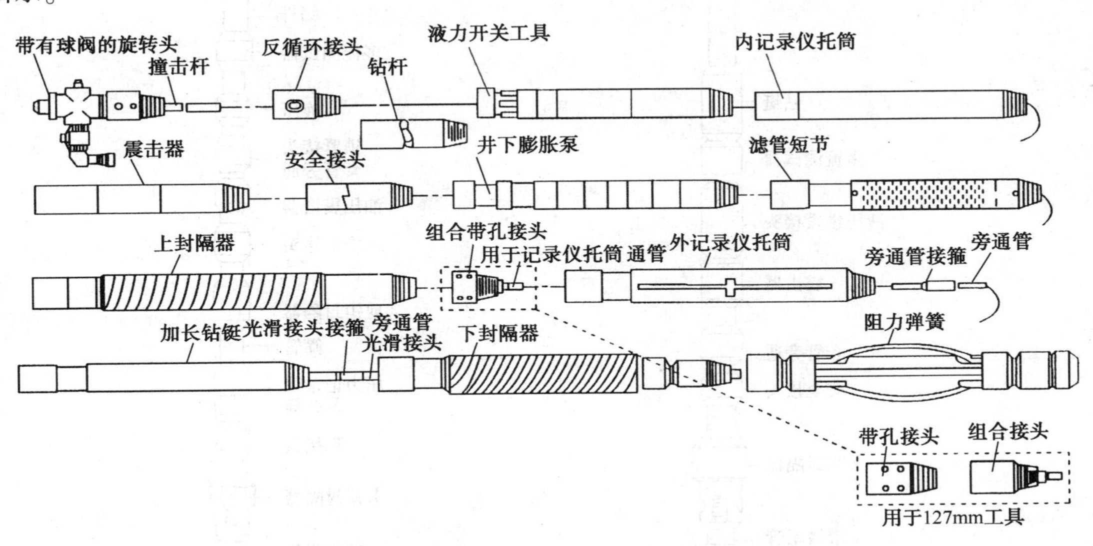

图 2-4 膨胀式双封隔器测试管柱示意图

（二）套管井测试

① 套管井单封隔器测试，适用于套管射孔完井或套管下部裸眼测试，封隔器可坐封在套管上测试下部层段的情况，其管柱如图 2-5 所示。

② 套管井双封隔器测试，适用于射开多个层段，选择其中的一层或相近的几层测试，并将测试层段上、下其他层位都隔离开，其测试管柱如图 2-6 所示。在管柱配置时，测试阀与反循环阀的位置必须隔离并置于上部封隔器上部，防止堵塞。

（三）油管传输射孔与测试联作

油管传输射孔与测试联作就是将油管传输射孔工具与 DST 测试工具组合成一套管柱，一次下井完成射孔和测试两项作业，简称为 TCP+DST 测试联作工艺。

该工艺兼有油管传输射孔和地层测试的优点，可以对各种复杂的油气井进行作业。如大斜度井、定向井、稠油井、硫化氢井、高温高压井等，都能做到负压射孔，使射孔孔道得到很好的清洗，提高射孔流动效率。射孔后立即进行测试，就可以避免射孔压井液对油层的污染。管柱一次性下入井内完成射孔和测试两项作业，减少了起下管柱次数，可以减小劳动强度，缩短施工周期，而且测得的地层资料能够更真实地反映地层情况。

该工艺施工过程是，用油管或钻杆将 TCP 工具（包括点火头、射孔枪、减震器等）、封隔器、筛管及测试工具下到井下预定位置，使射孔枪对准测试层。打开测试阀，在井筒与地层之间形成负压差。然后用激发点火的方式（机械投棒点火或压力点火）引爆射孔枪射孔，地层内的流体就会立即通过筛管和测试阀流入测试管柱，再进行正常的测试操作，从而实现一趟管柱完成射孔和测试两项作业。

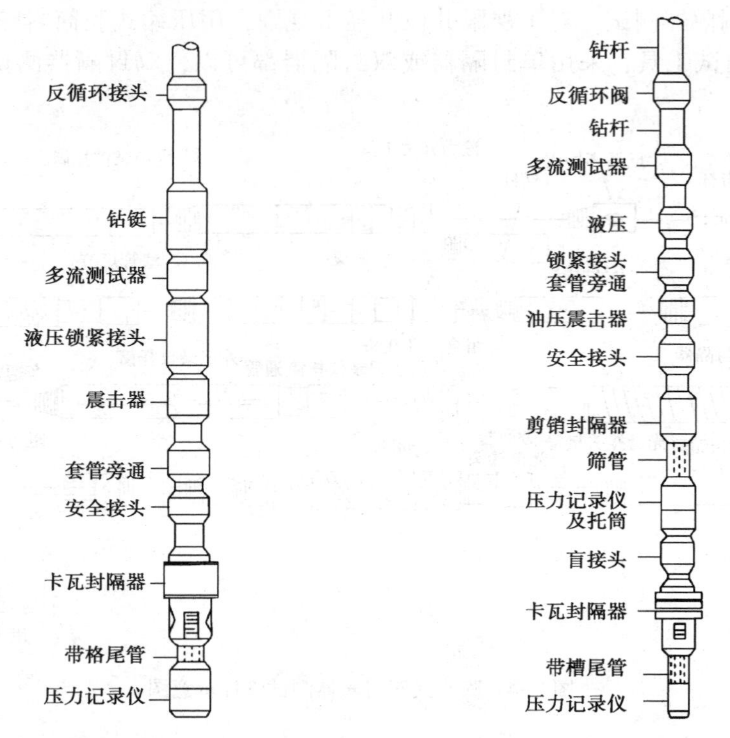

图 2-5　套管井单封隔器测试管柱结构图　　图 2-6　套管井双封隔器测试管柱结构图

1. TCP 与 MFE 测试联作工艺

MFE 工具为非全通径工具，它仅限于使用压力点火射孔工具。管柱结构如图 2-7 所示。施工操作步骤如下：

① 工具连接并入井。工具入井前要详细丈量定位短节以下所有工具的长度，并依次连接入井。

② 调校管柱深度。管柱下至预定位置后，用磁定位和自然伽马曲线测量定位短节的实际所在深度，调整管柱深度使射孔枪对准目的层。

③ 开井射孔。封隔器坐封，多流测试器打开后，关闭井口防喷装置，向环空打压，压力通过导压旁通接头、流管传递到点火头上，当压力达到点火头设计压力时起爆射孔枪，通过井口监测仪或观察泡泡头的气泡变化以及井口震动等来判断是否起爆。射孔后释放掉环空压力。

2. TCP 与 APR 测试联作工艺

APR 测试工具为压控式全通径工具，因此它既可选用机械投棒射孔方式，又可采用压力起爆射孔方式。

① 机械投棒式射孔与 APR 测试联作。管柱下至预定位置，调整管柱深度使射孔枪对准射孔目的层位，坐封封隔器，关闭井口防喷装置，向环空打压开井，然后从井口向管柱内投棒，投棒撞击点火头，撞击剪断锁定销，撞针下行冲击起爆器起爆。管柱结构如图 2-8(a)所示。

施工中要注意保持管柱内压井液清洁，防止在点火头和 LPR-N 测试阀上产生沉淀物，确保 N 阀正常工作，可在 N 阀和点火头以上加一定数量的悬浮液(如 CMC 溶液)。

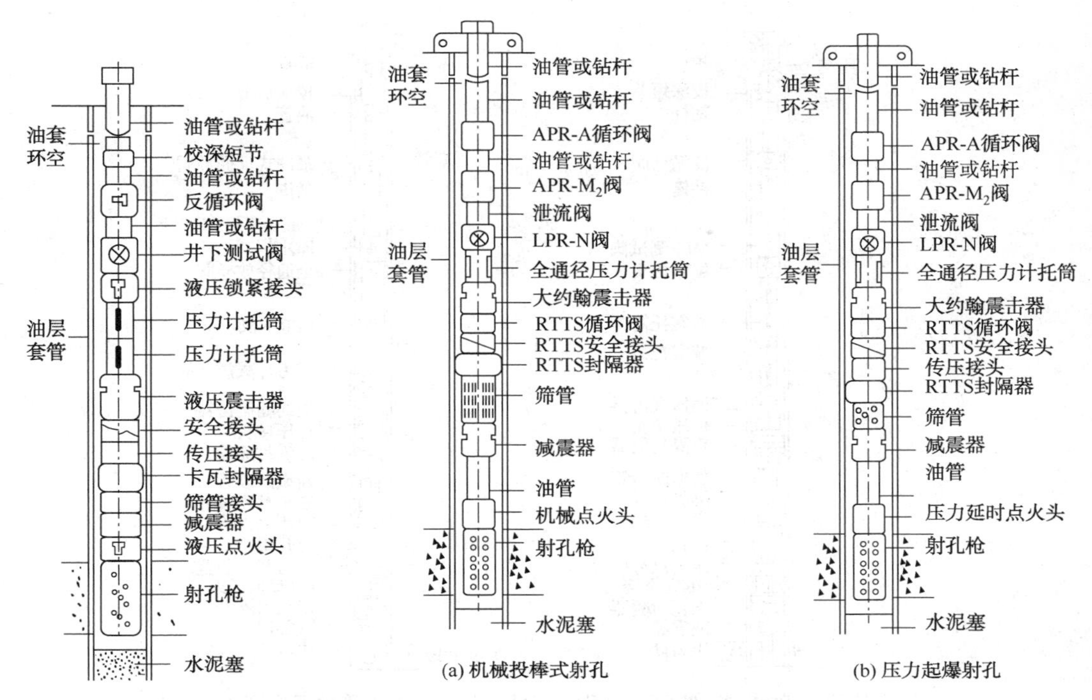

图 2-7　常规射孔-测试联作管柱结构图

图 2-8　APR 测试-射孔联作管柱结构图

② 压力起爆射孔与 APR 测试联作。TCP 与 APR 测试联作在工艺条件允许的情况下，应优先选择机械投棒式射孔方式。若工艺条件不具备，可采用压力起爆方式。因 APR 工具开井、油套管流体循环都需要环空打压，为确保循环阀不提前打开造成测试失败，一定要设计好点火头的起爆压力，一般设计起爆压力要高于开井时压力 3~5MPa。在井口条件和井眼条件允许的情况下，应适当提高循环压力与射孔点火头压力之间的压力等级。点火头应优先选用压差式压力点火头，并在点火头以下装配延时起爆装置。管柱结构如图 2-8(b)所示。其施工过程与作用原理和机械投棒射孔方式的区别是 LPR—N 测试阀打开后，继续向环空增压至点火头的起爆压力，起爆后待延时 4~7min 后点火射孔，射孔后开井排液生产。

3. 跨隔—射孔—测试联作工艺

跨隔—射孔—测试联作工艺是一种新型综合试油工艺。它是用跨隔的方式对目的层进行射孔与地层测试联作的综合试油方法。适用于 5½in、7in 套管直井、斜井、水平井、稠油井、深井、高温高压井试油作业，不适用于出砂严重的地层。其工艺原理是在两级封隔器之间安装射孔枪及其引爆系统、减震系统、射孔枪等装置，与地层测试管柱(如 MFE 地层测试管柱、全通径 APR 地层测试管柱)一起下入井下预定位置。先通过校深使射孔枪对准射孔目的层段，再坐封两级封隔器，跨越封隔目的层，然后引爆射孔枪。

射孔枪引爆后直接进行地层测试或试井等作业。施工完成后将测试施工管柱全部起出(图 2-9)。

由于采用了两级封隔器跨越目的层，所以对于多层井试油，无须下桥塞或注水泥塞封堵已射孔井段。不但可以减少施工工序，节约成本，提高施工效率，而且施工层位的先后顺序可以任意选择，使地层测试更加方便。

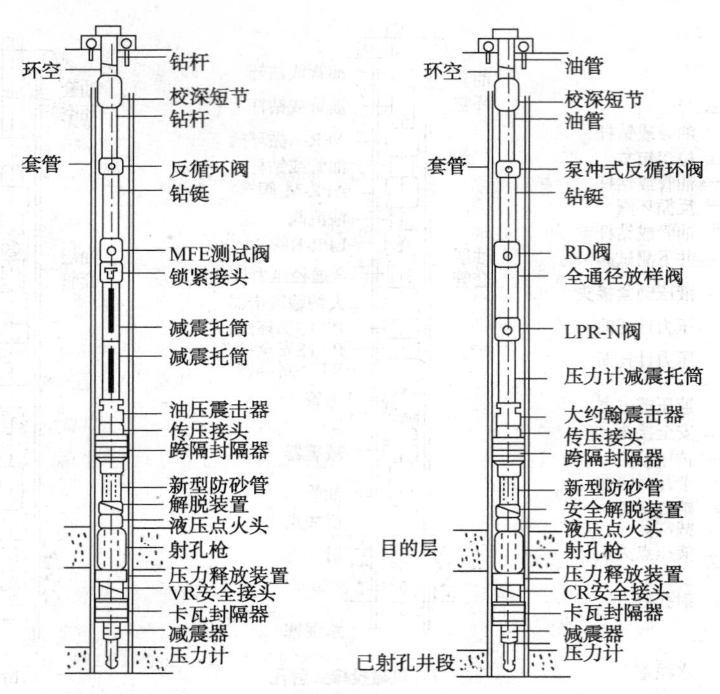

图 2-9　跨隔—射孔—测试联作典型施工管柱示意图

三、复合管柱测试工艺

（一）全通径 APR 酸化压裂

全通径 APR 酸化压裂管柱一般由以下工具组成：油管(钻杆)+油管(钻杆)试压阀+常开、常闭阀(OMNI 阀)+LPR-N 阀+液压旁通+VR 安全接头+RTTS 封隔器+压力计。主要测试工具功能如下。

① RTTS 封隔器。它与 P-T 封隔器的主要区别是带有水力锚，下井时水力锚卡瓦内外受力平衡，水力锚在弹簧力作用下处于收缩状态。当封隔器坐封后进行酸化压裂时，一旦管柱内压力大于环空压力，水力锚卡瓦被推向套管并锁定在套管壁上，使封隔器不能向上移动，确保在挤注作业或负压测试时封隔器有效坐封。

② 油管试压阀。该试压阀为通径单流阀，主要用于对下入井内的油管进行试压以检查其密封性。

③ OMNI 阀。OMNI 阀是一种多次开关循环阀，OMNI 阀的开关是指其有球阀用于开关井，打压开启，泄压关闭；循环是指其有循环孔，有开关状态、过渡状态、循环状态三种。OMNI 阀上带有换位机构，循环孔既可打开又可关闭，主要用于酸化挤注作业，酸化作业完成后，通过环空加压、卸压将循环孔打开进行下步的测试作业。OMNI 阀在酸化测试作业中可以提高作业效率，节约作业成本，降低酸液对管柱腐蚀和减少地层伤害。

（二）MFE 与纳维泵排液

MFE 与纳维泵排液管柱一般由以下工具组成：钻杆+扶正器+纳维泵+旋塞阀+循环阀+

MFE 测试阀+震击器+P-T 封隔器+筛管+压力计。对于疏松砂岩储层，油品差(黏度大、密度高)，地层能量低，气油比低，自喷能力差或根本没有自喷能力的油井采用纳维泵与 MFE 测试阀组合的测试工艺。在纳维泵测试过程中，纳维泵的下端保持稳定不动，上端随钻具转动，通过定子、转子配合，形成一连串互不连通的螺旋形空腔，纳维泵运转时，这些空腔依次向上移动，地层液体随之排出，将井内液体泵抽至地面。纳维泵测试工艺具有工艺简单、对压井液要求不严格、携砂能力强等优点，它克服了靠地层能量地层流体不能流到地面的缺点，测试管柱上压力计能准确记录整个排液期间流压的变化情况，可为油井投产选择合理的工作制度提供依据。

(三) 螺杆泵稠油测试

对于原油凝固点高、油稠、质差，常规排液困难的油井，采用电加热螺杆泵排液+MFE 测试阀+存储电子压力计试井工艺。该工艺由螺杆泵、防旋油管锚、热电缆、注水球阀、MFE 测试阀、伸缩接头、P-T 封隔器、电子压力计等工具组合而成，对稠油、高凝油既能加热(出口温度达 42℃)排液(可调排量)，又能进行探边测试，不仅缩短了试油(采)周期，还简化了工序。

第二节　地层测试设计

测试设计是测试工作的依据，也是测试工艺成功和齐全准确录取各项资料数据的保证，需要依据测试井的井身结构特点和测试层位地质特征以及测试目的编制。其主要内容包括测试井号、测试层位等基本数据、测试目的、测试工具类型、测试方式、测试坐封位置、测试压差[测试液(气)垫的类型及高度]、测试工作制度和各次开关井时间分配、施工方案、施工要求及注意事项等。

一、测试工具选择

根据测试井和测试层的情况选择测试工具类型。目前国内常用的地层测试工具主要有 MFE 地层测试器、HST 常规测试器、APR 全通径压控测试器、PCT 全通径测试器、膨胀式封隔器测试器和油管传输射孔与测试联作等，同时还可以根据需要采用测试与泵抽排液联作工艺以及全通径测试器与酸化压裂联作工艺。

(一) 完井测试

对于直井一般都可以选用 MFE 测试器或 HST 常规测试器，其中 MFE 测试器是目前国内普及率较高的一种测试工具，它有 95mm 和 127mm 两种规格。HST 常规测试器有 98.4mm 和 127mm 两种规格。

对于大斜度井、水平井或高产井，可选用 APR 或 PCT 全通径测试器。近几年，胜利油田对稠油出砂层选用 APR 全通径测试器测试效果很好，APR 全通径压控测试应用越来越广泛。

(二) 钻井中途测试

对于封隔器坐封在套管对裸眼井段进行测试时，可选用 MFE 测试器或 HST 常规测试器。若封隔器坐封在裸眼井段且井径很不规则时，必须选用膨胀式封隔器和测试器；如果裸眼井径比较规则，则可选用 MFE 测试器或 HST 常规测试器。

（三）联合作业测试

为了提高测试施工效率，节约作业成本，可根据测试井身结构和储层特点，结合测试流体性质，选择合理的测试联作工艺，其测试步骤如下。

① 油管传输射孔与测试联作在完井测试中有明显的优势，将射孔工具分别与 MFE、APR、PCT 等测试工具组合在一起，可以对高温高压井、稠油井、硫化氢井、大斜度井、定向井等各种复杂井进行射孔后测试联合作业。

② 测试与纳维泵排液联作在原钻机试油时，若产层为低压高产不能自喷、岩性疏松、原油黏度高或泥浆漏失严重的井，则可选用测试与纳维泵排液联作工艺，测试获得油井产能和流体性质。但因一般纳维泵最大扬程只有 400m。因此，要求测试井的动液面深度不超过 400m 才能选择该测试工艺。

③ 螺杆泵稠油测试与探边测试联作。对于常规排液困难的稠油或高凝油井，可选用电加热螺杆泵排液+MFE 测试阀+存储式电子压力计试井工艺，既能加热排液，又能探边测试。

④ 全通径测试器与酸化压裂联作。对于测试后再进行酸化压裂的井层，可选用 APR 或 PCT 全通径测试工具，因该类型工具在测试阀打开时，测试管柱从上到下有畅通的中心通道，其通径达 57.2mm，可进行酸化压裂施工以及挤水泥和电缆或钢丝作业，从而提高作业效率，节约作业成本。

二、测试坐封位置选择

套管完井单封隔器测试时，封隔器坐封位置应在测试层顶部以上，一般不超过 15m。完井跨隔测试时，其跨距一般不大于 50m。

裸眼坐封测试时，应根据井径测井资料选择在岩性致密、坚硬且井径规则的井段坐封，井径规则段的长度一般不应小于 5m，裸眼井支撑式封隔器坐封井段的井径一般不大于封隔器胶筒外径 25mm，如井径大于此范围的，则应选择膨胀式封隔器。裸眼跨隔测试时，其跨距一般不大于 30m。

三、测试压差选择

测试时必须使测试管柱内底部压力小于地层压力，这样才能使地层中的流体流入管柱内。若测试压差过小，就可能会导致地层中的流体流不出来或流出很少，产量过低对油藏扰动小，造成测试资料不能真实反映油藏的基本特征。从有利于地层液体产出或诱喷的角度考虑，测试压差越大越好，但测试压差过大可能会出现地层出砂或损坏测试管柱等事故，造成测试失败。

裸眼测试时，测试压差过大容易引起地层坍塌，造成测试管柱被埋被卡；若测试压差超过封隔器胶筒本身的承压能力，会导致封隔器渗漏；易出砂地层测试时，测试压差过大会造成地层出砂，易造成测试阀、井下油嘴或筛管被堵塞，或砂粒高速流动，将测试阀刺坏；压差过大，地层中的水和气易窜，形成水锥或气锥，同时，在大压差作用下，也可能会引起地层中的微粒运移造成速敏，伤害地层。

为了优选合理的测试压差，常在测试阀上部的管柱中，加注一些液体或气体，作为测试阀打开时对地层的回压，这些液体或气体称为测试液(气)垫。正确设计测试压差，确定测试液(气)垫的类型和垫量是搞好测试的重要环节之一。

(一) 推荐的测试压差

根据不同储层特征，测试压差也应不同。结合封隔器胶筒所能承受的压差和储层特征，国内推荐的封隔器压差控制范围一般按致密地层小于35MPa、中等胶结地层小于25MPa、疏松地层小于10MPa的标准执行。

美国岩心公司认为负压差的大小主要与岩心渗透率有关，他们在射孔作业中确定的测试负压差的数学模型为：

$$\Delta P = 1.841/K^{0.3668} \tag{2-1}$$

式中　ΔP——负压差，MPa；

K——渗透率，μm^2。

是否需要加测试液(气)垫和加多少测试液(气)垫来控制测试压差，应根据测试层深度、坐封深度、压井液密度以及测试液(气)垫的类型等因素进行计算，确定测试液(气)垫的高度来控制。

(二) 测试液(气)垫选择

目前常用的测试液(气)垫主要有液垫、气垫和液气混合垫。液垫常用的有水、优质压井液和柴油。采用液垫的优点是工艺简单、省时、经济，将液体灌入测试管柱中即可。其缺点是在液垫加入测试管柱后，若地层压力与预计压力相差较大时，液垫不好调整。但水垫还是目前国内最常用的测试液垫。气垫一般是氮气垫，氮气是一种无色、无毒、无腐蚀性的惰性气体，不溶于水和油。在测试管柱下入待测位置后测试阀打开之前，让整个管柱内充满一定压力的氮气，测试阀打开后，地层流体流入测试管柱内，这时通过地面控制减少氮气垫压力，逐渐增加井底的生产压差，达到诱喷目的。采用氮气垫能更好地控制测试过程中的压差进行诱喷，可防止地层出砂，也不会污染地层，使所取的流体样品更真实。但注入氮气垫工艺较复杂，氮气成本也比较高。对稠油出砂层选用APR全通径测试工具加氮气垫测试效果较好。

液气混合垫是指下部为液垫上部是气垫。由于氮气必须在测试管柱下到井底后，才能把氮气注入到测试管柱内，在深井、高温高压井测试时，容易造成下部测试管柱被压扁或挤毁事故。为了避免这种情况，要在下测试管柱时先加一段液垫，测试管柱下到预测位置后再注入氮气，组成液气混合垫。

四、测试工作制度确定

测试开关井次数应根据不同类型测试目的和地层特征来确定。对于中途裸眼测试，由于测试风险大和测试时间短，一般测试时间6～8h，一般只进行一次开井和一次关井。一次开井求产能液性，一次关井测地层压力恢复。对坐封在套管内测试裸眼段时，也可进行两次开井两次关井的工作制度。

对于中高渗透性地层的完井测试，可采用两次开井两次关井或三次开井两次关井的工作制度。一次开井流动主要是为了消除液柱压力对地层的影响，并有诱喷和一定的解堵作用；一次关井是为了取得产层的原始地层压力；二次开井流动是通过较长时间的流动来扩大泄油半径，求准产层的产量和取得合格的样品；二次关井是为了测取压力恢复曲线，计算油层参数；三次开井是为了观察地层流体能否喷出地面，并进一步落实产能及液性。对于可以自喷层位，应按常规试油标准录取产能和液性资料；对于不能自喷层需要抽汲的井，可进行抽汲排液，准确确定液性和含水。

对于低渗透层，一般可采用两次开井一次关井的工作制度，一次开井尽可能扩大波及范围；一次关井恢复测取地层压力并计算油层参数；二次开井主要目的是落实液性，取得合格的样品或通过抽汲求取产能和液性。对其中渗透性相对较好的地层，也可以采用三次开井两次关井的工作制度。

对于极低渗透性地层，由于储层物性差，压力传导速度慢，进行多次开关井受时间限制难以取到地层压力，所以只选用两开一关的工作制度即可。

对于酸化或压裂后效果评价井，可采用一次开井一次关井的工作制度。一次开井流动应尽可能扩大泄油半径，以保证地层压降的形成，关井压力恢复曲线资料可靠，进一步掌握储层渗流特征。

五、测试开关井时间确定

测试开关井时间的确定是测试优化设计的重要内容，能否合理地分配开关井时间，是决定录取高质量测试资料的关键。测试开关井时间的确定，应根据测试层渗透率高低、流动性好坏、测试开井期间地面显示情况和井眼条件等多种因素决定。

目前国内确定测试开关井时间主要有两种方法：一种是在总结大量不同类型测试井资料的基础上，根据经验推荐的不同类型井的测试开关井时间；另一种是利用测试解释软件中试井设计的功能，确定测试开关井时间。

（一）推荐开关井时间

根据不同测试类型的井眼条件和储层渗透性高低等情况，推荐的开关井时间也有所不同。

1. 钻井中途测试

（1）砂泥岩裸眼测试

一开一关：一开60~120min，一关120~240min。

两开两关：一开3~5 min，一关60min；二开60~120min，二关120~240min。

（2）碳酸盐岩测试

两开两关：一开30min，一关120min；二开120~240min，二关240~480min。

2. 完井测试

① 高渗透层测试。高渗透层具有高产能、关井压力恢复速度快的特点，测试流动期间地面显示头出气泡强烈，计算的油层有效渗透率大于$100\times10^{-3}\mu m^2$，可采用三开两关或两开两关的工作制度。

三开两关：一开5~15min，一关60~90min；二开60~150min，二关150~375min；三开畅口放喷。

若二开后能自喷，应延长自喷时间，扩大测试探测半径，按规程求稳定产量后，再进行二次关井(终关井)，关井时间应是二开流动时间的1.5倍左右。若是气层，因气体压缩性大，续流持续时间长，推迟径向流动段出现，因此，关井时间适当延长，一般控制在开井生产时间的1.5~2倍。

非自喷高渗透层测试时，应防止开井流动时间过长造成流平而取不到压力恢复资料的情况，测试时应密切注意地面显示头冒泡强弱的变化，当气泡强烈而后又逐渐变弱时，表示流动曲线将要流平，应在气泡由强烈变为出气中等时及时关井测取压力恢复资料。

② 中等渗透层测试。中等渗透层开井流压曲线上升也比较快，地面气泡显示也较强，关井压力恢复速度也较快，测试计算的油层有效渗透率为$(10\sim100)\times10^{-3}\mu m^2$。也适合于进行三开两关或两开两关的工作制度。

三开两关：一开10~15min，一关90~150min；二开120~210min，二关360~660min；三开畅口放喷。

若二开后能自喷，应尽可能延长自喷时间，扩大压力波及范围，并求得稳定产量，然后进行二开关井，关井时间应是二开流动时间的1.5~2.0倍，气层应适当延长关井时间。非自喷中等渗透层测试时，也应防止二次开井时间过长而流平的情况。

③ 低渗透层测试。低渗透层开井流动曲线上升较慢，地面气泡显示不强，但流动期气泡均匀，关井压力恢复速度较慢，必须延长关井时间。该类油层有效渗透率一般为$(1\sim10)\times10^{-3}\mu m^2$。低渗透储层应以两开一关的工作制度为主，对其中渗透性相对较好的层可采用三开两关或两开两关。

三开两关时间控制：一开10~15 min，一关180~270min；二开180~240min，二关1260~1680min；三开畅口放喷。

两开一关时间控制：一开180~300min，一关1440~2400min；二开畅口放喷。

④ 极低渗透层测试。极低渗透层开井流动曲线上升极为缓慢，地面气泡显示微弱、均匀，关井压力恢复速度也很缓慢，必须有相当长的关井时间才能取到地层压力资料。极少部分层计算的油层有效渗透率小于$1\times10^{-3}\mu m^2$。

两开一关：一开240~300min，一关2400~3000min；二开畅流。

⑤ 酸化或压裂后效果评价井测试。

增产措施无效井：一开一关：一开240~360min，一关2400~3600min。

增产措施有效非自喷井：一开一关：一开180~360min，气泡由强转为中等出气时关井，一关1080~2100min。

为扩大探测半径，应在一开后排液1~2d，然后关井测恢复，关井时间为开井时间的2~3倍左右。

⑥ 增产措施有效自喷井测试。一开一关：一开2800min或更长一些，一关是开井时间的2~4倍。

(二) 试井开关井时间确定

通过试井设计软件进行测试开关井时间设计，是测试解释过程的反演。根据测试井层的静态资料和已有的动态资料，把有关数据输入计算机，预设开关井次数和时间，经试井软件计算处理，计算机给出直观的开关井时间—压力展开图，对图中压力恢复曲线进行处理，绘制出双对数导数图和叠加函数图，诊断是否出现径向流或边界特征(需探测外边界时)，若有出现径向流或边界特征，则表明预设的开关井时间合理，反之，则不合理，应继续调整开关井时间，反复进行计算，直到得到所选模型特征的图形，就表明预设的开关井时间是合理的。

测试井层的基础参数包括：油层产能、流体性质、高压物性数据(黏度、体积系数、压缩系数等)、油层厚度、孔隙度、有效渗透率、表皮系数、油层压力、初始流压、井筒储集系数、井眼半径、油管半径等。上述输入参数是否准确，直接影响着开关井时间设计的准确性。因此，应该全面收集和利用测井、钻井的有关静态资料以及邻井同层位的已有动态资料数据。

无论是经验推荐的开关井时间，还是试井软件设计的开关井时间，有些井层难免会与实际储层特征不符，测试人员在现场实际操作时，可根据地面显示头气泡的显示情况予以调整。当设计为低产层、干层，开关井时间很长，而实际测试时气泡显示强烈，表示储层渗透性好，产能高，可适当缩短开关井时间；若设计是高、中渗透层，开关井时间短，而实际测试时气泡显示弱，出气均匀，表明储层为低产层，可适当延长开关井时间。

第三节　常用测试工具及工艺

目前最常规测试工具主要有以 MFE 和 APR 为主阀的两种类型。它们是保证测试一次成功的最有效工具。

一、MFE 测试工艺及工具

MFE(Multi Flow Evaluator)地层测试器是一种常规地层测试工具，有 98mm 和 127mm 两种，可用于不同尺寸的套管井和裸眼井的地层测试。

(一) 工作原理

MFE 地层测试器是一套完整的测试工具系统，包括多流测试器、裸眼旁通和安全密封封隔器等，其测试步骤如下。

① 测试管柱下井。下井时，MFE 多流测试器测试阀处于关闭状态，旁通阀处于开启状态，安全密封不起作用，封隔器胶筒处于收缩状态。

② 流动压力测试。测试工具入井下至测试井段后，下放钻柱加压至预定负荷，封隔器胶筒受压膨胀密封环形空间，裸眼旁通主旁通阀关闭，在换位机构作用下，多流测试器测试阀延时，裸眼旁通副旁通阀关闭，测试阀打开，钻具自由下落 25.4mm，地面显示开井，表明主阀开井，地层流体经筛管和测试阀进入钻杆内，压力计记录井筒压力变化，直至预定设计时间。

③ 关井压力恢复测试。上提管柱至“自由点”悬重(即上提管柱时指重表上悬重不再增加的那个悬重读数)，并比“自由点”悬重多提 8.9~13.4kN 的拉力，然后下放管柱加压至原坐封负荷，在换位机构作用下，测试阀关闭，进行关井测压力恢复，电子压力计记录压力恢复数据。重复以上操作，可进行多次开井生产和关井压力恢复测试。上提换位操作时，旁通阀因向上延时作用保持关闭，安全密封受压差作用对封隔器起液压锁紧作用，封隔器保持密封。

④ 起出测试管柱。关井时间结束后，上提管柱施加拉力，经延时后，裸眼旁通的主旁通被拉开，以平衡封隔器上下方的压力，安全密封因无压差作用，失去锁紧功能，封隔器胶筒收缩，测试阀仍然关闭，即可解封起出测试管柱。

（二）MFE 测试器结构及功能

1. 多流测试器

多流测试器是 MFE 的关键部件，由换位机构、延时机构和取样机构三部分组成。

1）换位机构。包括换位心轴、换位套、换位凸耳等。换位机构的作用是：当与钻柱相连的换位心轴作上下运动时，测试开关阀随其开启或关闭。这种动作可重复多次。换位套上带有换位槽，随着管柱上下运动；套在换位心轴上的换位凸耳可以自由移动，自由地顺着换位槽轨道运动，而达到换位的目的。图 2-10 为换位槽动作位置图，其动作顺序如下。

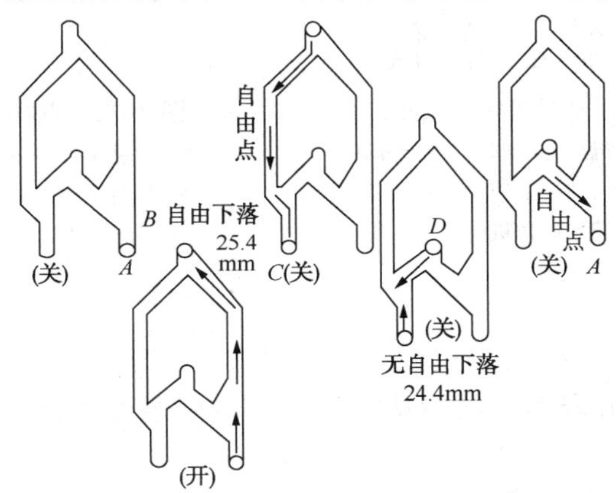

图 2-10　换位槽动作位置示意图

① 下井时，凸耳在 A 的位置上，测试阀关闭。

② 测试管柱下到预定位置，下放管柱加压坐封封隔器，多流测试器的花键心轴下行（即换位槽下行），凸耳由位置 A 移到位置 B，管柱自由下坠 25.4mm，测试阀打开。

③ 缓慢上提管柱，换位槽下行，凸耳由位置 B 移到位置 C，测试阀关闭。

④ 下放管柱，换位槽下行，凸耳由位置 C 移到位置 D，测试阀关闭。

⑤ 缓慢上提管柱，换位槽上行，凸耳由位置 D 移到位置 A，测试阀关闭。

⑥ 下放管柱，换位槽下行，凸耳由位置 A 移到位置 B，测试阀再次打开。

2）延时机构。包括阀、补偿活塞、阀外筒、下心轴和阀座等。这种液压延时机构的特点是：当下放管柱加压时，延时机构起作用，液压油受压通过阀与阀外筒的细小缝隙而起延时作用；而上提管柱时，端面密封泄压，延时机构不起作用。延时时间一般为 3min，延时时间是变化的，因为传递至测试阀的力受封隔器上下压差的影响，压差消弱了传递至测试阀的作用力，从而影响了测试阀的打开时间。图 2-11 为液压延时机构示意图。

3）取样机构。由取样器接头、取样心轴、上、下密封套及两组 O 形圈和 V 形密封圈构成的双控制阀组成。流动结束时，双控制阀把样品关闭在取样腔内。5in MFE 取样器可收集 $2500cm^3$ 的地层流体样品，3¾in，MFE 取样器可收集 $1200cm^3$ 的地层流体样品。图 2-12 为取样机构及测试阀示意图。

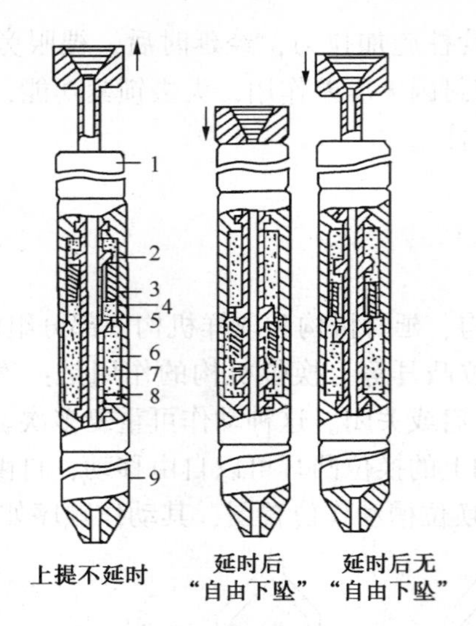

图 2-11　液压延时机构示意图

1—换位机械；2—外筒；3—阀；4—上液室；
5—弹簧；6—液压油；7—下液室；8—心轴；
9—测试阀及取样机构

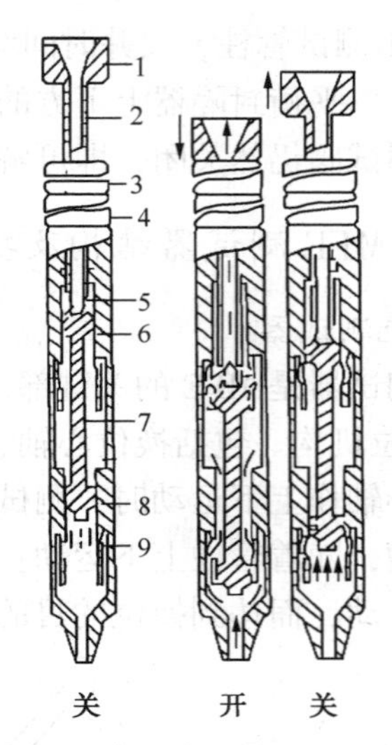

图 2-12　取样机构及测试阀示意图

1—上接头；2—花键心轴；3—换位机构；
4—延时机构；5—流动孔；6—上测试阀；
7—取样心轴；8—下测试阀；9—流动孔

2. MFE 裸眼旁通阀

旁通阀有两个作用：

1）起下钻遇到缩径井段时，泥浆从管柱内部经旁通通过，从而减少起下钻阻力和抽汲力。

2）测试结束时，旁通阀打开，平衡封隔器上下方的压力，便于封隔器解封。

裸眼旁通阀由主旁通阀、副旁通阀和延时阀组成。延时阀由阀、阀外筒、阀心轴、上密封活塞和补偿活塞组成。阀腔内充满液压油。它上提拉伸延时，下放加压不延时，下放管柱坐封封隔器时，延时阀不延时，旁通阀立即关闭。而上提测试管柱进行 MFE 换位操作时，由于延时阀延时，旁通阀不会立即打开，只要及时下放管柱，就可以保证封隔器的坐封和管柱的密封。当需要解封起钻时，上提管柱施加 89kN 的拉力，延时 1~4min 后，即可拉开旁通阀。

3. 安全密封

安全密封代替裸眼封隔器总成上的滑动接头，与裸眼封隔器配套组成安全密封封隔器，其作用是当操作多流测试器进行开关井时，给封隔器一个锁紧力，使封隔器保持坐封。

安全密封由活动接箍、阀短节、密封心轴。油室外壳、连接短节、止回阀和计量滑阀总成组成。图 2-13 是安全密封工作原理图。其技术规范见表 2-1。

表 2-1　安全密封技术规范

工具名称	152mm 安全密封	127mm 安全密封
适用的裸眼封隔器	168mmBT 封隔器	120mmBT 封隔器
适用范围	无 H_2S 裸眼测试	无 H_2S 裸眼测试
外径/mm	152	127
组合长度/mm	1505	1355

续表

工具名称	152mm 安全密封	127mm 安全密封
顶部联接公螺纹	88.9FH	73IF
底部联接母螺纹	120.65-4 牙/in-修正	89-4 牙/in-修
拉伸强度/kN	3890	
扭矩强度/N·m	216930	
破裂压力/MPa	196	
挤毁压力/MPa	104	
最大工作压差/MPa	103	
最大组装扭矩/N·m	13360	

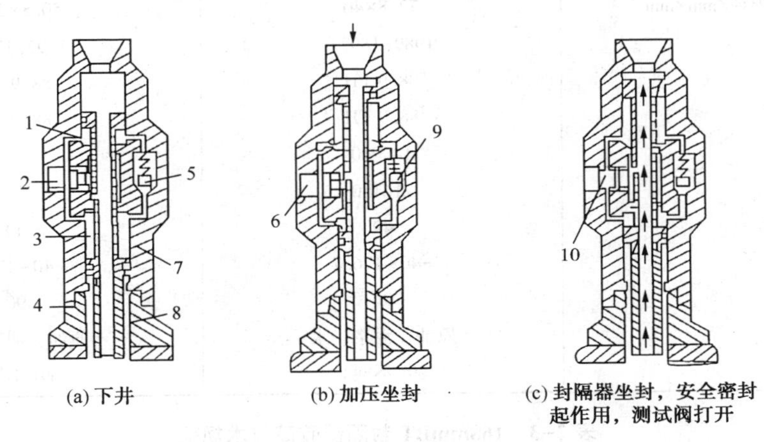

图 2-13　安全密封工作原理图

1—上油室；2—滑阀；3—下油室；4—安全密封；5—止回阀；6—油通过阀；7—安全密封心轴；8—封隔器心轴；9—油流经止回阀；10—滑阀关闭

计量滑阀是油压系统的主要控制装置，它是靠安全密封内外压差控制阀的开关，油压系统由与计量滑阀和止回阀相连接的上、下油室组成。油室内充满 4607#合成液压油。滑阀的一侧受弹簧力和地层压力的作用，另一侧受液柱压力作用。当工具下井或起出时，液柱压力作用在滑阀的两端，使阀处于平衡状态。油可以在阀周围自由地流动，上、下油室连通。封隔器刚坐封时，油很容易从下油室流到上油室。打开多流测试器后，压差马上将滑阀推到另一位置，油不能经滑阀从下油室流到上油室，多余的油则经止回阀流向上油室。只要封隔器上、下方的压差超过 1.034MPa 时，滑阀就保持在上、下油室不通的位置，从而对封隔器起液压锁紧作用。测试结束解封封隔器时，对旁通阀施加 89kN 的拉力，延时几分钟拉开旁通阀，平衡封隔器上、下方的压力，滑阀移到原来的开启位置，油从上油室自由地流到下油室，即可解封起钻。

4. 裸眼封隔器

裸眼封隔器是机械加压支撑式封隔器，用于封隔裸眼井测试层段与环空液柱的通道。一般与安全密封配合组成安全密封封隔器，也可单独使用。深井测试用两个封隔器组成一组，上为安全密封封隔器，下为裸眼封隔器。它由滑动接箍、滑动头、坐封心轴、胶筒、金属碗、支承座及下接头组成。当向封隔器加压时，滑动接箍向下滑动，使胶筒受压膨胀，紧贴井壁，密封环空，这时金属碗压平，增大19mm，缩小了与井筒的间隙，起到防突作用。

胶筒直径根据井径选定，一般比井径小20~25. 4mm。金属碗外径(压平后直径)比井径小6. 35~12. 7mm，其中底部10块比井径小12. 7mm，顶部5块比井径小6. 35mm。支承座外径与胶筒外径相同。

BT型裸眼封隔器的技术规范见表2-2。其胶筒技术规范见表2-3和表2-4。

表2-2 BT型裸眼封隔器技术规范

工具名称	168mmBT封隔器	120mmBT封隔器
外径/mm	168	120. 65
心轴尺寸：外径×内径/mm×mm	72. 8×40	50. 8×25. 4
组装长度/mm	1989(1897)	1792(1700)
顶部联接母螺纹	88. 9 FH	88. 9 FH
底部联接公螺纹	88. 9 FH	88. 9 FH
拉伸强度/kN	140060	
扭矩强度/N·m	216150	
最大工作压差/MPa	49	49
工作温度/℃	-40~176. 7	-40~176. 7
胶筒邵氏硬度	90	90
适用介质	原油、泥浆、水	原油、泥浆、水
水压试验/MPa	69(不漏)	69(不漏)

表2-3 168mmBT封隔器胶筒技术规范

型号	胶筒外径/mm	胶筒内径/mm	金属碗外径/mm	支承座外径/mm	备注
A	168. 275	72. 8	187. 325	168. 275	不常用
B	171. 45	72. 8	193. 675	17I. 45	
C	177. 8	72. 8	193. 675	177. 8	
D	184. 15	72. 8	193. 675	184. 15	
E	190. 5	72. 8	209. 55	190. 5	适用于ϕ215mm钻头井眼
F	193. 675	72. 8	215. 90	193. 675	
G	196. 85	72. 8	215. 90	196. 85	
H	203. 2	72. 8	215. 90	203. 2	
J	209. 55	72. 8	228. 60	209. 55	
K	215. 9	72. 8	228. 60	215. 9	
L	222. 25	72. 8	244. 5	222. 25	适用于ϕ245mm钻头井眼
M	228. 6	72. 8	244. 5	228. 6	
N	234. 95	72. 8	244. 5	234. 95	
O	241. 3	72. 8	260. 35	241. 3	
P	247. 65	72. 8	260. 35	247. 65	不常用
Q	257	72. 8	260. 35	257	
R	260. 35	72. 8	260. 35	260. 35	
S	266. 7	72. 8	260. 35	266. 7	

表 2-4　120.6mmBT 封隔器胶筒技术规范

型号	胶筒外径/mm	胶筒内径/mm	金属碗外径/mm	支承环外径/mm
A	120.7	50.8	139.7	120.7
B	127	50.8	146.05	127
C	146	50.8	161.93	146

5. 卡瓦封隔器

卡瓦封隔器是加压坐封悬挂式封隔器，用于套管井的测试。它由旁通、密封元件和卡瓦总成组成。旁通孔有较大的旁通面积，能旁通起下钻液流和平衡封隔器解封前上下方的压力。旁通道由端面密封关闭。

卡瓦总成包括锥体、卡瓦、摩擦块、定位凸耳及弹簧等。坐封心轴下部铣有两种槽：自动槽和人工槽。当封隔器下井时，摩擦块与套管壁紧贴，定位凸耳在凸耳换位槽短槽内，胶筒处于自由状态。当定位凸耳插入自动槽时，其坐封方法是：①封隔器在预定井深；②先上提管柱，使凸耳移至短槽底部位置；③右旋管柱 1~3 圈(正常情况)，这时凸耳自动移至坐封的长槽侧；④在保持右旋扭矩的同时，下放管柱加压，封隔器心轴下移，旁通道被端面密封关闭；⑤锥体下行把卡瓦胀开；⑥卡在套管壁上，胶筒受压膨胀，密封套管环空(图 2-14)。解封时，上提，拉开旁通道上的端面密封，胶筒上、下方压力平衡，凸耳从长槽沿斜面自动回到短槽，锥体上行，卡瓦收回，即可解封起钻。如凸耳换到人工槽内，其操作方法是：上提管柱，右旋 1~3 圈，再下放管柱坐封。凸耳已转到长槽内，坐封操作与自动槽相同。解封时，上提管柱，左旋 1~3 圈，使凸耳回到短槽，然后将卡瓦收回，起管柱。

拉开卡瓦封隔器旁通所需拉伸负荷 F，按式(2-2)计算：

$$F = \Delta P_{液} \cdot A \times 10^2 \tag{2-2}$$

式中　F——拉伸负荷，N；

$\Delta P_{液}$——环空液柱压力差，MPa；

A——液压面积，cm^2。

卡瓦封隔器技术规范见表 2-5。P-T 型封隔器旁通液压面积见表 2-6。卡瓦封隔器胶筒的选用和其硬度排列是根据坐封段的井下温度和胶筒的有效负荷进行选定的，见表 2-7。

表 2-5　卡瓦封隔器技术规范

公称尺寸/mm	114.3~139.7	139.7~177.8	168.2~193.6	219.1~244.5	273~339.7
适用套管尺寸/mm	114.3~139.7	139.7~177.8	168.2~193.6	219.1~244.5	273~339.7
工作压力/MPa	66.14	71.02	67.57	56.54	76.53
挤毁压力/MPa	98.60	105.5	100.66	84.12	114.45
心轴工作负荷/N	365640	342070	495080	1031090	838490
心轴抗拉负荷/N	545790	510210	738850	1538630	1251280
心轴内径/mm	46	50	62	76	76
全长/mm	1245	1237.5	1318	1650	1956
顶部联接母螺纹/mm	50.8EUE	50.8EUE	63.5EUE	76.2EUE	114.3 EUE
底部联接公螺纹/mm	50.8EUE	50.8EUE	63.EUE	76.2EUE	76.2 EUE

表 2-6　P-T 封隔器旁通液压面积

封隔器公称尺寸/mm	114.3~139.7	139.7~177.8	168.2~193.6	219.1~244.5	273~339.7
液压面积/cm^2	29.67	38.05	51.61	87.08	106.43

表 2-7 胶筒选用参考表

胶筒排列	井下温度/℃	胶筒有效负荷/N				
		114~127mm	127~152mm	268~193.7mm	219~244mm	273~339.7mm
70-50-70	-18~66	13345	17793	22241	35586	80068
80-60-80	38~94	17793	22241	26689	53379	88964
80-70-80	66~94	22241	26689	31138	66723	111206
90-70-90①	66~121	22241	22689	31138	66723	111206
90-80-90	94~135	26689	31138	40034	88964	124550
90-90-90	121~163	31138	35586	44482	111206	133447

注：① 90-70-90 胶筒排列广泛使用。

6. 剪销封隔器

剪销封隔器与卡瓦封隔器配合使用，二者中间配有筛管，用于套管井的跨隔测试。当卡瓦封隔器按坐封步骤坐封后，继续加较大的压缩负荷时，剪销封隔器的剪销剪断，剪销封隔器坐封，从而对测试层段进行跨隔测试。剪销封隔器结构示意图如图 2-15 所示。剪销封隔器的技术规范见表 2-8。

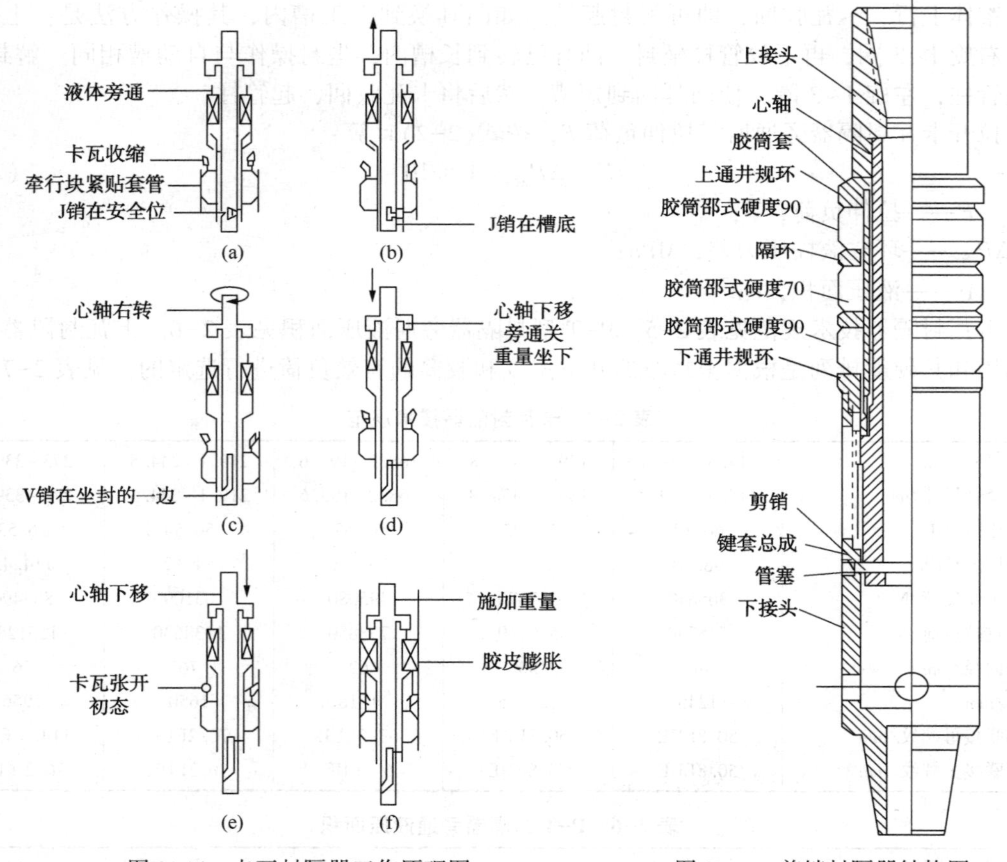

图 2-14 卡瓦封隔器工作原理图

图 2-15 剪销封隔器结构图

表 2-8　剪销封隔器技术规范

公称尺寸	114~127mm 剪销封隔器	139.7mm 剪销封隔器
外径/mm	95.25	111
内径/mm	47	51
组装长度/mm	629.8	758
工作介质	泥浆、油、水、H_2S	泥浆、油、水、H_2S
工作温度/℃	-40~150	-40~150
工作压差/MPa	49	49
胶筒排列	90—70—90	90—70—90
剪销直径/mm	8.2	8.2
剪销材质(钢号)×剪销负荷/N	10×44130	10×44130
剪销材质(钢号)×剪销负荷/N	20×53004	20×53004
上接头母螺纹	60.3EUE	73EUE
下接头螺纹	73mm PEG 母螺纹	73mm PEG 公螺纹

7. 液压锁紧接头

液压锁紧接头是用于套管井测试的锁紧装置，能对套管封隔器起液压锁紧作用。它由外筒、心轴、浮套、密封活塞及下接头组成，结构如图 2-16 所示。

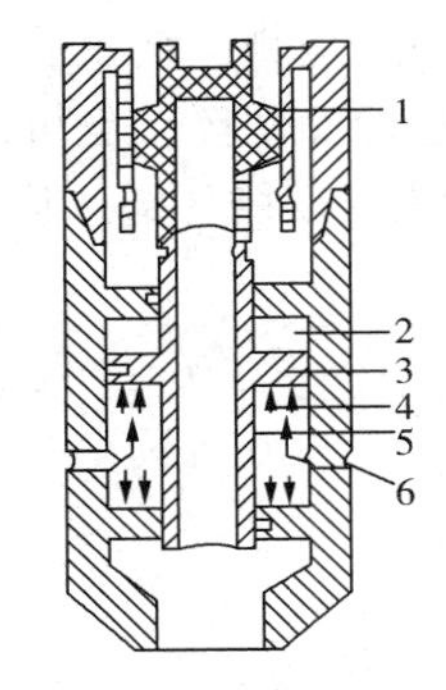

图 2-16　液压锁紧接头结构

1—取样心轴；2—大气室；3—浮套密封活塞；4—锁紧面积；5—心轴；6—液压孔

液压锁紧接头直接接在多流测试器下部，在起下钻过程中，由于液柱压力的作用把心轴往上推，上顶多流测试器取样器心轴，使测试阀保持关闭。在上提管柱进行换位操作时，心轴受向上的液压作用力而向上运动，而外筒和下接头同时受向下的液压作用力使封隔器保持密封，这个液压锁紧力的大小是液压面积与液柱压力之积。液压面积是指心轴与浮套之间的环形面积。液压锁紧接头的液压面积是由更换不同直径心轴和浮套而获得的，见表 2-9。液压锁紧接头的技术规范见表 2-10。

表 2-9　液压锁紧面积

名　称	心轴最大直径/mm	缸套内径/mm	锁紧面积/mm^2
95mm 锁紧接头	$31.950^{0}_{-0.05}$	$32^{+0.05}_{0}$	1.61
	$34.925^{-0.115}$	$34.925^{+0.027}$	3.23
	$41.275^{-0.115}$	$41.275^{+0.027}$	6.45
127mm 锁紧接头	$60.88^{0}_{-0.025}$	$60.96^{+0.05}_{0}$	3.23
	$63.95^{0}_{-0.05}$	$64.01^{+0.05}_{0}$	6.45
	$67.01^{0}_{-0.05}$	$67.05^{+0.05}_{0}$	9.68
	$70.03^{0}_{-0.05}$	$70.10^{+0.05}_{0}$	12.90

表 2-10　液压锁紧接头技术规范

工具名称	95mm 液压锁紧接头	127mm 液压锁紧接头
适用范围	H_2S，酸，泥浆	无 H_2S
拉伸强度/N	1015660	
扭矩强度/N·m	19970	
破裂压力/MPa	182.7	
挤毁压力/MPa	137.9	
最大组装扭矩/N·m	2710	
外径/mm	95	127
内径/mm	19	30.48
组装长度/mm	996.7(907.25)①	1005.84(909.32)
上接头母螺纹/mm	73REG	111-4 牙/in-修正
下接头公螺纹/mm	73REG	88.9 FH
试验内压②/MPa	68.95	68.95

注：①不包括公扣端长度；②试压 10min 不漏。

8. 反循环阀

反循环阀是测试结束后借助外力开启的循环阀，一般接在多流测试器上方 1~2 根立柱处，既可进行反循环，也可进行正循环。常用的有断销式和泵压式两种反循环阀。

1）断销式反循环阀。从井口向钻杆内投入冲杆，砸断断销进行反循环，其结构如图 2-17 所示。

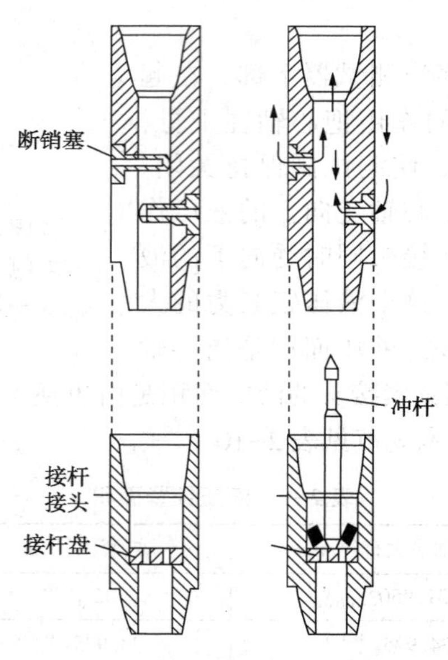

图 2-17　断销式反循环阀示意图

2）泵压式反循环阀。它是备用反循环阀，可与断销式采用同一个接头。下钻和测试过程中，靠环空压井液压力和剪销共同作用，保持关闭状态。需要进行循环时，可从地面向测试管柱内加泵压，将泵压式反循环阀循环孔中的导盘、铜片压破，形成循环通路。反循环阀的技术规范见表 2-11。

表 2-11　反循环阀技术规范

类　型	73mm 反循环阀	89mm 反循环阀	114mm 反循环阀
外径/mm	107.95	120.65	155.57
内径/mm	62	65.09	92.25
全长/mm	390	460	484
拉伸强度/N	1067570	3113740	4715090
扭矩强度/N·m	16950	29830	60470
上接头母螺纹	73EUE	88.9 IF	114.3 IF
下接头公螺纹	73EUE	88.9 IF	114.3 IF
试验内压①/MPa	69	69	69

注：①试压 3min 不漏。

9. TR 震击器

MFE 系统所用的 TR 调时震击器属于油压上击器，是促进封隔器解卡的装置。由上接头、调时螺母、花键接头、折式锁键、分级阀、阀外筒、补偿活塞、上心轴和下心轴等组成。当封隔器及其以下测试管柱遇卡时，上提管柱施加一定的拉力，使震击器产生巨大的震击力，从而帮助下部钻具解卡。TR 调时震击器是裸眼测试必备的解卡工具，调节其调时螺母，调整拉伸长度从而调整延时时间。TR 震击器的技术规范见表 2-12。

表 2-12　TR 震击器技术规范

工具名称	120mm×38mmTR 震击器	95mmTR 震击器
适用环境	防 H_2S	防 H_2S
最大上提拉力/N	355860	222410
产生最大震击力/N	1685870	1103150
最大扭矩/N·m	39590	17060
最大屈服上击力/N	556030	346960
试验内压①/MPa	69	69
组装长度/mm	2457(2361)②	2757(2668)
外径/mm	120	95
内径/mm	38	38
上接头母螺纹	88.9FH	73REG
下接头公螺纹	88.9FH	73REG

注：①试压 3min 不漏；②括号中的数字不包括外螺纹端长度。

10. BW 安全接头

安全接头是一种安全保护装置，当封隔器及其以下工具遇卡，用震击器也不能解卡时，可反转钻柱，从安全接头反扣粗牙螺纹处倒开，将安全接头以上的工具和管柱提出。安全接头一般接在封隔器的上方或震击器的下方。它由一个上公扣短节、一个下母扣短节和两道 O 形圈组成，上公扣短节和下母扣短节之间用特殊的粗牙螺纹连接。它可以接在管柱的任何部位，既能承受轴向负荷，也能传递正反向扭距，不受震动和惯性的影响，只有采用专门的解脱方法才能脱开，并且很容易重新对接。

11. 压力计托筒及压力计

压力计托筒是存放温度压力记录仪的井下专用工具。它既可以传递扭距，又可以传递拉伸负荷。压力计装在托筒内，上部与压力计接头连接。压力计接头与托筒上接头各有多个传压孔，当要记录管柱外压力时，用丝堵堵死压力计接头上的传压孔，托筒上接头传压孔保持开启；需记录管柱内压力时，则堵死托筒上的传压孔。

电子压力计是装在一个带有减振装置的小托筒内，再将小托筒安置在压力计托筒内。

MFE 系统一般使用 J-200 压力记录仪，它是一种活塞-弹簧式机械记录仪，具有性能稳定、精度较高，抗震性能好、耐高温、量程范围大、维修保养工作量小等特点。J-200 压力记录仪由压力装置、记录装置和温度计三部分组成。压力装置包括隔膜、波纹管、液压油、张力弹簧、活塞等，被测压力作用在隔膜上，经波纹管传递给液压油，再作用在与精密螺旋形相联的活塞上，弹簧被拉长，活塞位移与压力大小成一定比例。J-200 的温度计是一种留点式最高温度计，装在一个保护套内，再装到压力计的下接头内。J-200 型压力计托筒的技术规范见表 2-13。

表 2-13 J-200 型压力计托筒的技术规范

名称	外径/mm	长度/mm	试内压/MPa（3min 不漏）	上接头母螺纹	下接头公螺纹
98mm 压力计托筒	98.43	1884(1795)①	68.95	73in REG	73in REG 公扣
124mm 压力计托筒	124	1900(1804)	68.95	88.9in FH 母扣	88.9in FH 公扣

注：①不包括公螺纹端长度。

12. 筛管及打孔尾管

筛管和打孔尾管是地层流体进入测试管柱的第一个通道。筛管一般有激光割缝筛管和多层滤砂管。割缝筛管一般用钻铤或油管制成，在管体身上用激光按一定规律制成许多小缝，打孔尾管一般用钻铤或油管制成，在管体身上制成许多小孔。筛管和打孔尾管不仅提供流体通道，在裸眼支撑式测试和跨隔测试中对封隔器起到支撑作用。

二、APR 测试工艺及工具

（一）APR 测试工具特点

1）操作压力低且方便简单；

2）全通径，对高产量井的测试特别有利，有效地利用测试时间；

3）可以对地层进行酸洗或挤注作业；

4）可以进行各种绳索作业；

5）简单适用。

图 2-18 是 APR 测试工具的几种管柱组合示意图。其中，进行酸化、射孔测试联合作业测试管柱如图 2-18(a)所示；一般的测试管柱如图 2-18(b)所示；穿过采油封隔器或下 EZ-SV 桥塞进行的测试管柱如图 2-18(c)所示。对于实际 APR 测试井要根据具体用途和地层特征来选择和设计测试管柱。

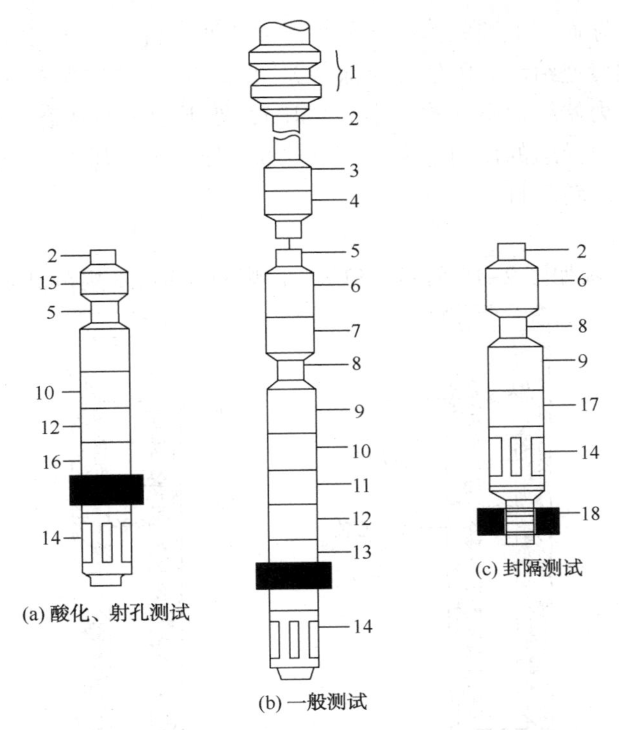

图 2-18　APR 测试工具的几种管柱组合示意图

1—X 测试树；2—钻杆；3—大通径安全阀；4—伸缩接头；5—钻杆或钻铤；6—APR-M_2 取样器安全阀；7—RTTS 反循环阀；8—钻杆或钻铤；9—LPR-N 测试阀；10—震击器；11—RTTS 反循环阀；12—RTTS 安全接头；13—RTTS 封隔器；14—大通径记录仪托筒；15—APR-A 反循环阀；16—Champ 封隔器；17—大通径液力旁通；18—采油封隔器或 EZ-SV 封隔器

（二）APR 测试工具各部件结构功能

1. LPR-N 测试阀

（1）工作原理

LPR-N 测试阀是整个测试管柱的关键工具。测试时，根据地面温度、井底温度及静液柱压力，在地面对氮气腔充氮气到预定压力，压力作用在动力心轴上，使球阀在工具下井时为关闭状态。工具下井过程中，在补偿活塞作用下，球阀始终处于关闭状态。封隔器坐封后，向环空加到预定压力，压力传到动力心轴使其下移，带动动力臂使球阀转动，实现开井。释放环空压力，在氮气压力作用下，动力心轴上移带动动力臂，使球阀关闭。如此反复，从而实现多次关井。

（2）工具结构

LPR-N 测试阀主要由球阀部分、动力部分和计量部分组成(图 2-19)。

球阀部分主要由上球阀座、偏心球、下球阀座、控制臂、夹板、球阀外筒组成。

动力部分由动力短节、动力心轴、动力外筒、氮气腔、充氮阀体、浮动活塞等组成。

计量部分主要由伸缩心轴、计量短节、计量阀、计量外筒、硅油腔、平衡活塞组成。平衡活塞一端连同硅油腔，另一端与环空相通。下钻时，当液柱压力逐渐增加到大于下硅油腔压力时，平衡活塞上移使下硅油腔压力增高；当下油腔压力增加到比上油腔压力大 2.8MPa

时，计量阀开始延时导通，上油腔体积增大，浮动活塞上行，氮气腔体积缩小，使氮气压力增高。通过动力心轴传递给动力臂使球阀保持关闭。工具下井过程中氮气腔与上硅油腔压力平衡，上硅油腔的压力始终比下硅油腔小 2. 8MPa，处于动平衡状态。封隔器坐封后，环空加压，由于计量阀延时导通的作用，在上、下硅油腔压力形成压差还未平衡时，动力心轴下移带动动力臂，使球阀转动打开。

（3）技术规范

LPR-N 测试阀结构如图 2-19 所示。LPR-N 测试阀的技术规范见表 2-14。

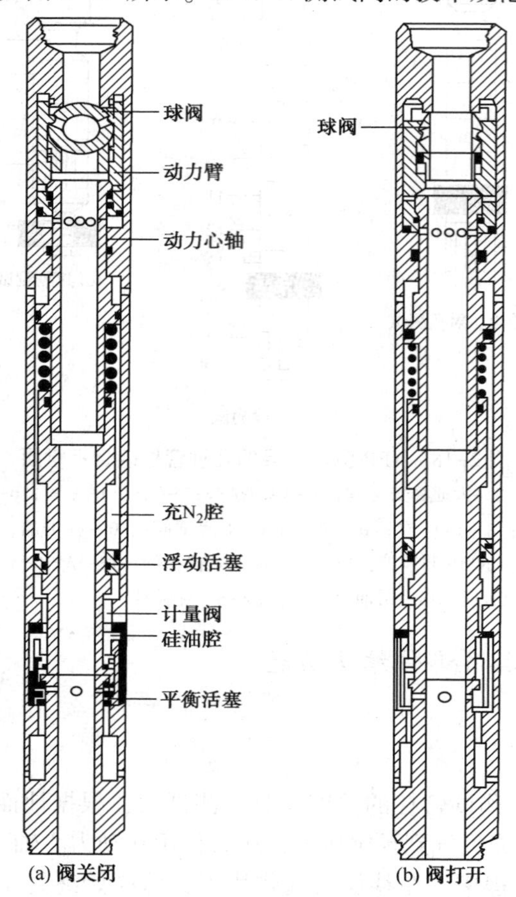

图 2-19　LPR-N 测试阀结构示意图

表 2-14　LPR-N 测试阀的技术规范

外径/mm(in)	内径/mm(in)	组装长度/mm(in)	连接螺纹/mm(in)
127(5)	57. 15(2. 25)	4993. 6(196. 60)	89(3½)API 内平螺纹
118. 9(4. 68)	50. 8(2. 00)	51. 32. 3(202. 06)	89(3½)API 内平螺纹
99. 06(3. 90)	45. 72(1. 80)	5026. 2(197. 88)	73(2⅞)EUE8 牙油管螺纹
77. 7(3. 06)	28. 4(1. 12)	4242. 03(166. 97)	60(2⅜)EUE8 牙油管螺纹

（4）充氮压力的计算及充氮步骤

A. 充氮压力的计算

根据地面温度，静液柱压力和井内压井液温度可查表或计算确定充氮气压力。为了确定精确的充氮压力，一般需用内插法计算充氮压力值。

①选定与地面实际温度最接近的地面温度。

②选定与测试深度的实际压井液温度最接近的压井液温度。

③根据压井液温度，即可确定用于实际测试深度液柱压力的充氮压力。如果实际静液柱压力与参考表中静液柱压力不符，可应用下列内插公式确定与此静液柱压力相应的充氮压力。

充氮压力计算公式为：

$$P_N = (C_{ph} - C_{pl}) \cdot \frac{H_a - H_l}{6.894} + C_{pl} \tag{2-3}$$

式中　P_N——充氮压力，MPa；

C_{ph}——高静液柱压力下的充氮压力，MPa；

C_{pl}——低静液柱压力下的充氮压力，MPa；

H_a——实际静液柱压力，MPa；

H_l——低静液柱压力，MPa。

B. 充氮步骤

① 充氮前，用氧分析仪检查氮气纯度，氮气纯度必须高于99%。

② 连接好氮气瓶与增压泵管线和增压泵出口管线，用氮气吹扫管线，清除空气及杂物。

③ 增压管线与工具连接。

④ 用氮气瓶压力向工具内充氮2.8MPa，然后释放掉，以清除工具中的氧。

⑤ 用增压泵往工具内充氮直到需要的充氮压力，关掉增压泵，拧紧工具上的氮气注入阀。

（5）操作压力的计算

各种LPR－N测试阀最小操作压力可由生产厂家提供相关数据表。应考虑摩阻，球阀上、下压差及其他可能的误差，如压井液密度偏差、测试深度偏差、低精度压力表的误差等。因此，最小操作压力应附加3.45MPa作为实际操作压力。据实际操作可知，附加压力3.45MPa可适用于不同深度的井。

① 选择与LPR-N测试阀相应的规格。

② 选定实际测试深度的压井液温度与表中最接近的温度。

③ 如实际静液柱压力在两个静液柱压力之间变化，则用下列内插法公式计算出操作压力。

操作压力计算公式为：

$$P = (P_h - P_l) \cdot \frac{P_{Ha} - P_{Hl}}{6.894} + P_l + 3.45 \tag{2-4}$$

式中　P——操作压力，MPa；

P_h——高静液柱压力下的操作压力，MPa；

P_l——中低静液柱压力下的操作压力，MPa；

P_{Ha}——实际静液柱压力，MPa；

P_{Hl}——低静液柱压力，MPa。

（6）性能试验

① 试压介质为清水或乳化油。

② 与计量套接触部分加满硅油。

③ 球阀以下试压，稳压 5min。

④ 球阀上部试压，稳压 5min。

⑤ 对工具充氮气，稳压 3h 为合格。

⑥ 将剪销装入动力接头。

⑦ 对上、下传压孔同时加泵压，延时 5min 后氮气腔压力应增压实验。

⑧ 泵压继续增加到比球阀打开压力高 5~6MPa，稳压 10min。

⑨ 将上、下传压孔压力释放至比球阀关闭压力低 2~3MPa，保持 10min。

⑩ 将压力释放至零，保持 10~15min，计量套上、下压力完全平衡。

2. APR-A 反循环阀

（1）工作原理

下井时，APR-A 反循环阀的剪切心轴被剪销所限定，处于将反循环孔关闭的位置。测试结束后，向环空施加泵压，环空压力作用在剪切心轴上，剪断剪销，剪切心轴向下运动，打开反循环孔，实现反循环。

（2）工具结构

APR-A 反循环阀由上接头、中心短节、下接头、剪切套、剪切套盖、剪销和剪切心轴等组成(图 2-20)。

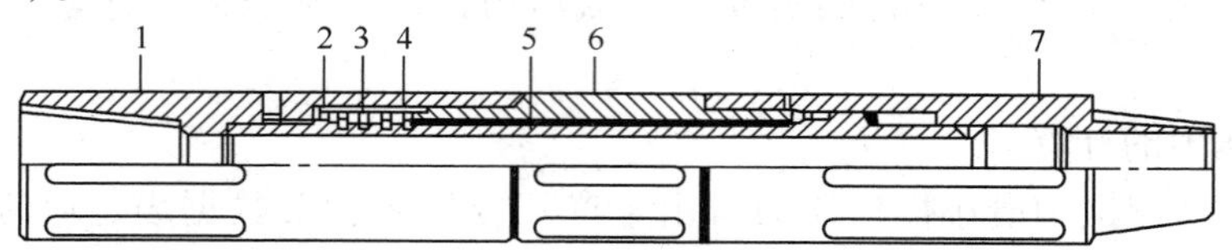

图 2-20　APR-A 反循环阀结构示意图

1—上接头；2—剪切套盖；3—剪销；4—剪切套；5—剪切心轴；6—短节；7—下接头

（3）技术规范

APR-A 反循环阀技术规范见表 2-15。

表 2-15　APR-A 反循环阀技术规范

外径/mm(in)	内径/mm(in)	组装长度/mm(in)	端部连接/mm(in)	剪切压力(每只剪销)/MPa
127.76(5.03)	57.15(2.25)	914.4(36.0)	89(3½)API 内平螺纹	3.34
99.57(3.92)	46(1.81)	736.6(29)	73(2⅞)EUE	3.69

（4）操作压力的计算

工具下井前，要根据井深、泥浆密度、套管最大破裂压力数据确定 APR-A 阀应装的剪销数。其计算公式为：

$$n = \frac{P_{\mathrm{j}} + P_{\mathrm{l}} + A}{P_{\mathrm{p}}} \tag{2-5}$$

式中 n——剪销数，个；

P_j——实际静液柱压力，MPa；

P_1——LPR-N 阀操作压力，MPa；

P_p——每只剪销剪切强度，MPa；

A——附加环空压力，随井深而变；在井深 2000~5000m 时，一般取 10~20MPa。

APR-A 阀操作压力为：

$$P_2 = nP_p - P_j \tag{2-6}$$

式中 P_2——APR-A 阀操作压力，MPa。

（5）性能试验

A. 内压试验

工具整体试压 68.9MPa，稳压 5min 为合格。否则，应拆卸工具，更换有关密封元件后重新试压。

B. 功能试验

如图 2-21 所示，将下接头上的 4 个带螺纹的其中 3 个小孔用塞子堵住，将压力管线接到未堵住的孔上，在中心短节两边螺纹后面的槽内装上 O 形密封圈，检验循环阀是否在预定的压力下打开。

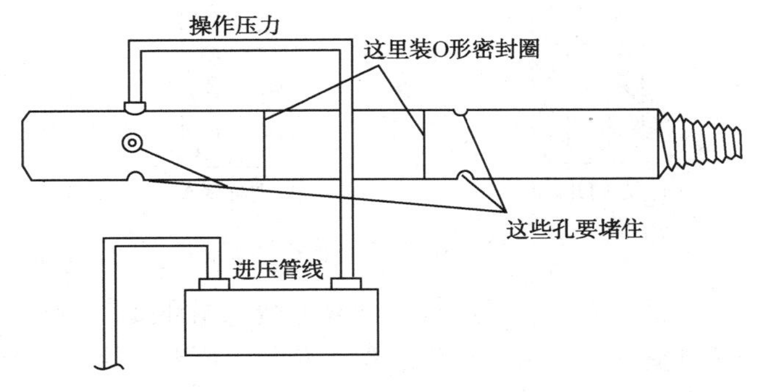

图 2-21 APR-A 阀功能试验示意图

安装 20 只剪销，127.76mm 工具打开循环阀的压力应为 66.9MPa±0.7MPa；99.57mm 工具打开循环阀的压力应为 73.8MPa±0.7MPa。

3. APR-M_2反循环阀

该阀是一种可以作为循环阀、安全阀和取样阀的多功能阀。

（1）工作原理

最终流动结束后，向环形空间加压，使环空压力大于操作 LPR-N 阀的压力 6.9MPa 左右。这个压力作用在动力心轴上，剪断剪销，动力心轴向上运动，使球阀关闭，取到流动时的地层样品，这就是该阀的取样功能。动力心轴继续向上运动，撞击密封心轴并剪断限定密封心轴的剪销时，回复弹簧就会推动密封心轴向上运动，于是循环孔打开可以进行反循环，这就是该阀的循环功能。在关闭取样器的同时，弹性卡箍滑入锁定槽内，使取样器在井下一直保持关闭状态，即测试管柱处于关井状态。这就是该阀的安全功能。

（2）工具结构

APR-M_2阀由循环部分、动力部分、取样部分组成(图 2-22)。

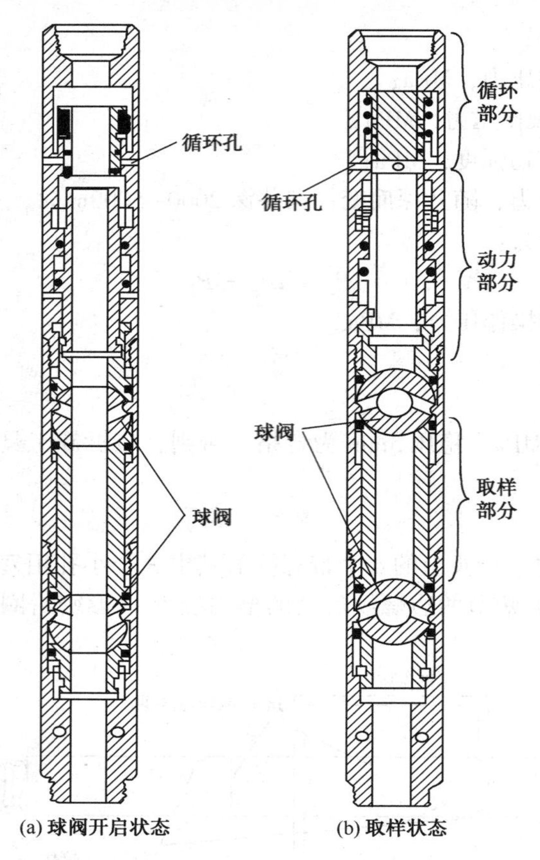

图 2-22　APR-M_2 阀结构示意图

循环部分由上外筒、循环管、压缩心轴、回复弹簧、循环接头等组成。

动力部分由剪切套外筒、剪切套、剪销、剪切套盖、压差外筒、压差心轴等组成。

取样部分由球阀部分和放样部分组成。

APR-M_2阀的底部有一根带槽心轴，又称为下锁管。在下锁管槽的上方套着一个弹性卡箍，如果下锁管向上运动，卡箍就会掉入槽内，将下锁管锁住，使其不能上、下运动。

(3) 技术规范

APR-M_2取样循环阀的技术规范见表 2-16。

表 2-16　APR-M_2取样循环阀的技术规范

外径/mm(in)	内径/mm(in)	组装长度/mm	取样体积/mL	端部连接/mm(in)	剪断压力/(MPa/只)
127.76(5.03)	57.15(2.25)	3444.7	2775	88.9(3½)API 内平螺纹	3.69
118.9(4.68)	50.8(2.00)	3397	2258	88.9(3½)API 内平螺纹	3.69
118.9(4.68)	50.8(2.00)	3397	2258	98(3⅞)65A 特殊螺纹	3.69
99.06(3.90)	45.97(1.81)	3457	1768	73(3⅞)8 牙油管螺纹	3.69
77.7(3.06)	25.4(1.00)	2907.3	1000	73(3⅞)8 牙油管螺纹	3.58

APR-M_2循环安全阀的技术规范见表 2-17。

表 2-17　APR-M_2循环安全阀的技术规范

外径/mm(in)	内径/mm(in)	组装长度/mm	端部连接/mm(in)	剪断压力/(MPa/只)
127.76(5.03)	57.15(2.25)	2284.6	88.9(3½)API 内平螺纹	3.69
118.9(4.68)	50.8(2.00)	2220.7	88.9(3½)API 内平螺纹	3.69
99.06(3.90)	45.97(1.81)	2223.3	73(3⅞)8 牙油管螺纹	3.69
77.7(3.06)	25.4(1)	1573.5	73(3⅞)8 牙油管螺纹	3.58

(4) 操作压力的计算

工具下井前，要根据井深、泥浆密度来确定 APR-M_2阀应装的销子数，其计算公式为：

$$n=\frac{P_j+P_l+7}{P_p} \tag{2-7}$$

式中　n——剪销数，只；

P_j——实际静液柱压力，MPa；

P_l——LPR-N 阀操作压力，MPa；

P_p——单只剪销剪切强度，MPa。

APR-M_2阀操作压力：

$$P_3=nP_p-P_j \tag{2-8}$$

式中　P_3——APR-M_2阀操作压力，MPa。

4. BJ 震击器

BJ(Big John)震击器的作用与 TR 震击器完全相同。

BJ 震击器由震击心轴、花键外筒、液压缸、震击锤、计量套、计量锥体、计量调节螺母、压力平衡活塞、下心轴、下接头等组成(图 2-23)。

BJ 震击器的工作原理与 TR 震击器的工作原理相似，所不同的是操作震击器时，上油室的液压油可以从两条通道流入下油室。一条通道是计量套与液压缸之间的很小的间隙；另一条通道是计量锥体与计量套下部的内圆锥面之间的间隙(可以调节)。通过计量调节螺母调节计量锥与计量套下部的内圆锥面之间的间隙，可以改变震击器的液压延时时间。

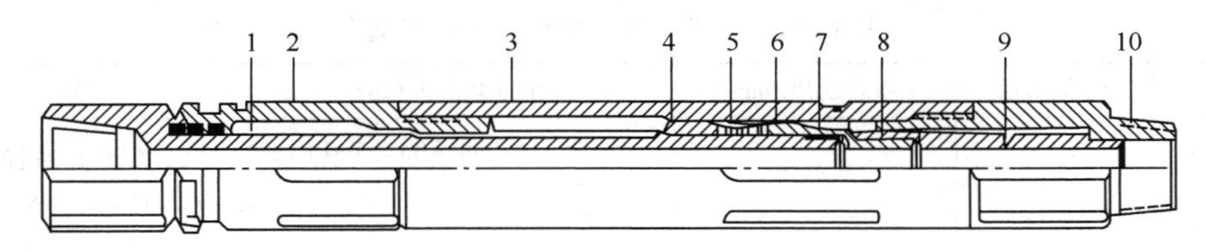

图 2-23　BJ 震击器结构示意图

1—震击心轴；2—花键外筒；3—液压缸；4—震击锤；5—计量套；6—计量锥体；7—计量调节螺母；8—压力平衡活塞；9—下心轴；10—下接头

5. 全通径液压循环阀

全通径液压循环阀可接于测试阀以上或测试阀以下。当接于测试阀以下时，该工具作为封隔器的上、下旁通，在插入生产封隔器时，帮助释放测试阀下面升高的压力。当该工具接于测试阀以上时，可在测试后作为循环阀使用。

操作全通径液压循环阀不需要旋转。当对工具施加钻压后，液压计量装置约延时 2min，以关闭旁通孔，延时机构保证在旁通孔关闭前使 RTTS 封隔器坐封或插入生产封隔器。上提不延时即可打开旁通孔。

全通径液压循环阀主要由延时计量系统和旁通部分组成(图 2-24)。

延时计量系统由浮动活塞、花键外筒、短节、计量套、计量及加油外筒、锁定活塞和硅油等组成。

旁通部分由循环套、循环外筒和下接头组成。

全通径液压循环阀的技术规范见表 2-18。

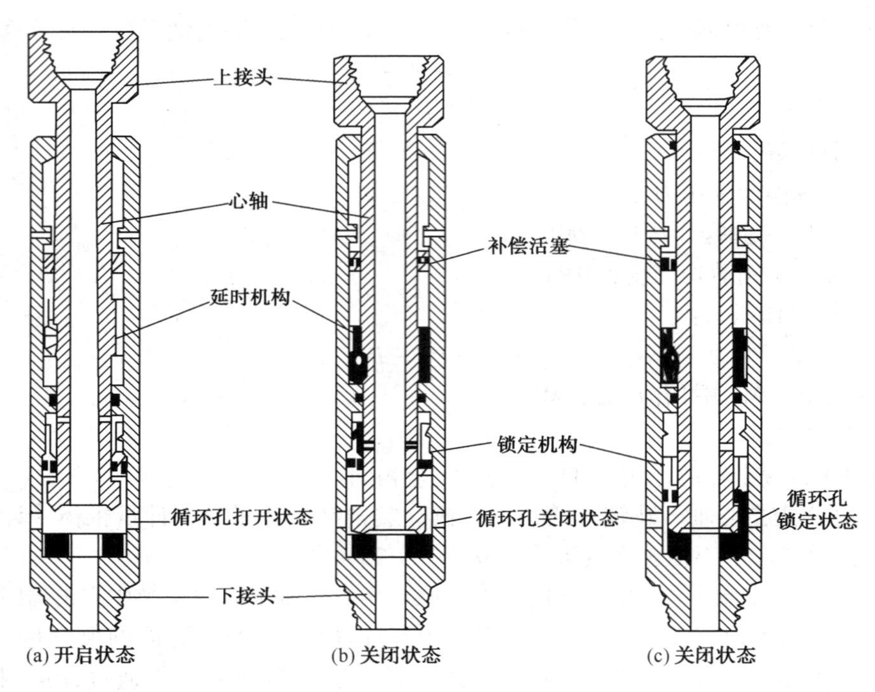

图 2-24　全通径液压循环阀的结构示意图

表 2-18　全通径液压循环阀的技术规范

外径/mm	内径/mm	组装长度/mm	端部连接/mm(in)	备注
118.9	57.15	2284.6	上端连接：88.9(3½)API 内平内螺纹	(1)关闭旁通操作负荷为 88964~133447.7N (2)计量系统最大荷载为 274900N
		2220.7	下端连接：88.9(3½)API 内平内螺纹	

6. 全通径放样阀

为了获得比 $APR-M_2$ 取样器更多的样品，必须用全通径放样阀将 $APR-M_2$ 与 LPR-N 测试阀之间圈闭的样品放出来。全通径放样阀通常接在测试阀顶端，而回收样品的体积由 $APR-M_2$ 与测试阀之间所加钻铤的多少来确定。

全通径放样阀由本体、放样塞、阀芯、管塞、限位螺母和 O 形密封圈组成(图 2-25)。

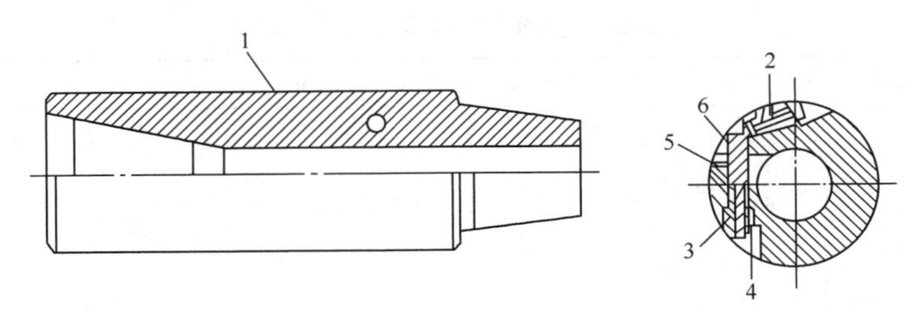

图 2-25　全通径放样阀结构示意图

1—本体；2—放样塞；3—阀芯；4—限位螺母；5—管塞；6—O 形密封圈

全通径放样阀的技术规范见表 2-19。

表 2-19　全通径放样阀的技术规范

外径/mm(in)	内径/mm	组装长度/mm	端部连接/mm(in)
127.0(5.0)	57.15	297.94	88.9(3½)内平螺纹
118.87(4.68)	50.8	304.8	88.9(3½)内平螺纹
118.87(4.68)	50.8	304.8	—
99.06(3.90)	45.72	304.8	73(2⅞)牙油管螺纹

7. 全通径伸缩接头

全通径伸缩接头是在管柱中提供一段伸缩长度以帮助补偿测试管柱因温度变化或轮船的上下浮动而伸长或缩短(图 2-26)。这样，在伸缩接头以下的工具上的钻压就可以保持恒定。该工具也可与常规测试工具管串组合，接在测试器以下进行常规测试。在测试期间，当操作钻杆使测试阀换位时，提供一段自由行程，有利于开、关井的操作。

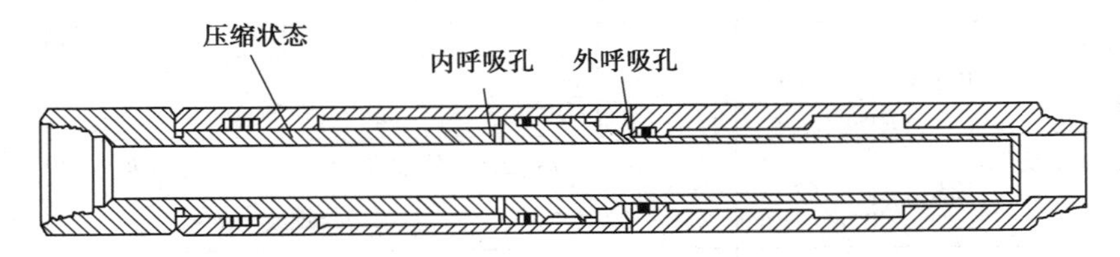

图 2-26　全通径伸缩接头结构示意图

当浮式钻井船向上运动时，钻杆将伸缩接头拉长，使管柱的内容积增大。同时，在伸缩接头内的一个平衡活塞将同样量的流体排入管柱内，结果内净容积没有变化。相反，浮式钻井船向下运动则排出流体，故称为体积平衡型伸缩接头。其特点是能最大限度地缩小压力波动。

每个伸缩接头有 1.524m 的行程。为了获得较大的自由行程，可以多用几个伸缩接头，但它们必须串接在一起。因为工具的液压性能所施加的作用点只能在管柱的一个点。这样，顶部的一个伸缩接头走完它的 1.524m 行程，然后是接在其下端的一个，依此逐个伸长。当每个伸缩接头走完行程后会发生轻微碰撞，在指重表上会有显示。

将伸缩接头和伸缩接头安全阀连接起来使用，万一钻杆折断，就可以帮助控制油井。

全通径伸缩接头的技术规范见表 2-20。

表 2-20 全通径伸缩接头的技术规范

规格/mm	外径/mm	内径/mm	自由行程/mm	组装长度/mm	端部连接/mm(in)
98.4	99.1	45.7	1524	3885.2	上端连接：73(2⅞)EUE8 牙油管内螺纹
					下端连接：73(2⅞)EUE8 牙油管内螺纹
127①	127.00	57.2	1524	4010.7	上端连接：88.9(3½)API 内平内螺纹
					下端连接：88.9(3½)API 内平内螺纹

注：①最大抗拉强度 1754823.6N；破裂压力 115.1MPa；挤毁压力 90.3MPa。

8. RTTS 反循环阀

RTTS(Retrievable Test Treat Squeeze)反循环阀是一种循环阀和旁通阀的锁定开关型工具。它与 RTTS 封隔器配套使用，起下钻时，RTTS 反循环阀开启，对封隔器起旁通作用。卡瓦封隔器坐封时，RTTS 反循环阀与封隔器同步换位，自动锁于关闭位置。139.7mmRTTS 反循环阀结构如图 2-27 所示。测试结束后，右旋管柱 1/4 圈，上提管柱到坐封前的位置。然后，左旋管柱 1/4 圈，旁通阀锁定于打开位置。

其技术规范见表 2-21。

表 2-21 RTTS 反循环阀的技术规范

名称	外径/mm	内径/mm	长度/mm	上接头螺纹/mm(in)	下接头螺纹/mm(in)	凸耳行程/mm
127mm(5in)反循环阀	91.4	48.3	816.9	60(2⅜)外加厚油管内螺纹	78.6(3 3/32)-10UN-3 外螺纹	167.6
139.7~168mm(5½~6⅝ in)反循环阀	106.2	50.3	810.5	60(2⅜)外加厚油管内螺纹	88.9(3½)-8UN 外螺纹	167.6
193mm(7⅝ in)反循环阀	123.7	62	835.4	73(2⅞)外加厚油管内螺纹	88.9(3½)-8UN 外螺纹	167.6
244mm(9⅝ in)反循环阀	155.4	76.2	974.3	57(4½)API 内平内螺纹	114(4½)API 内平外螺纹	167.6
139.7~168mm(5½~6⅝ in)长反循环阀	106.2	50.3	1115.3	60(2⅜)外加厚油管内螺纹	88.9(3½)-8UN 外螺纹	320.0

9. RTTS 安全接头

RTTS 安全接头的结构如图 2-28 所示。主要由上接头、心轴、反扣螺母、外筒、短节、张力套、下接头等组成。它接在封隔器之上，当封隔器被卡时，管柱施加拉力，使张力套断开，然后进行上提、下放和旋转运动，使安全接头倒开，起出安全接头以上的管柱。

RTTS 安全接头可接于循环阀以上或循环阀与 RTTS 封隔器之间。当接于循环阀之上时，可直接与之相连接。当接于循环阀与封隔器之间时，安全接头的下接头应卸掉并接于安全接头顶部。这样，安全接头底部的螺纹可直接与封隔器相接。然后，循环阀可直接接在安全接头顶部接头上。

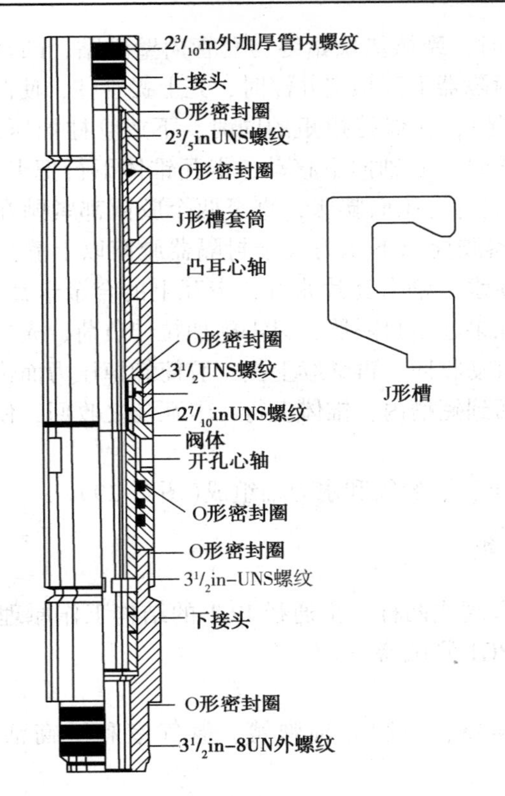

图 2-27 139.7mmRTTS 反循环阀结构示意图

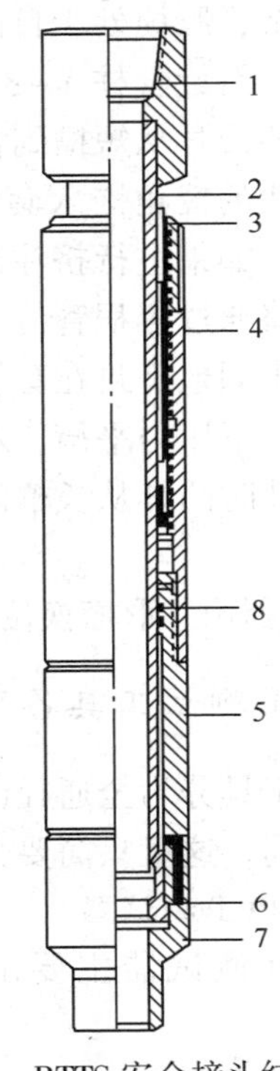

图 2-28 RTTS 安全接头结构示意图

1—上接头；2—心轴；3—反扣螺母；
4—外筒；5—短节；6—张力套；
7—下接头；8—O 形密封圈

正常测试时，安全接头靠张力套支撑不会倒开。一旦发生紧急情况需要倒开安全接头时，先对管柱施加拉力使张力套断开，保持对管柱的右旋扭矩并上、下运动即可完全倒开。除 244.5mm RTTS 安全接头需要 3 个行程外，所有其他规格的 RWS 安全接头每一圈需要两个上、下行程。RTTS 安全接头的技术规范见表 2-22。

表 2-22 RTTS 安全接头的技术规范

外径/mm	内径/mm	长度/mm	行程/mm	张力套拉断力/N	端部连接/mm(in)
93.5	48.3	978.0	175.8	88964	60(2⅜)EUE-8 牙油管螺纹
103.1	50.8	990.7	177.9	88964 111205	60(2⅜)EUE-8 牙油管螺纹
127.0	62.0	1006.7	177.8	111205	73(2⅞)EUE-8 牙油管螺纹
155.4	79.2	1083.8	177.9	177929	114(4½)API 内平

10. RTTS 封隔器

RTTS 封隔器与 RTTS 循环阀配套使用。带有水力锚适用于措施和挤水泥作用的全通径卡瓦型封隔器，卸掉水力锚改上测试接头可进行测试作业。

RTTS 封隔器的工作原理：封隔器下井时，摩擦垫块始终与套管内壁紧贴，凸耳是在换位槽短槽的下端，胶筒处于自由状态。当封隔器下到预定井深时，先上提管柱，使凸耳到短槽的上部位置，右旋管柱 1~3 圈(正常情况)，在保持扭矩的同时，下放管柱加压缩负荷。由于右旋管柱使凸耳从短槽到长槽内，加压时下心轴向下移动，卡瓦锥体下行把卡瓦张开，卡瓦上的合金块的棱角嵌入套管壁，之后胶筒受压而膨胀，直至两个胶筒都紧贴在套管壁上，形成密封。如果进行挤注作业，封隔器胶筒以下压力大于封隔器胶筒以上静液柱压力时，下部压力将通过容积管传到水力锚，使水力锚卡瓦片张开，卡瓦上的合金卡瓦牙朝上，从而使封隔器牢固地坐封在套管内壁上。如果起出封隔器，只需施加拉伸负荷，先打开循环阀，使胶筒上、下压力平衡，水力锚卡瓦自动收回。再继续上提，胶筒卸掉压力而恢复原来的自由状态，此时凸耳从长槽沿斜面自动回到短槽内，锥体上行，卡瓦随之收回，便可将封隔器起出井筒。

RTTS 封隔器由 J 形槽换位机构、机械卡瓦、胶筒和水力锚组成(图 2-29)。

(三) PCT 测试工具各部件结构功能

PCT 测试工具分为全通径(球阀式)和滑阀式两种。全通径 PCT 的结构工作原理与 APR 测试器基本相同。这里只简要介绍滑阀式 PCT 测试器。

1. 滑阀式 PCT 测试器

滑阀式 PCT 测试器主要由外筒、取样器、控制心轴弹簧、氮气室和平衡活塞等组成(图 2-30)。

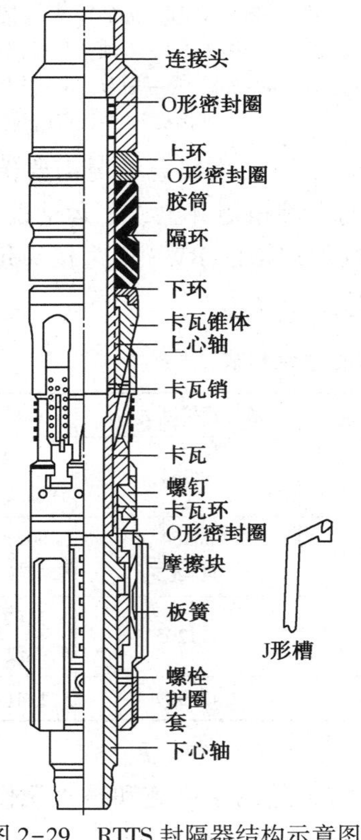

图 2-29　RTTS 封隔器结构示意图

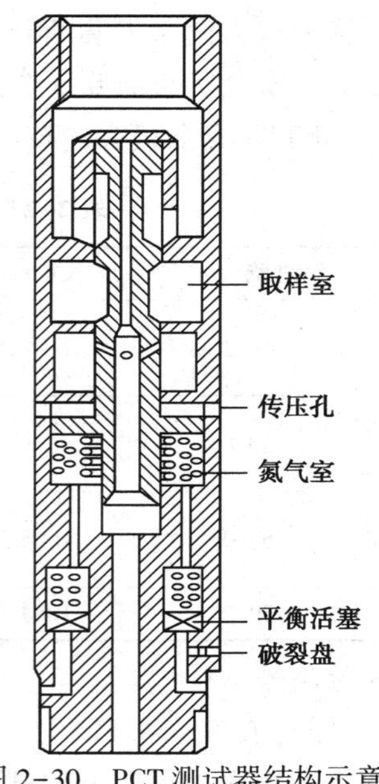

图 2-30　PCT 测试器结构示意图

滑阀式 PCT 测试器靠环空加压、卸压来实现球阀的开关。下井前预先充好氮气，滑阀靠氮气室的氮气压力和弹簧的弹力作用保持关闭，工具下井过程中氮气室两端均受钻井液柱压力的作用，因此压力是平衡的。下到预定位置后坐封封隔器，HRT 压力阀关闭，即关闭通向平衡活塞的传压孔。此时，测试阀处于闭合位置。当由环形空间施加泵压 7~11MPa 时，此压力作用在氮气腔上部的控制心轴上，使之压缩氮气和弹簧。PCT 心轴向下移动，滑阀打开，进入流动期。当需要关井测压时，只要将环形空间所施加的泵压泄去。一旦泵压泄去，氮气腔上部控制心轴上仍承受静液柱压力，氮气腔下部原有静液柱压力仍被 HRT 压力阀关在其内。因此，上、下压力又处于平衡状态，故测试阀在氮气压力和弹簧作用下推回到关闭状态。以后再开和关测试阀，只要重复上述过程即可。如果测试完毕需永久关闭测试阀时，可由环形空间施加较高泵压，其压力由超压系统所选用破裂盘的厚薄而定，一般为 14~20MPa。此压力将破裂盘泵破，液柱压力进入平衡活塞的下部，氮气室两端压力平衡，滑阀在氮气和弹簧的作用下始终处于关闭状态。滑阀式 PCT 测试器的技术规范见表 2-23。

表 2-23　滑阀式 PCT 测试器的技术规范

工具规格/mm×mm(in×in)	95×12.7(3¾×1/2)	120×38(4¾×1½)	120×25.4(4¾×1)	127×57(5×2¼)HFR
适用环境	标准型	耐 H_2S，耐酸	标准型	耐 H_2S，耐酸
取样器容积/cm^3	1800	1200	1800	无
安全阀打开压力/MPa	68.9	68.7	68.9	无
最大装配扭矩/N·m	2712	5423	5423	5423
抗扭强度/N	1334470	1556880	2090660	1690320
抗扭强度/N·m	10170	14645	14645	13560
最大静压/MPa	103	103	69	69
长度/m	5.486	5.664	4.877	5.867
内螺纹/mm(in)	73(2⅞)正规	88.9(3½)内平	88.9(3½)贯眼	88.9(3½)内平
外螺纹/mm(in)	83(3¼)-6 短梯螺纹	98(3⅞)-4 短梯螺纹	92(3⅝)-4 短梯螺纹	111(4⅜)-4 短梯螺纹

注：(1) 外径为管串中最大外径，而且是实际值，内径为最小值。(2) 最大静压为该工具可达压力的 70%左右。

2. HRT 液压标准工具

HRT(Hydrostatie Reference Tool)液压标准工具是由压力基准阀、液压延时机构、控制阀和旁通阀组成，它直接接在 PCT 测试器的下面。HRT 有两个基本功能：①将液压传至 PCT 操作部分；②减少对测试层的冲击和抽汲压力，测试结束平衡封隔器压力。

图 2 -31 是 HRT 液压标准工具的结构和工作原理图。下井时压力基准阀是打开的，钻井液柱压力经此阀作用在 PCT 氮气室平衡活塞的下部，保证控制心轴上、下压力平衡，使滑阀保持关闭状态。控制阀在起下工具时是关闭的，只有在测试时打开。旁通阀是在起下工具时提供钻井液流动的通道。当封隔器坐封时，靠管柱施加力(所加压力查图 2-32 和图 2-33)，延时 3~5min，HRT 心轴下移，关闭压力基准阀，关闭旁通阀，打开流动控制阀。测试结束后，上提管柱，拉伸 HRT，使压力基准阀和旁通阀打开，控制阀关闭，即可解封封隔器，起出测试管柱。

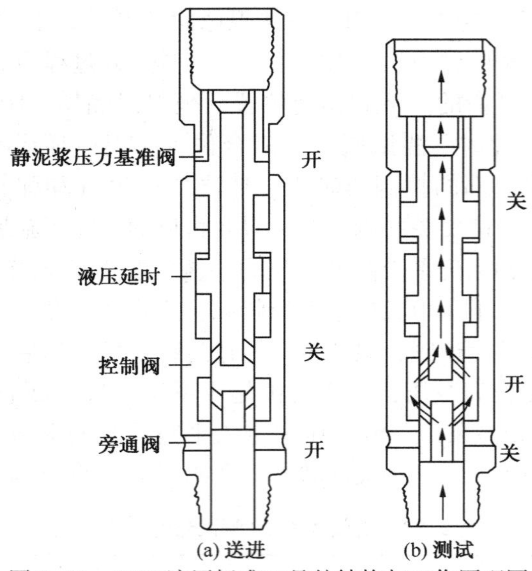

图 2-31 HRT 液压标准工具的结构与工作原理图

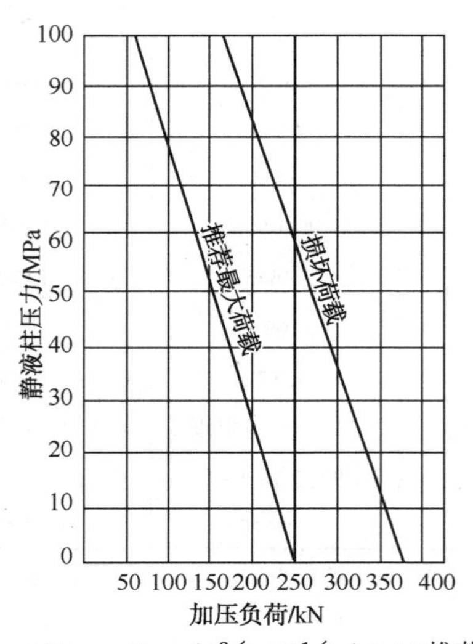

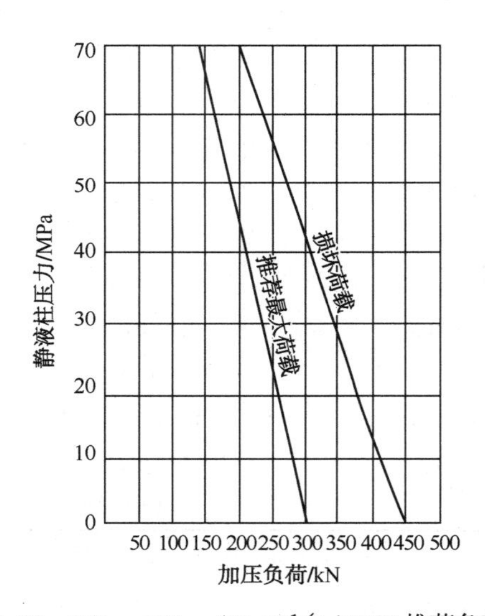

图 2-32 120mm×38mm(4¾in×1½in)HRT 推荐负荷图 图 2-33 127mm×57mm(5in×2¼in)HRT 推荐负荷图

HRT 液压标准工具的技术规范见表 2-24。

表 2-24 HRT 液压标准工具的技术规范

工具规格/mm×mm(in×in)	120×38(4¾×1½)	127×57(5×2¼)HFR
适用环境	耐 H_2S，耐酸	耐 H_2S，耐酸
最大装配扭矩/N·m	5423	5423
抗扭强度/N	1405638	1725909
抗扭强度/N·m	13560	13560
最大静压/MPa	103.4	68.9
拉伸长度/mm	2337	2819

续表

工具规格/mm×mm(in×in)	120×38(4¾×1½)	127×57(5×2¼)HFR
行程/mm	152.4	152.4
端部连接/mm(in)	98(3⅞)-4短梯螺纹	111(4⅜)-4短梯螺纹
端部连接/mm(in)	88.9(3½)内平外螺纹	88.9(3½)内平外螺纹

3. 全通径双球取样安全阀

全通径双球取样安全阀(FBDBS)是一个采集流动样品的全通径井下取样阀，当与其他工具联用时，可增加其用途。它同时也是单次反循环阀的操作触发器。它以开启状态下井，通过环空超压操作而关闭。关闭后，阀被固定在关井位置上，不能重新再开启。

全通径双球取样安全阀由给全通径单次反循环阀(SSARV)传压机构、双球阀取样室和破裂盘控制机构3大部分组成(图2-34)。

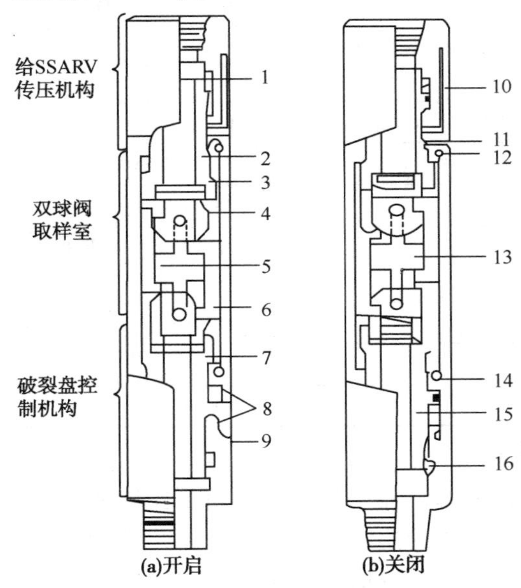

图2-34　全通径双球取样安全阀结构示意图

1—棘爪套；2—偏动心轴；3—上球座；4—取样室；5—下球阀操纵器；6—上球阀操纵器；7—下球座；8—常压室；9—破裂盘；10—通向传压机构；11—偏压孔；12—上放样阀；13—内阀罩；14—下放样阀；15—活塞心轴；16—闸锁机构

1）给SSARV传压的机构。包括棘爪套，偏动心轴，偏压外筒。其主要作用是给SSARV传递一个静液柱压力。

2）全通径双球阀取样室。包括双球阀，上下球座及上下球阀操纵器。它能采集地层流动样品，是全通径压控测试器(FBPCT)测试阀的备用阀。

3）破裂盘控制机构。包括破裂盘总成，活塞心轴，闸锁机构。在超压打破破裂盘后传递一个静泥浆柱压力，推动活塞心轴上行。

当从环空施加高于FBPCT测试阀操作压力6.894~10.34MPa(1000~1500psi)时，破裂盘打破，环空静液柱压力经破裂盘传入到工具的常压室内，这个压力推动活塞心轴上行，并带动下球座下球阀、内阀罩上球阀、上球座偏动心轴一起上移。下球阀操纵器一端顶在外筒上，另一端顶在下球阀开口处。当下球阀随着阀罩一起上移时，下球阀操纵器推动下球阀沿球轴方向旋转90°；接着下球阀又带动上球阀操纵器，使上球阀也沿其轴向方向旋转90°，两球阀同步关闭；同时，偏动心轴也随之上移63.5mm(2.5in)，移过偏动心轴上的密封面，使环空静液柱压力通过偏压孔传给SSARV。两球阀之间圈闭着一定量的流动样品。破裂盘控制机构的闸锁死，固定住活塞心轴，使其不能往下移，使两球阀处于永久性关闭状态。

全通径双球取样安全阀的技术规格见表2-25。

表2-25 全通径双球取样安全阀的技术规格

项目名称	技术规格
适用条件	含硫化氢井和酸化施工井
抗拉强度(最小屈服点)/N(lbf)	2001760.7(450000)
抗扭强度(最小屈服点)/N·m(lbf·ft)	12473.97(9200)
推荐最大组装扭矩/N·m(lbf·fl)	5423.47(4000)
最大抗外挤、抗内压工作压差(按最小屈服点67%计算)/MPa(psi)	68.94(10000)
关闭后球阀上、下方承受的最大压力/MPa(psi)	68.94(10000)
最大地面试验压力/MPa(psi)	51.71(7500)
取样器容量/cm^3	1850±50
顶部连接螺纹的类型/mm(in)	108(4.25)-4牙S·A内螺纹，88.9(3½) API内平内螺纹
下部连接螺纹的类型/mm(in)	88.9(3½)API内平外螺纹
长度/m	2.29
质量/kg	190.6

4. 全通径单次反循环阀

全通径单次反循环阀(SSARV)是一种靠环空超压操作来开启的循环阀。在测试结束后，打开单次循环阀替换出地层产出的流体。该工具开启所需要的超压操作周期设计为2次，一旦打开则不能重关。第一次加压，机构处于预备开启状态；第二次加压才打开阀。设计2次操作有两个目的：一是在SSARV打开之前，先关闭FBDBS；二是在超压情况下，如果钻杆泄漏，可在反循环之前给操作者提供使井稳定的机会。

当SSARV单独使用时，超压操作打破其上的破裂盘，使SSARV循环阀打开。如果SSARV与FBDBS配合使用，破裂盘装在FBDBS上。超压操作后先关闭FBDBS球阀，然后由传压机构将静液柱压力传给SSARV，两次环空超压操作后，SSARV循环阀打开。

全通径单次反循环阀由循环机构、棘爪机构和氮气标准室3部分组成(图2-35)。

1）循环机构。包括弹簧、循环外筒、循环阀密封套及释放凸耳。其作用是沟通管柱内外进行正反循环。

2）棘爪机构。包括上棘爪心轴、下棘爪心轴和操作心轴。棘爪心轴上有单向棘齿，使上棘爪心轴和操作心轴只能向下单向运动。

3）氮气标准室。包括氮气室、活塞心轴及破裂盘总成。其作用是在环空加压或泄压时，使活塞心轴做往复运动。

全通径单次反循环的技术规格见表2-26。

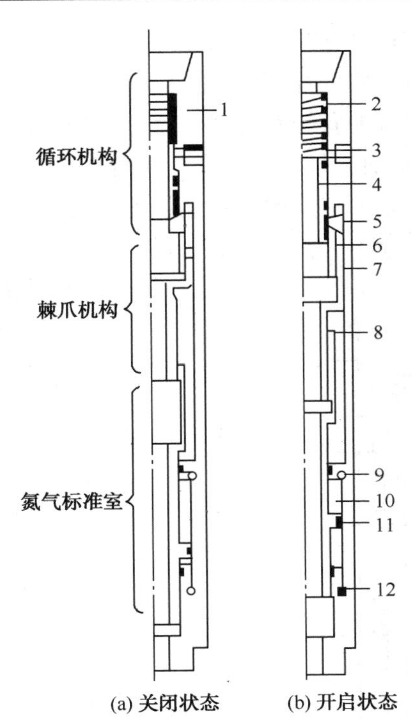

图 2-35　SSARV 结构示意图

1—循环外筒；2—弹簧；3—循环孔；4—循环阀密封套；5—释放凸耳；6—操作心轴；7—上棘爪心轴；8—下棘爪心轴；9—氮气排泄阀；10—氮气室；11—活塞心轴；12—连通孔及破裂盘

表 2-26　全通径单次反循环阀的技术规格

项　目　名　称	技　术　规　格
适用范围	含硫化氢井和酸化施工井
最小抗拉强度/N	1334507.14(300000)
最小抗拉强度/N·m(lbf·ft)	13558.68(10000)
推荐最大组装扭矩/N·m(lbf·ft)	5423.47(40000)
最大工作压差(抗内压、抗外挤)按最小屈服强度的67%计算/MPa(psi)	68.94(10000)
顶部连接螺纹类型/mm(in)	88.9(3½) API 内平内螺纹
下部连接螺纹类型/mm(in)	114(4½)-4 牙短梯外螺纹；88.9(3½) API 内平外螺纹
工具长度/m(in)	2.55(100.3)

5. 全通径多次反循环阀

全通径多次反循环阀(MIDRV)是一种靠内压操作可多次开关的正、反循环阀。通过一定次数的内部加压操作打开循环阀，又通过正循环超压关闭循环阀。由于这种工具的灵活性，它可用于多种作业，如：用作液垫替换阀；可在打开时替入处理液，在酸化和测试过程中关闭；可以将管内的流体循环出来；也可以用来在下井过程中对管柱进行内压试验。

全通径多次反循环阀由换位机构、操作机构、循环机构组成(图 2-36)。

1）换位机构。包括花键换位外筒、花键心轴、上(下)换位套及换位销(图2-37)。

换位机构的作用是：通过多次的加压泄压，使换位套换位。当花键心轴上、下换位套上加工的机构槽与花键换位外筒内的花键对齐时，整个心轴上移。

2）操作机构。包括操作心轴、张力弹簧和弹簧外筒。内压作用在操作心轴上使心轴下移，压力泄掉后弹簧张力使心轴上移从而形成上、下往复运动。

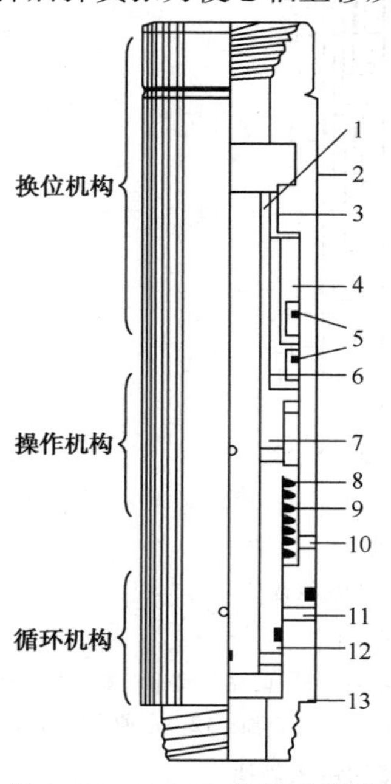

图2-36　MIDRV结构示意图

1—花键心轴；2—花键换位外筒；3—外筒上花键；4—上换位套；5—换位销；6—下换位套；7—操作心轴；8—弹簧外筒；9—张力弹簧；10—伸缩呼吸孔；11—循环孔；12—密封心轴；13—循环接头

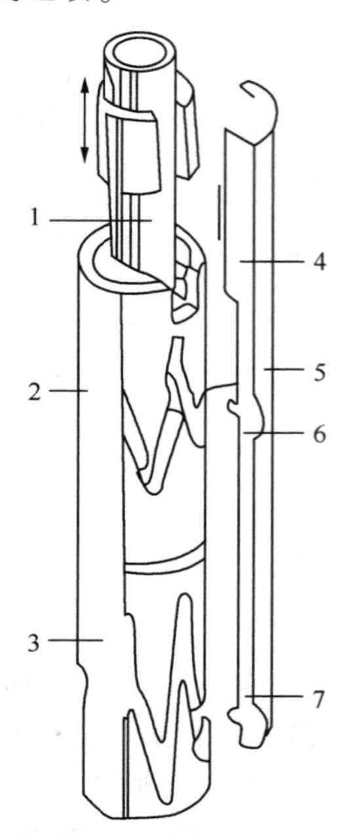

图2-37　换位机构操作

1—花键心轴；2—上换位套；3—下换位套；4—花键；5—换位外筒；6，7—换位销

3）循环机构。由密封心轴和循环接头组成。

全通径多次反循环阀的技术规范见表2-27。

表2-27　全通径多次反循环阀的技术规范

名　称	全通径多次反循环阀
适用范围	含硫化氢井和酸化施工井
抗拉强度(最小值)/N(lbf)	1690375.7(80000)；按最小值的67%计时，应为1132551.7(254600)
推荐最大组装扭矩/N·m(ltf·ft)	5423.47(4000)
最大工作压差((抗内压、抗外挤)，按最小值的67%计算)/MPa(psi)	68.94(10000)
上部连接螺纹类型/mm(in)	88.9(3½)API内平内螺纹
下部连接螺纹类型/mm(in)	88.9(3½)API内平外螺纹

6. 伸缩接头和安全阀

伸缩接头和安全阀的作用和工作原理与 APR 工具的伸缩接头相同。其技术规范见表2-28。

表 2-28　伸缩接头和安全阀的技术规范

工具规格/mm×mm(in×in)	95×12.7(3¾×1/2)	120×38(4¾×1½)	120×25.4(4¾×1)	127×57(5×2¼)
总成号	47912/47871	52530/52555	47896/47897	53464/54111 或 56050/56051
适用环境	标准型	防硫，耐酸	标准型	防硫，耐酸
最大装配扭矩/N·m	2712	5423	10170	5423
抗拉强度/N	578269	1668082	667233	1681427
抗扭强度/N·m	5220.6	10577	10306	13560
最大静压/MPa	103.4	103.4	68.9	68.9
伸缩接头长度/m	4.267~5.791	6.934~8.458	4.115~5.943	7.213~8.737
伸缩接头阀长度/m	4.572~6.096	7.747~9.271	4.419~5.943	9.652~11.176
连接螺纹类型/mm(in)	60(2⅜)内平	88.9(3½)内平	88.9(3½)贯眼	88.9(3½)内平

7. 泵压式反循环阀

泵压式反循环阀由上接头、剪套外筒、O 形密封圈、剪套心轴、剪套总成、衬套、弹簧和下接头组成(图 2-38)。剪套总成由大小 2 只剪套组成，两剪套分别钻有 2 种尺寸圆孔用

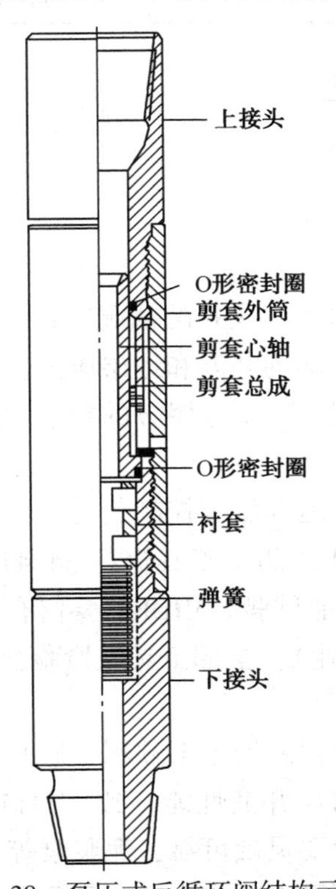

图 2-38　泵压式反循环阀结构示意图

来装剪销。按照预定的工作压力装入所需要的剪销，通过调整所装剪销的个数来调整剪套的剪断压力。

泵压式反循环阀通过向管柱内加压才能打开主阀。在下钻及测试过程中，套阀由泥浆静压和剪销维持在关闭位置。测试完毕后，向管柱内加压，当阀内总压力超过阀外部压力6.9MPa时，即可剪断剪销，从而阀套上移至打开位置。当在管柱中作反循环时，由机械弹簧将阀锁定在打开位置。

泵压式反循环阀的技术规范见表2-29。

表2-29　泵压式反循环阀的技术规范

工具规格/mm×mm(in×in)	120×38(4¾×1½)
适用环境	耐H_2S，耐酸
最大装配扭矩/N·m	5424
剪销额定压力/MPa	3.175mm(⅛in)-1.52；1.59mm(1/16in)-0.41
最大静压/MPa	103
抗拉强度/N	195722
抗扭强度/N·m	18035
剪销阀所能调整承受最大内压/MPa	103
组装长度/mm	4367.2
最小内径/mm	38.1
连接螺纹类型/mm(in)	88.9(3½)内平

三、全通径PCT测试工艺

（一）测试前的准备

1. 接受任务

接到甲方的测试任务后，立即了解该井的情况，包括地理位置、构造位置、钻头程序、套管结构、钻井液性能、预计或实测的井温和地层压力，测试层附近的套管接箍位置，测试层位、层段及该层的油气显示情况等。根据甲方的要求和测试目的写出施工设计。

2. 测试工具的准备

根据施工设计列出井下工具，地面流程控制装置、仪器、仪表的清单，并进行清点和仔细检查、保养。然后，对所有下井的测试工具进行34.47MPa的内压试验，对FBPCT测试阀、MIDRV循环阀及HRT进行功能试验。MIDRV要留有足够的操作次数，以便下井时能进行综合作业(或测试管柱的试压作业)。全部工具经检验合格后，方能送往井场。

3. 井眼准备

下测试工具前，必须通井保证封隔器起下顺利，通井后充分循环洗井，力争将井内污物及杂质清除干净，并且要求进出口压井液性能一致。井口防喷器(封井器)必须按标准压力试压合格并保证灵活好用。指重表要灵敏可靠，泥浆泵等一切动力设备在测试时必须保证性能良好。井口操作使用的工具、用具必须与测试工具及管柱配套。

（二）测试施工工艺

1. 工具连接

按照施工设计方案和测试管串结构依次连接好下井工具，所有连接螺纹必须涂好螺纹脂，用5423.47N・m的扭矩上紧螺纹，保证管柱在34.3MPa压差下不渗、不漏。连接工具时，大钳、卡瓦、安全卡瓦，应打在工具指定的位置，以免损坏测试工具。

2. 下入测试管柱

测试工具连接后即可下入井中，下测试管柱必须平稳，不得猛刹、猛放，下钻速度控制在25柱/h。在下测试管柱过程中，发现遇阻应立即上提（遇阻加压不得超过5~8t），然后再缓慢下放，如多次提放仍下不去则应立即起钻，排除故障后再下。在下测试管柱过程中FB-PCT测试阀处于关闭状态，FBHRT（全通径液压循环工具）和FBDBS（双球取样安全阀）处于开启状态。FBHRT的液压标准阀（传压阀）将环空液柱压力传给FBPCT测试阀下水力活塞，从而使FBPCT不致中途被打开。FBHRT旁通阀处于打开状态有利于下钻。

3. 封隔器坐封

测试管柱下至预定的位置后，用转盘正转测试管柱3~5圈，在保持扭矩的同时慢慢下放管柱，加压坐封封隔器（加压坐封负荷根据不同类型封隔器而定）。此时，FBPCT测试阀仍处于关闭状态。FBHRT的传压阀和旁通阀在加压坐封时关闭，FBDBS仍处于开启状态。

4. 开井流动

坐封完毕，连接好钻台管汇和出油管线，关闭井口防喷器（封井器），用水泥车向环空施加压力，打开FBPCT测试阀。当施加到计算所需的环空压力时，FBPCT测试阀即打开，地层流体经测试阀流向测试管柱内进行开井流动。此时FBPCT测试阀、FBDBS处于开启状态，MIDRV、SSARV和FB-HRT都处于关闭状态。

5. 关井恢复

当开井流动结束需关井恢复时，把环空压力泄至零，FBPCT测试阀即关闭（关井恢复），此时FBDBS仍处于开启状态。重复以上的环空加压、泄压过程，即可实施测试阀的多次开关井测试。

6. 循环压井

测试完毕后，对环空施加高于FBPCT测试阀的操作压力6.894~10.34MPa（1000~1500psi）的压力，超压打破FBDBS上的破裂盘，此压力使FBDBS阀关闭，随后将压力传给SSARV循环阀使其开启。如一次不能打开SSARV循环阀，可用同样的压力和略高于此时的环空压力来打开SSARV循环阀。SSARV循环阀打开后，即可进行循环压井，将井内的地层流体循环出来，使进出口的压井液性能完全一致。SSARV循环阀一旦打开则不能重新关闭，同样FBDBS被关闭后也不能重新打开。循环压井期间FBPCT处于关闭状态。如果施加高于FBPCT测试阀的操作压6.894~10.34MPa（1000~1500psi）或更高的压力，而不能使FBDBS关闭和SSARV循环阀打开时，可采用向管柱内加压来打开MIDRV循环阀。用水泥车向管柱内施加高于环空压力13.79MPa（2000psi）的压力，然后泄压至零，此时MIDRV循环阀操作一周次，如此加压、泄压，至MIDRV规定的操作次数为止，使MIDRV循环阀打开，然后进行循环压井作业。

7. 作业起管柱

循环压井结束后，上提测试管柱解封起钻，此时 FBHRT 被打开，FBDBS 和 FBPCT 测试阀仍处于关闭状态。卸扣应用旋绳或卸扣机卸扣，不能用转盘卸扣，以防止井内钻具倒扣。测试工具起至井口后，对取样器进行现场放样，然后按顺序卸下测试工具，并放掉测试工具内的所有压力。

（三）安全注意事项

1）每次充氮前必须用氧分析仪对氮气进行检查，要求氮气纯度为 99%以上。

2）充氮、放样或放氮气时人不能正对安全孔和释放孔。

3）整个施工过程严防井口落物。

4）测试流出的天然气要点火烧掉。

5）测试期间井场 50m 以内不得动用明火。

6）除作业人员外，其他人员一律不得在井场逗留。

7）准备一定数量的消防和防毒面具。

四、膨胀式测试工艺及工具

膨胀式测试工具是一种广泛应用的裸眼井测试工具，其改变了常规压缩式封隔器坐封方式，具有更好的密封性和灵活性，不仅能够封住规则井壁，而且能够封住较复杂的井壁。同常规工具相比，膨胀式测试工具有如下特点。

1）封隔器胶筒有较大膨胀量和较长的密封段，能有效封住不同形状的井眼及松软地层。

2）双封隔器跨隔测试，无需尾管支撑，测试期间上下封隔器处于压力平衡状态。

3）一趟管柱可进行多次测试。

4）封隔器坐封不依赖于钻柱质量(kg)。

5）既可进行单封隔器支撑测试，又可进行双封隔器跨隔测试。

目前，国内常用的膨胀式测试工具主要有两种型号，即莱茵斯膨胀测试工具和曼德利膨胀测试工具。这两种工具结构虽有差异但工作原理基本相同。

（一）莱茵斯膨胀测试工具

该测试工具主要用于砂泥岩裸眼井测试，既可采用单封隔器测试，又可采用双封隔器进行跨隔测试。

莱茵斯膨胀测试工具由液力开关、取样器、膨胀泵、滤网接头、上封隔器、组合带孔接头、下封隔器、阻力弹簧器等组成。测试工具内有 3 条通道：

1）旁通通道。它是旁通 2 个封隔器上、下方的流体。

2）测试通道。它是让地层流体流经此通道进入测试阀。

3）膨胀通道。它是由膨胀泵从环空吸入钻井液充入封隔器胶筒，使其膨胀坐封。

1. 测试程序

（1）下井操作

下井时，液力开关测试阀关闭，旁通通道旁通 2 个封隔器上、下方的流体，封隔器处于收缩状态。

（2）封隔器充压膨胀

测试工具下至预定位置后，向右旋转钻具以 60～80r/min 速度转动膨胀泵，膨胀泵以 0.038m^3/min的排量将过滤的环空钻井液吸入，充入到 2 个封隔器胶筒中，使其膨胀坐封。

（3）开井流动测试

下放钻具加压 66723～88964N 负荷，液力开关工具经延时一段时间，打开测试阀，地层流体经组合开孔接头和测试阀进入钻杆，进行流动测试。

（4）关井测压

上提钻具，对液力开关施加 8896～22241N 的拉力负荷，测试阀即可关闭，进行关井测压。这样重复上提、下放操作可进行多次开井和关井测试。

（5）平衡压差

测试完后，下放钻具给膨胀泵加压 22241N，再向右旋转钻具 1/4 圈，使膨胀泵离合器啮合，钻具自由下落 50.8mm，推动阀滑套下行，使测试井段与环形空间平衡，充压膨胀通道与环空连通，泵处于平衡—泄压位置。

（6）封隔器解封回收

上提 8896～22241N 的拉力，把膨胀泵的心轴向上提起，让阀滑套留在下部位置，封隔器胶筒就能收缩解封。莱茵斯膨胀测试工具的测试原理如图 2-39 所示。

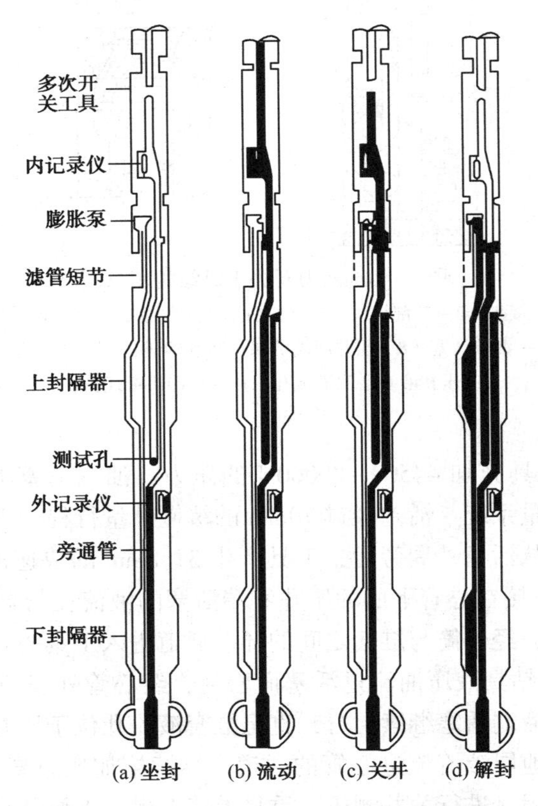

图 2-39　莱茵斯膨胀测试工具的测试原理

2. 各部件的结构和工作原理

(1) 液力开关工具

液力开关工具是测试工具的主要部件之一，相当于 MFE 系统的多流测试器，可进行多次开关井测试。

A. 工具结构

液力开关工具由压井液端和油端两部分组成(图 2-40)。油端位于工具上半部分，它由上接头、花键接头、心管、油缸、油塞和计量系统组。通过心管的上、下活动和液压延时机构的作用，可以控制液力开关工具的开关时间。压井液端位于工具的下半部分，它由外筒、活塞、缸套、下接头等组成。它是地层流体进入测试工具的开、关阀。

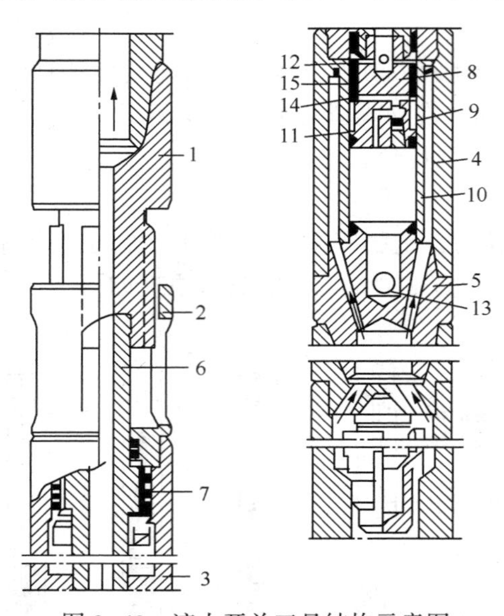

图 2-40 液力开关工具结构示意图

1—上接头；2—花键接头；3—油缸；4—压井液端外筒；5—下接头；
6—心管；7—油端活塞；8—压井液端活塞；9—单流阀总成；10—压井液端缸套；
11—缸套液流孔；12 —压井液端活塞液流孔；13—下接头旁通孔；14，15—O 形密封圈组

B. 工作原理

① 开井流动。给工具施加 44500 ~ 89000N 的压力，油端活塞下方油缸中的油压增加，液压油通过滤网进入计量系统，活塞经过 70mm 的缓慢计量行程。当油端活塞下行至油缸下部的大孔径时，液压油从活塞外周旁通，工具产生 31.8mm 的快速冲程，钻具有明显“自由下落”开井显示。这时，接在心管下面的压井液端活塞的液流孔与缸套上的液流孔对齐，地层流体便可通过下接头，经外筒与缸套之间的环形通道进入工具的心管，至测试管柱中。

② 关井测压。上提钻具液压油流过活塞面密封，经心管外表的油槽无阻地流回活塞下方的油缸中。这时压井液端活塞继续上行，直至缸套液流孔位于压井液端活塞上的两组密封之间，工具关闭，切断地层液流流进心管的通道。继续施加比原悬重大 8900 ~ 22200N 的拉力负荷，使工具保持关闭，进行关井测压。重复上述上提、下放钻具操作，就可达到多次开井和关井测试的目的。工具的压井液端具有单流阀总成，其作用是，当封隔器膨胀坐封时，跨隔封隔器之间受挤压的压井液，通过缸套液流孔，经单流阀和下接头旁通孔排泄到上封隔

器上方的环空。单流阀的开启压力为0.35MPa，关井测压时，因地层压力低于环空液柱压力，单流阀保持关闭。液力开关的液压延时性能与井温、施加的压力负荷和工作油性质有关。

C. 液力开关工具的技术规范

液力开关工具(127mm)的技术规范见表2-30。

表2-30　液力开关工具(127mm)的技术规范

外径/mm	127
心轴内径/mm	25.4
组装长度/mm	1593.9(拉伸时)
组装长度/mm	1492.3(压缩时)
挤毁压力/MPa	149
拉断负荷/kN	2140
最小流动面积/cm²	5.06
心轴行程/mm	101.6
自由下落/mm	31.8
上部连接螺纹/mm(in)	88.9(3½)API贯眼内螺纹
下部连接螺纹/mm(in)	88.9(3½)API贯眼外螺纹

(2) 正控制取样器

正控制取样器接在液力开关下部，由连接在液力开关底部的控制心轴带动它进行开关，可收集地层流体样品。

A. 工具结构

正控制取样器由下接头、筒体、上接头、密封头、滑套夹头、滑套和控制心轴等组成，如图2-41所示。

B. 工作原理

取样器下井时，滑套关闭，工具下方的压井液自取样器中心水眼经控制心轴头单流阀及水力开关下接头的单流阀及旁通孔返到环形空间。当封隔器下到测试井段，膨胀坐封之后，加压打开液力开关工具时，控制心轴随着压井液端活塞下行，控制心轴上的台肩接头推压滑套，使滑套上的孔眼对准密封头上的孔眼，地层流体从取样器储腔通过，经滑套上部的孔眼、压井液端活塞、液力开关工具心管进入测试管柱。当液力开关工具上提关井时，控制心轴带动滑套上行，从而关闭密封头孔眼和滑套上部孔眼，将地层流体样品关闭在取样腔内。

C. 正控制取样器的技术规范

正控制取样器(127mm)的技术规范见表2-31。

表2-31　正控制取样器(127mm)技术规范

外径/mm	长度/mm	容积/m³	拉断负荷/N	挤毁压力/MPa	顶部螺纹/mm(in)	底部螺纹/mm(in)	最小流通面积/cm²
127	1113	2000	1512.390	99.30	88.9(3½)API贯眼外螺纹	88.9(3½)API贯眼内螺纹	4.95

(3) B型膨胀泵

膨胀泵是膨胀式地层测试器的关键工具。它有4个往复活塞，钻杆正转时，通过凸轮机

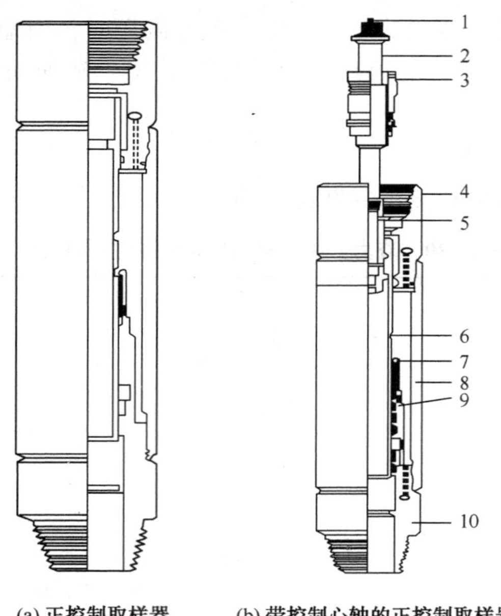

(a) 正控制取样器　　(b) 带控制心轴的正控制取样器

图 2-41　正控制取样器结构示意图

1—单流阀导销；2—控制心轴；3—密封套；4—上接头；
5—控制心轴头；6—滑套；7—滑套夹头；8—筒体；
9—密封头；10—下接头

构带动往复活塞上下运动和阀机构的配合作用，从井眼环空吸入压井液泵入封隔器胶筒，使胶筒充液膨胀封隔井眼环空。

A. 工具结构

膨胀泵由滑动接头部分、曲柄端凸轮机构部分和充压-泄压阀 3 部分组成。

B. 工作原理

①给封隔器胶筒充液。正转钻具时，膨胀泵的上接头、滑动接头外壳、释放离合器上节、泵轴、离合器下节和凸轮接头随着转动，使组装在凸轮接头上的 14 个活塞上、下运动。每个活塞有一个吸入阀和一个排出阀，活塞上行时，吸入阀打开，将环空液体吸入；活塞下行时，吸入阀关闭，排出阀打开，将膨胀液充入封隔器胶筒。当排出压力超过静液柱压力 11.7MPa 时，泄压阀自动打开，膨胀压力不再增加，防止胶筒胀破。一般泵的转速控制在 60~70r/min，排量约为 3.8L/min，最高不超过 90r/min，泵旋转充液时间根据坐封段井径、胶筒数量和泵的转速计算确定。

②封隔器胶筒泄压。测试完后，下放钻具给膨胀泵加压 22240N，使泵释放离合器下节下面的牙齿与轴承套的牙齿啮合，这时离合器下节不能转动。保持压缩负荷再向右旋转钻具，离合器上节亦随着旋转，使释放离合器上、下节接合，钻具自由下落 50.8mm。这时心管的台肩与阀滑套之台肩接触，推压滑阀套下行至下接头内套的顶端，从而使阀滑套外圆通道与排水孔通道连通，使上、下封隔器胶筒内膨胀液排泄到井眼环空，在排泄封隔器膨胀液过程中，上封隔器上方的井眼环空亦与组合开孔接头连通，使测试层段的压力与井眼环空的压力平衡，实现膨胀泵的平衡-泄压过程。然后上提钻具，比原悬重多提 45000N 的拉力，使阀滑套和心轴处于收缩工作位置，稳定这个拉力，直至封隔器胶筒完全收缩。

C. B 型膨胀泵的技术规范

B 型膨胀泵(127mm)的技术规范见表 2-32。

表 2-32　B 型膨胀泵(127mm)的技术规范

外径/mm	滑动接头外径/mm	自由行程/mm	自由下落/mm	长度/mm	顶部连接内螺纹/mm(in)	底部连接外螺纹/mm(in)
127	114	152	50.8	2388	88.9(3½)API 贯眼	101.6(4)特殊贯眼

(4) B 型滤网接头

A. 工具结构

B 型滤网接头是膨胀泵的吸入过滤器，保证泵吸入清洁的压井液，不堵塞膨胀通道，使泵正常运转。它由上接头、下接头、筒体、滤网、内心管和中间心管等组成。接头内有 3 个通道，即膨胀、吸入和测试通道。另外在下接头体上还有旁通孔，它与旁通管相连，组成旁通通道，使 2 个封隔器的上、下环空互相连通。下接头上还有一安全阀，当滤网堵死后，由于压差的作用，安全阀开启使膨胀泵继续吸入压井液。其结构如图 2-42 所示。

B 型滤网接头管体上有 4 排槽口，每排 240 个槽口，每个槽口长 58.8mm，宽 1mm，960 个槽口的总面积为 $496cm^2$。

B 型滤网接头内装一钢丝绕制筛管，其过流面积大，长度短，全长 1257mm(A 型滤网接头长为 2500mm)。

B. B 型滤网接头(127mm)的技术规范(表 2-33)

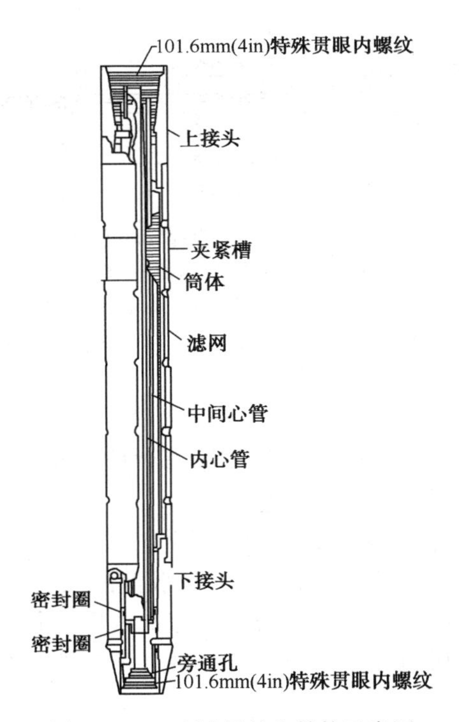

图 2-42　B 型滤网接头结构示意图

表 2-33 B 型滤网接头(127mm)的技术规范

类 型	外径/mm	总长度/mm	滤网长度/mm	总过滤面积/cm^2	上接头内螺纹/mm(in)	下接头外螺纹/mm(in)	安全阀剪销剪断压力/MPa
A 型	127	2500	1572	496	1016(4) 特殊贯眼	1016(4) 特殊贯眼	5.17
B 型	127	1257.3	774.7	—	1016(4) 特殊贯眼	1016(4) 特殊贯眼	—

(5) 上封隔器

上封隔器位于测试层段顶部，由膨胀泵将过滤的液体泵入封隔器胶筒中，使之膨胀密封，封隔上部环空。上封隔器有 3 个通道，即膨胀、旁通和测试通道。

A. 工具结构

上封隔器由上接头、胶筒、下接头、筒体、外心管、内心管、密封接头、键套、心管螺母等组成，如图 2-43 所示。

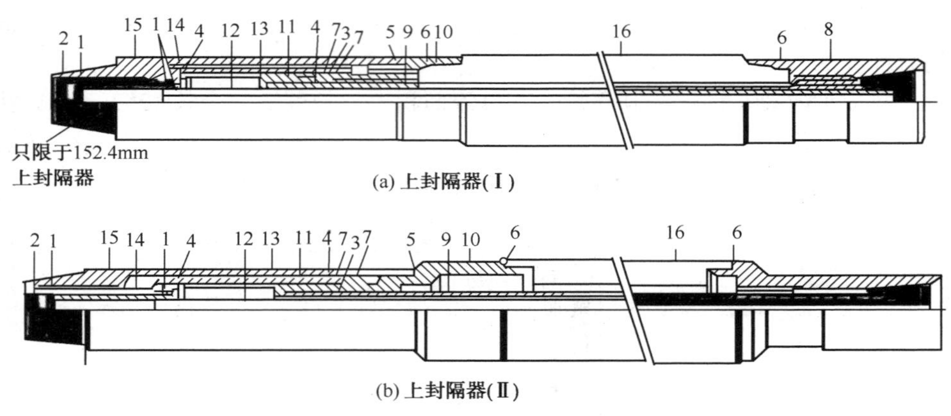

(a) 上封隔器(Ⅰ)

(b) 上封隔器(Ⅱ)

图 2-43 上封隔器结构示意图

1，2，3，4，5，6—O 形密封圈；7—密封护环；8—上接头；9—外心管；10—下接头；11—心管螺母；12—内心管；13—键套；14—心管密封接头；15—筒体；16—胶筒

B. 特点

① 与压缩式封隔器相比，膨胀能力大，胶筒密封长度大(1101～1333mm)，能密封不规则、不圆的井眼，能在冲蚀段及软地层上坐封。

② 橡胶筒有内、外两层，外层胶筒用于密封井眼环空，承受环空的液柱压力，外胶筒内有钢片加强筋，它直接硫化在外胶筒上，以加固胶筒的承压能力。

③ 内胶筒紧贴钢片加强筋，用于承受充液膨胀的内压，而使胶筒膨胀。

④ 内、外胶筒各有不同的配方，以适应不同的井下工作温度。

C. 上封隔器的技术规范

上封隔器的技术规范见表 2-34。

表 2-34　上封隔器的技术规范

封隔器尺寸/mm(in)	127(5)	143(5 $\frac{5}{8}$)	152(6)	187(7 $\frac{7}{8}$)	200(7 $\frac{7}{8}$)
项部连接内螺纹/mm(in)	101.6(4) 特殊贯眼	101.6(4) 特殊贯眼	101.6(4) 特殊贯眼	101.6(4) 特殊贯眼	101.6(4) 特殊贯眼
夹槽直径/mm	114.3	114.3	139.7	139.7	139.7
接头体直径/mm	127	127		176	190
上接头端直径/mm	127	127	143	143	143
上端部至胶筒距离/mm	285.8	285.8	285.8	323.9	323.9
胶筒长度/mm	1682.8	1682.8	1682.8	1606.6	1606.6
筒体台肩至胶筒距离/mm	628.7	638.7	558.8	666.8	666.8
上端部至密封距离/mm	493.7	493.7	489	560.4	576.3
胶筒密封长度/mm	1333.9	1266.8	1276.4	1133.5	1101.7
筒体台肩至密封距离/mm	836.6	836.6	762	903.3	919.2
上封隔器长度/mm	2597	2597	2527	2597	2597
拉断负荷/N	1778000	2113000	2521000	3515000	3515000
胶筒拉断时外心管抗拉负荷/N	1306000	1306000	1306000	1306000	1306000

不同尺寸的胶筒和所坐封的井径及工作压差有一定的关系。根据坐封段井径和工作压差，利用图 2-44 就可选用所需胶筒尺寸。一般胶筒可密封比胶筒尺寸大 50~70mm 的井眼直径。

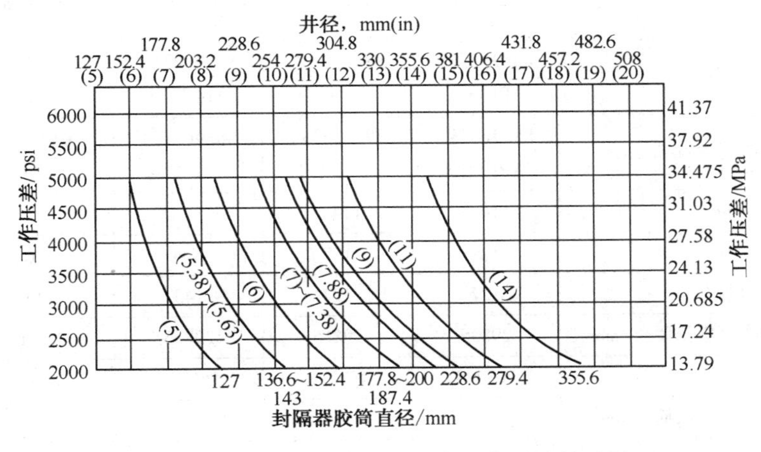

图 2-44　封隔器胶筒和井径与工作压差关系图

(6) 下封隔器

下封隔器位于测试层段下部，由膨胀泵充液，使其膨胀封隔底部环空。

A. 工具结构

下封隔器由上接头、胶筒、下接头、心管、心管接头等组成。它有 2 个通道，膨胀通道和旁通通道，如图 2-45 所示。

B. 下封隔器的技术规范

下封隔器技术规范见表 2-35。

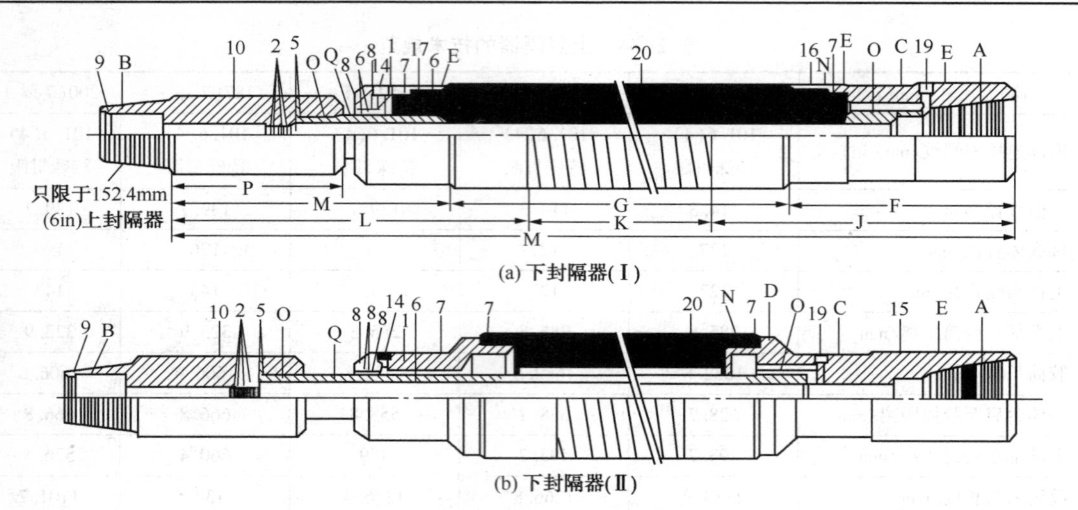

(a) 下封隔器(Ⅰ)

(b) 下封隔器(Ⅱ)

图 2-45　下封隔器结构示意图

1，2，3，4，5，6，7—O 形密封圈；8—密封护环；9—卡簧；10—心管接头；11—活瓣阀座；12—活瓣；13—活瓣弹簧；14—排液孔堵头；15—上接头；16—心管；17—下接头；18 —销钉；19—堵头；20—胶筒

注：图中 A，B，C，D，E，G，N，O 含义见表 2-35。

表 2-35　下封隔器技术规范

序号	封隔器尺寸/mm(in)	127(5)	143(5⅝)	152(6)	178 和 187	200(7⅞)
A	顶部连接内螺纹/mm(in)	88.9(3½) API 贯眼	88.9(3½) API 贯眼	88.9(3½) API 贯眼	88.9(3½) API 贯眼	88.9(3½) API 贯眼
B	底部连接外螺纹/mm(in)	88.9(3½) API 贯眼	88.9(3½) API 贯眼	88.9(3½) API 贯眼	88.9(3½) API 贯眼	88.9(3½) API 贯眼
C	夹槽直径/mm	114.3	114.3	139.7	139.7	139.7
D	接头体直径/mm	127	127		176	190
E	上接头端直径/mm	127	127	143	143	143
F	上接头顶端至胶筒距离/mm	298.5	298.5	298.5	336.6	336.6
G	胶筒长度/mm	1682.8	1682.8	1682.8	1606.6	1606.6
H	心管接头台肩至胶筒距/mm	419	419	368.3	457.2	457.2
J	上接头端至密封距离/mm	470	506.4	501.7	573	589
K	胶筒密封长度/mm	1340	1266.8	1276.4	1133	1102
L	心管接头台肩至密封距/mm	590.6	627	571.5	693.7	709.6
M	下封隔器长度/mm	2400	2400	2350	2400	2400
N	上接头应力槽抗拉负荷/N	2321000	5199000	2521000	5199000	6139000
O	心管抗拉负荷/N	1304000	1304000	1304000	1304000	1304000
P	心管接头长度×外径/mm×mm	228×117.5	228×117.5	228×117.5	228×117.5	228×117.5
Q	心管内径/mm	63	63	63	63	63

(7) 孔眼组合接头

它是测试层流体的进入孔，接在上封隔器下部。在接头体上有地层流体进入孔，接头中间有一内套，内套直接与下面旁通管连接。接头内有 3 个通道，即膨胀、旁通和测试通道。

A. 工具结构

孔眼组合接头有两种类型：

① 适用于 127mm(5in) 和 143mm(5⅝ in) 上封隔器的特种孔眼组合接头。它由 B 型孔眼接头和组合接头组合而成，如图 2-46(a) 和图 2-46(b) 所示。

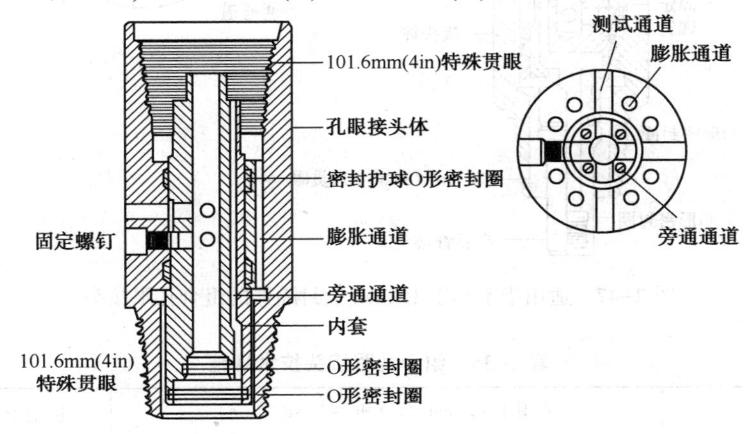

(a) 适用于127mm和143mm上封隔器的B型孔眼接头

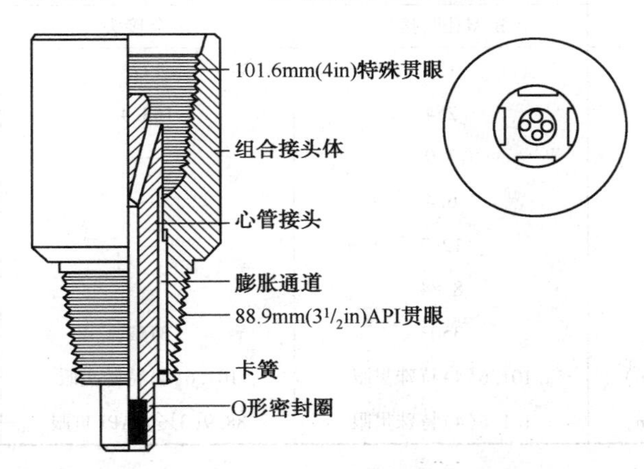

(b) 适用于127mm和143mm上封隔器的组合接头

图 2-46　适用于 127mm 和 143mm 上封隔器的特种孔眼组合接头

② 适用于不小于 152mm 的上封隔器组合孔眼接头，如图 2-47 所示。

B. 孔眼组合接头的技术规范

组合孔眼接头技术规范见表 2-36。

(8) 阻力弹簧器

阻力弹簧器是在膨胀泵工作时，用来限制泵下面的测试工具旋转的一种装置。

A. 工具结构

阻力弹簧器由上接头、心管、弹簧托筒、下接头、弹簧底部接头等组成。其中心水眼是旁通通道，如图 2-48 所示。

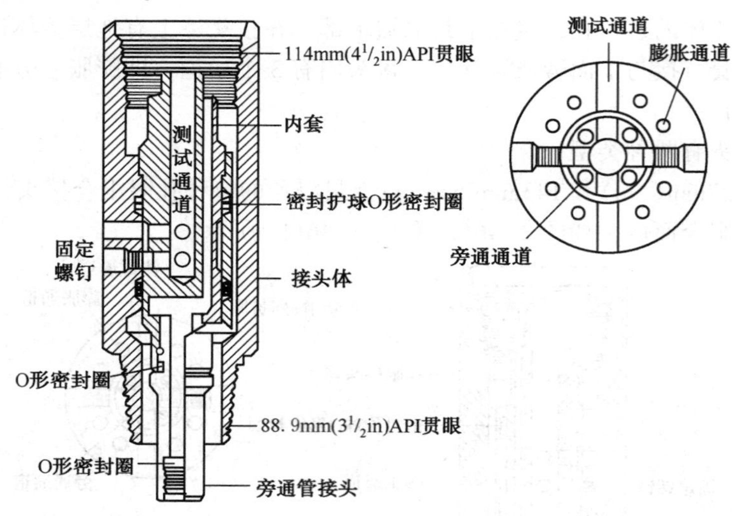

图 2-47　适用于不小于 152mm 上封隔器的组合孔眼接头

表 2-36　组合孔眼接头技术规范

名　　称	适用于 127mm(5in) 和 143mm(5⅝in) 上封隔器的 B 型孔眼接头和组合接头		适用于 152mm(6in) 和大于 152mm(6in) 封隔器的组合孔眼接头
	B 型孔眼接头	组合接头	
外径/mm	127	127	140
长度/mm	254	168.4	304.8
充液孔/mm	7.9	—	—
旁通孔/mm	6.4	—	—
测试孔/mm	12.7	—	—
最小流通截面/cm^2	8.84	—	7.61
拉断强度/kN	3503	3162	2483
顶部连接内螺纹/mm(in)	101.6(4) 特殊贯眼	101.6(4) 特殊贯眼	114(4½) API 贯眼
底部连接外螺纹/mm(in)	101.6(4) 特殊贯眼	88.9(3½) API 贯眼	88.9(3½) API 贯眼

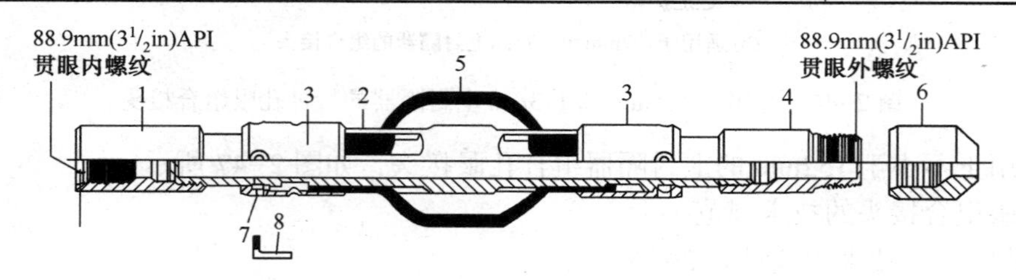

图 2-48　阻力弹簧器结构示意图

1—上接头；2—心管；3—弹簧托筒；4—下短节；5—弹簧；6—下接头；7—螺钉；8—扳手

B. 阻力弹簧器的技术规范

阻力弹簧器的技术规范见表 2-37。

表 2-37　阻力弹簧器的技术规范

外径/mm	内径/mm	全长/mm	抗拉强度/N	上部内螺纹/mm(in)	下部外螺纹/mm(in)	适用于 3 种井眼的弹簧/mm
130	51	2153	1763 720	88.9(3½) API 贯眼	88.9(3½) API 贯眼	153～280 254～381 256～483

（9）旁通管

① 旁通管结构如图 2-49 所示。

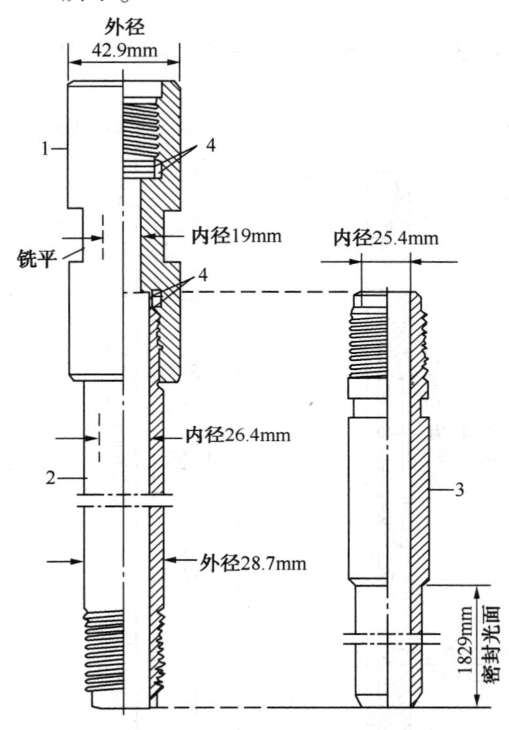

图 2-49　旁通管与光杆密封短节结构示意图

1—旁通管接头；2—旁通管；3—光杆密封短节；4—O 形密封圈

② 旁通管的技术规范见表 2-38。

表 2-38　旁通管的技术规范

外径/mm	内径/mm	接箍内径/mm	接箍外径/mm	有效长度/m	光杆密封部分长度/m
28.7	25.4	19	42.9	3.05，1.52 0.61，0.31 3.11，2.14	1.829

（10）调距钻铤

调距钻铤是调节跨隔测试钻铤长度的管子，其技术规范见表 2-39。

表 2-39　调距钻铤的技术规范

外径/mm	内径/mm	长度/m	上部螺纹径/mm(in)	下部螺纹径/mm(in)
121	57	0.3，0.61，0.92，1.22，2.44	88.9(3½) API 贯眼内螺纹	88.9(3½) API 贯眼外螺纹
127	57	0.3，0.61，0.92，1.22，1.78	88.9(3½) API 贯眼内螺纹	88.9(3½) API 贯眼外螺纹

(11) 外压力计托筒

这种托筒可承托 2 个 K-3 压力计和 1 个 K-3T 温度计。3 个承托腔相互分开 120°，如图 2-50所示。

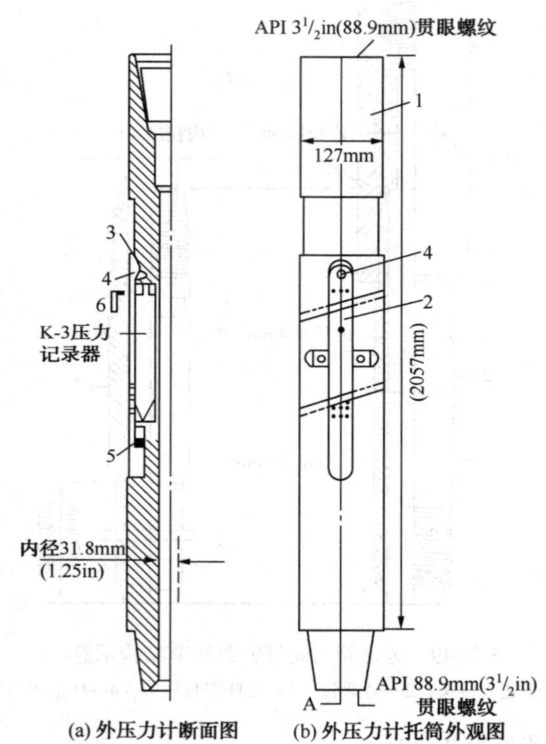

图 2-50　外压力计托筒结构示意图

1—外筒接头；2—盖板；3—开口环；4—螺钉；5—销子；6—扳手

外压力计托筒的技术规范见表 2-40。

表 2-40　外压力计托筒的技术规范

外径/mm	内径/mm	长度/m	压力计托腔长/mm	温度计托腔长/mm	上接头/mm(in)	下接头/mm(in)
127	31.8	2057	1219	1484	88.9(3½) API 贯眼内螺纹	88.9(3½) API 贯眼外螺纹

（二）测试工艺

1. 膨胀泵旋转时间的计算

膨胀泵在转速为 60r/min 时，其排量为 3785L/min。

1）根据电测井径曲线查出坐封段的平均井径尺寸。

2）根据图 2-51，确定膨胀 1 个封隔器需要的液量 V_1，如果是 2 个封隔器，则所需液量为 $2V_1$。

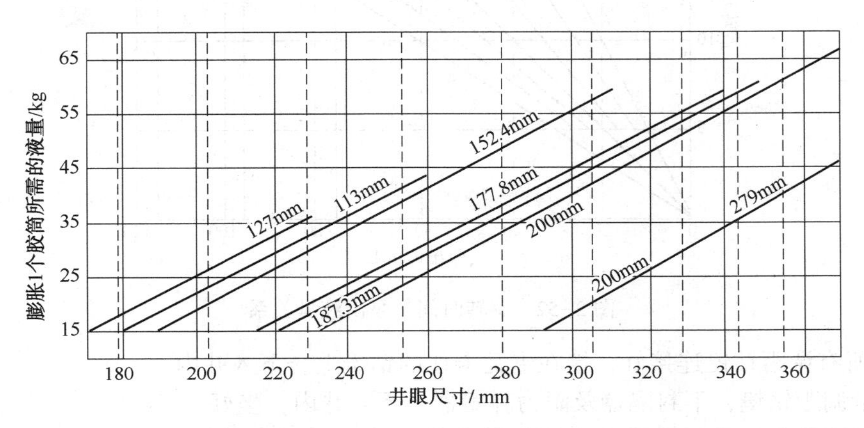

图 2-51　井眼尺寸与膨胀量关系曲线

3）补偿井眼过大和泵效率的影响，附加 50%的液量．则所需总液量为：

$$V = 1.5 \times V_1 \tag{2-9}$$

① 泵的转速为 n(r/min)时，其排量(Q_e)为：

$$Q_e = \frac{n}{16} \tag{2-10}$$

② 计算旋转时间 t：

$$t = \frac{V}{Q_e} \tag{2-11}$$

可由图 2-52 查出。

2. 膨胀式双封隔器测试工具的操作

（1）工具连接

1）连接前了解双封隔器测试工具管柱连接图，熟悉每个部件的结构、尺寸和牙型。

2）如果跨隔间距所需钻铤少于 1 根，而只需用钻铤短节来调距，建议用以下程序组装。

a. 用吊卡吊起钻铤。

b. 把转换接头接在钻铤底部。

c. 用猫头绳吊起下封隔器，连接在转换接头下部。

d. 用猫头绳吊起阻力弹簧器，拧在下封隔器底部。

e. 把阻力弹簧器、下封隔器、钻铤下入井内，坐好卡瓦。

f. 把转换接头拧入钻铤顶部。

g. 用调距钻铤配好跨隔距。

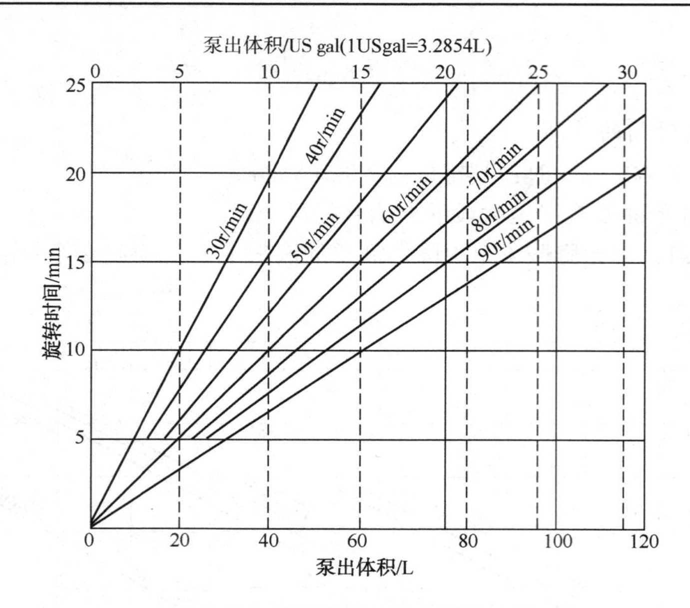

图 2-52　旋转时间与泵出液量关系

h. 把所有调距钻铤连接好，接在卡瓦卡住的钻铤上，下入井内。

i. 丈量调距钻铤，下封隔器及阻力弹簧器，下入井内，坐好。

j. 利用旁通管提升短节及猫头绳把旁通管光管短节吊起，下入调距钻铤内，逐次把旁通管接上并下入，其长度(不包括光管节长)应接近调距钻铤长，直到光杆密封短节在下封隔器中碰底为止。注意，光杆密封短节使用前应放在胶皮套内妥善保护。下井后它由装在下封隔器中的下心管接头O形环来密封。

k. 上提旁通管305~457mm，并作记号，把最上一根旁通管卸掉放倒，并测量从记号到外螺纹的长度。把这个长度的调距旁通管加到已下入井内的旁通管上，这样光管密封短节就在下封隔器以上305~457mm处了。这个间距是为了把外压力计托筒拧入调距钻铤时，便于接上工具接头。

l. 用水管往旁通管和钻铤间的环空灌满清水。

m. 检查上封隔器，当肯定内心管在原位时，用吊卡把上封隔器吊起。

n. 把B型带眼接头拧在上封隔器底部。

o. 把外压力计托筒旁通管连接在组合接头下部，再把组合接头与外压力计托筒连接在一起，用猫头绳把两者吊起，连接在B型带孔接头下部。

p. 把外压力计托筒旁通管与调距钻铤旁通管连接在一起，灌满清水。

q. 下放吊卡，把外压力计托筒与调距钻铤拧在一起，用吊钳上紧，把整个组件下入井内。

r. 下放整个组件，把上封隔器坐在卡瓦和安全卡瓦上，向上封隔器及外压力计托筒内灌满清水。

s. 用吊卡吊起滤管短节，连接在上封隔器顶部，下入井内，并坐上卡瓦，往滤管膨胀通道灌满水。

t. 用吊卡吊起膨胀泵连接到滤管短节上，用吊钳上紧。泵的下壳与充压泄压阀短节以及与缸筒短节的连接处要用吊钳上紧。

注意：绝不能在泵的轴承外壳处紧扣，这个外壳与缸筒短节应在车间中紧好扣。

把膨胀泵下入井内，在滑动管节外壳处坐上卡瓦。

u. 用吊卡把液力开关工具及取样器吊起。用猫头绳吊起内压力计托筒，并把它拧到液力开关及取样器底部。

v. 用猫头绳吊起震击器并拧到内压力计托筒底部。

w. 用猫头绳吊起安全接头并拧到震击器底部。

x. 把接好的组件下放，并拧到膨胀泵上，然后把组件下入井内。

注：下接头与压井液端缸筒的连接以及与液缸的连接处要用吊钳上紧。

y. 上提工具至膨胀泵出转盘面为止。把泵的保护套卸开，检查释放离合器下节，肯定它在主轴上能自由移动，并要使释放离合器下节的凸缘与释放离合器上节的凸缘对正。在上、下释放离合器之间的主轴上涂润滑脂，然后把保护套重新装好。通过充压泄压阀短节中的孔眼检查阀滑套的位置。它应当在“上”位，如果不在“上”位，可用榔头和黄铜杆把它推到“上”位。

z. 把压力计和温度计装入外压力计托筒，然后把工具下入井内，并在液力开关工具处坐上卡瓦和安全卡。在工具上部接上反循环阀。

（2）工具下井

a. 下井过程中不能转动钻具，钻具转动会使封隔器胶筒充压膨胀。

b. 工具下井要慢，以防膨胀式胶筒遇阻损坏，或在中途遇阻打开液力开关工具。

c. 最上部一根钻杆必须是直的，弯钻杆在转动时，会使封隔器胶筒因膨胀而发生抖动，从而损坏胶筒。

d. 计算好钻具总长度，以便最后一根钻杆顶部高出转盘面不到3m的位置，便于坐卡瓦旋转钻具。

e. 把钻具全部下入井内，在钻具顶部装好井口旋转控制头和活动管汇。

f. 上下活动测试管柱，以确定井壁对钻杆的阻力，注意观察滑动接头的活动距离，滑动接头伸入泵内有152mm的自由行程。

g. 把活动管汇接到钻台管汇上并接好出油管线。

h. 把测试工具下到测试层位以下2~2.5m。然后上提，使封隔器位于选定的坐封位置。这样就使滑动接头拉开，在不下放钻具的情况下坐好卡瓦。

（3）工具坐封

a. 钻杆坐在卡瓦上时，下放吊卡，使吊卡离开钻杆接头台肩面，指重表指针回零，用非常慢的速度旋转钻柱6~8圈后摘开离合器并检查是否倒转或扭矩过大，泵必须能自由旋转。

b. 参看图2-51，确定膨胀一个胶筒所需的液量，用2个封隔器时则乘以2。应根据电测井径曲线确定坐封段的平均井径。

c. 为补偿井眼不规则和泵的效率影响，膨胀液量需增加50%。

d. 参看图2-51，计算旋转时间，泵转速一般为60~70r/min，最大不超过90r/min，在深度大于3200m的井、斜井以及较大直径的井中，应采用较低速度旋转。

e. 在旋转了计算所需时间的2/3后，停止旋转约5min，让胶筒贴合井眼，继续旋转所计算的剩余时间。

f. 准备停止旋转时，应使旋转速度减慢，然后摘开离合器，让钻杆非常慢地停下。如果很快停止钻杆旋转，有时会使泵释放离合器下节抖动而与上离合器排齐啮合，从而使泵处于平衡泄压位置。

g. 泵旋转完成后，上提钻铤超过原悬重 89000N 的拉力，看封隔器是否牢固地固定，保持这个拉力约 5min 检查膨胀液是否泄漏。

h. 如果封隔器没有牢固固定，就要多旋转几转，再试提拉力 89000N，如验证封隔器已牢固固定，就可进行测试。

(4) 开井和关井测试

A. 开井测试

a. 观察环空液面，应充满至井口。

b. 下放钻具加 67000~89000N 的负荷以打开测试阀，并观察泵的自由行程。

c. 液力开关的打开时间随井下深度和作用于液力开关的实际负荷而变。液力开关打开时的显示为：指重表悬重增加；显示头冒气泡；井口钻具有“自由下落”的震击显示。

B. 关井测压

a. 上提钻具超过原悬重 44000~70000N 的拉力即可关闭液力开关测试阀，并保持这个拉力不变。要注意，在流动期进入钻具内的流体会改变管柱重量。

b. 观察显示头、气泡是否减弱。

(5) 膨胀式双封隔器的解封

a. 观察环空是否充满压井液。

b. 上下活动测试管柱以确定管柱“自由点”悬重，这个悬重可能由于流体产出而改变。并找出膨胀泵滑动接头的自由行程。

c. 确定管柱的“自由点”悬重后，向工具施加约 22200N 的压缩负荷，然后放上卡瓦。

d. 在保持压缩负荷的情况下，右旋钻具 1/4 圈。在地面所需旋转圈数随井深和井眼条件而变。为此先旋转 1.5 圈，在旋转同时保持扭矩，使扭矩传到井下膨胀泵。

e. 保持压缩负荷继续旋转钻具，每次转动 1 圈，并保持扭矩，直至膨胀泵释放离合器上、下节互相啮合，并驱动滑阀套下行，使测试井段与上部环形空间平衡。有时在旋转过程中用手握钻杆可感觉到离合器接合。

f. 环形空间液面由于平衡而下降，应保持环形空间充满液体。要观察平衡是何时停止或慢下来的。

g. 必须始终注意，在解封操作过程中不要打开液力开关工具。

h. 为使封隔器收缩，提出卡瓦后，上提超过“自由点”悬重 8900~22200N 的拉力。这样上提的结果使泵的心轴上行，而让滑阀套留在下部位置使封隔器收缩。

i. 等一段时间让封隔器完全收缩。如果封隔器在井内不能自由活动，则小心地上下活动管柱，以帮助松动在测试过程中可能形成的沉积物。

j. 反复进行收缩操作，有助于工具的松动和解封。

(6) 起出膨胀式工具

起钻过程中不能转动管柱，因转动会使膨胀泵工作，引起封隔器胶筒充液膨胀。

a. 在起钻前，保持环空灌满钻井液。

b. 缓慢地起出第一柱钻杆时，同时观看指重表，确保工具在井内没有抽汲作用，并边提钻边往环空灌满钻井液。

c. 当封隔器起至缩径井段、键槽以及进入套管鞋时，应缓慢上提至有“自由下落”的震击显示。

d. 把管柱内的油、气循环出来。

(7) 拆卸膨胀式工具

测试工具起至井口，在拆卸工具前应把外压力计托筒中的压力计和温度计取出，并放掉取样器中的样品。拆卸工具步骤如下：

a. 卸松液力开关工具上部的转换接头。

b. 卸松取样器和液力开关连接螺纹。

c. 卸松取样器上、下接头。

d. 卸松取样器和内压力计托筒连接螺纹。

e. 用卡瓦卡住工具，卸开内压力计托筒，取出压力计，再重新连接在一起。

f. 卸松震击器与内压力计托筒的连接。

g. 卸松安全接头与震击器之间的连接。

h. 卸松膨胀泵和安全接头之间的连接。

i. 卸松滤管短节和泵之间的连接，卡瓦不要卡在滤管上。

j. 卸松滤管短节和上封隔器的连接。

k. 卸松上封隔器和带孔接头(或带孔组合接头)。

l. 卸松组合接头和带孔接头。

m. 卸松组合接头和外压力计托筒。

n. 卸开调距钻铤上部的外压力计托筒，提出以上工具。

o. 卸开、起出在外压力计托筒以下第一个接箍处的旁通管，把旁通管提升短节拧入旁通管。

p. 调整钻铤以上测试工具，从下部开始卸下每个工具。

q. 用猫头绳提出调距钻铤内旁通管和光杆密封短节，而后卸开摆好。要保护好光滑短节密封面。

r. 上提、卸开调距钻铤，起出全部钻铤。

s. 卸松钻铤转换接头和下封隔器的连接；卸松下封隔器和阻力弹簧器的连接。

t. 提出井内全部工具，从下部开始卸下每个工具。

3. 膨胀式单封隔器测试工具的操作

(1) 单封隔器测试工具的连接

1) 用于膨胀式单封隔器测试的部件。

a. 不用下封隔器。

b. 不用旁通管。

c. 旁通管堵头装在带孔组合接头的下部。

d. 外记录仪托筒与阻力弹簧器之间装有隔离接头(盲接头)。

e. 为了使阻力弹簧器有效地阻止泵下面的测试工具旋转，在阻力弹簧器下面加有适当长度的调距钻铤。

f. 底部装上锚管鞋，以防止钻铤底部堵塞。

2) 下井前的组装。

a. 在钻铤底部装上锚管鞋。将钻铤下入井中，坐上卡瓦。

b. 用吊卡上提液力开关工具，用猫头绳上提取样器，接到液力开关工具底部。

c. 用猫头绳把内记录仪托筒接到取样器底部。

d. 用猫头绳把震击器接到内记录仪托筒底部。

e. 把安全接头接到震击器底部。

f. 用猫头绳上提膨胀泵，接到安全接头底部。通过充压—泄压阀短节中的孔检查滑阀套的位置，它应当在“上”位，如不在“上”位，用一黄铜杆和榔头把它推到“上”位。卸开保护套，检查释放离合器下节的凸缘应与离合器上节凸缘对正。然后把保护套重新装好。

g. 用猫头绳把滤管短节接在泵的底部。

h. 检查上封隔器，核查内心管归位，用猫头绳把上封隔器接到滤管短节底部。

i. 卸去外记录仪托筒旁通管，并在带孔组合接头或组合接头底部装上旁通管堵头，然后拧在外记录仪托筒底部。

j. 用猫头绳把外记录仪托筒及带孔组合接头接在上封隔器底部。

k. 把隔离接头(盲接头)拧在外记录仪托筒下面。

l. 用猫头绳把阻力弹簧器拧在隔离接头下面。

m. 把阻力弹簧器接到已下入井内的调距钻铤上。把全部组件下入井内。

n. 把卡瓦坐在内记录仪托筒上，卸掉上接头，装入内压力记录仪，上紧接头。

o. 在外记录仪托筒外侧装好压力计及温度计。

p. 把全部工具组件下入井内，接上反循环阀，可接在液力开关上部，或者接在液力开关以上一柱钻铤的位置。

q. 工具以上接上需要的钻铤、钻杆。

膨胀式单封隔器测试工具的下井、坐封、测试、解封、起出与双封隔器测试工具相同。

(2) 单封隔器测试管柱拆卸步骤

单封隔器测试工具的拆卸与双封隔器测试工具的拆卸不同，现介绍如下。

a. 卸松外压力计托筒和隔离接头的连接。

b. 卸松隔离接头和阻力弹簧器的连接。

c. 在调距钻铤上坐好卡瓦，把上部测试工具与钻铤卸开。

d. 调试钻铤以上的测试工具已悬挂在吊卡上，从下部开始把每个工具卸下。

e. 上提、卸开调距钻铤，起出全部钻铤。

(三) 曼德利膨胀测试工具

曼德利膨胀测试管柱能顺利地起下钻、分层测试、开井、关井、解封及在不起出测试工具情况下移到另一层测试。测试管柱中设计有 4 种流道。

1) 压井液增压流道。是指膨胀泵将压井液增压 10.5MPa 后由泵的排出阀经过滤网、释放系统，进入上、下封隔器胶筒内腔的流道。

2) 膨胀泵生水道。是指滤网将压井液过滤后进入泵的吸入阀的流道。

3) 压井液旁通流道。是指下部环空的压井液经牵簧进入下封隔器、光杆、旁通管、侧装压力计托筒，至上封隔器的压井液旁通孔，进入上部环形空间的流道。

4) 地层液流道。是指地层液经上封隔器下接头侧孔流进，再经释放系统、滤网、膨胀泵、伸缩接头、取样器、液压开关工具中的地层液流道孔进入钻杆内腔的流道。

1. 工作原理

曼德利膨胀测试管串系统工作原理如图 2-53 所示。

液压工具处于关闭状态，伸缩接头拉伸，滤网中的孔道无液体流动。膨胀泵的排出阀关闭、吸入阀未工作。释放系统中的泵出阀、释放阀关闭，活塞处在外筒最下端。压井液经释放系统中活塞上的“H”孔进入上、下封隔器胶筒的内腔，此时封隔器胶筒内外压力平衡，胶筒处于自由状态。

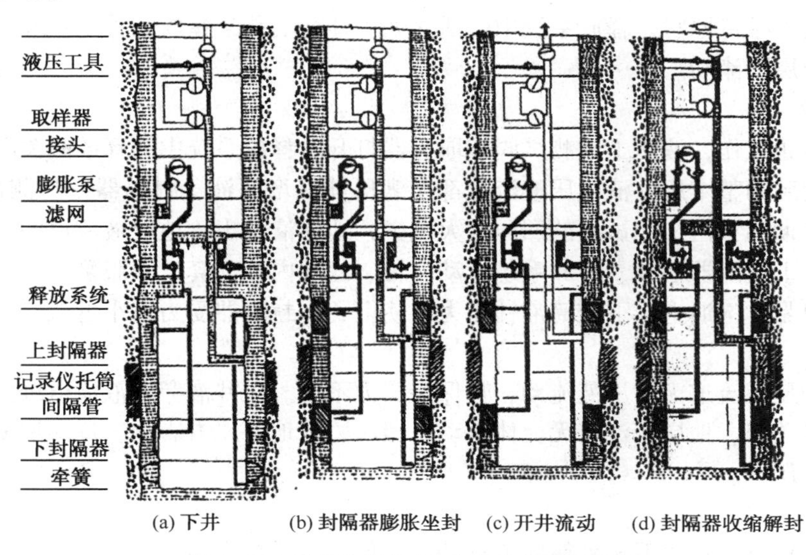

图 2-53　曼德利膨胀测试工具工作原理图

1）压井液增压流道。由于泵未工作，因而滤网和释放系统中的压井液增压流道均无增压液，上、下封隔器压井液增压流道与环空泥浆相通。

2）压井液旁通流道。封隔器下部的压井液，一部分从环空返出，另一部分则经牵簧流进下封隔器、流进光杆、流进旁通管、侧装压力计心轴、侧装压力计接收心轴、上封隔器下心轴、封隔器心轴的旁通液孔、上封隔器上接头的旁通孔进入上部井筒环空。此旁通流道的作用是：减少下钻时钻具的阻力和起钻时的抽汲力，沟通上、下封隔器的压井液静柱压力，从而改善封隔器受力状况。

3）泵上水流道。压井液经滤网进入膨胀泵吸入阀，由于泵未工作，此流道无流体流动。

4）地层液流道。液压开、关井工具处于关闭状态，无地层液流动。

2. 封隔器坐封

测试管串下到预定位置后，旋转钻具，膨胀泵开始工作，此时增压液流道、压井液旁通流道都处于工作状态。

1）泵上水流道。由于压井液液柱压力高于膨胀泵吸入阀的内腔压力，所以压井液能灌注到吸入阀里。其路线是：压井液经滤网过滤后，注入膨胀泵吸入阀，吸入阀有规律地吸入压井液，排出阀有规律地排出压井液。

2）压井液增压液流道流动路线。膨胀泵排出阀排出压井液增压液，流过滤网中的增压液流通孔、滤网中的外接头、释放系统中的活塞与外筒构成的空腔。在增压液作用下，释放系统活塞向上移动，直接释放系统的下接头接触泵出阀的阔杆为止，泵出阀开启，活塞上的

“H”孔关闭。在此，同时截断了井筒环空压井液进入胶筒的通道，活塞上的“H”孔与释放系统中的泵出阀沟通，构成压井液增压液通道，压井液增压液经此通道流进系统的下接头、上封隔器接头、胶筒内腔、上封隔器心轴、上封隔器下接头、侧装压力计接收心轴与侧装压力计上接头之间的环形空间、侧装压力计本体、旁通管与间隔管的环形空间至下封隔器胶筒内腔。继续转动钻具，压井液增压液按上述流道不断地注入封隔器胶筒内腔，直至胶筒内腔压力达到10.5MPa为止。胶筒在压井液增压液作用下，逐步向外膨胀与井壁紧贴完成坐封。压井液旁通流道维持原状。释放系统中的活塞处于外筒上端，释放阀关闭。液压工具处于关闭状态，无地层液流动。

3. 测试阶段

膨胀泵停止工作，液压工具测试阀和取样器打开。释放系统中的释放阀关闭，从膨胀泵到下封隔器内腔的整个压井液增压液流道都充满压井液增压液，封隔器密封测试层段的上、下环空。开井期间，由于测试层的回压大大减少，地层液流出。地层液流道的方向是：上封隔器下接头、上封隔器心轴、释放系统流动心轴、滤网内流动套、膨胀泵、钻杆内腔。压井液旁通液流道是：沟通上、下胶筒液柱压力，使上、下封隔器受力大小近似，但方向相反。

4. 关井

压井液增压液流道无增压液流动，且保持压力不变。压井液旁通液流道维持原状态。液压开关井工具关闭，地层液流道无流体流动，但压力受地层压力影响，逐渐恢复增高，直到近似原始地层压力。

5. 测试结束

解封上提钻具，释放系统外筒向上移动，迫使释放系统外筒与活塞之间的容积减小，内压增高。当增高的压力超过释放阀预调的释放压力时，释放阀开始工作，释放掉超压液体，直到释放系统外筒与活塞之间内腔的压力低于释放阀预调定的压力时，再微量地上提钻具，使释放系统外筒活塞之间内腔压力再一次超过释放阀预调压力。如此反复进行，直到活塞上的“H”孔露出环空。这时，封隔器胶筒内腔的泥浆通过“H”孔释放到环空，实现了胶筒内外压力平衡。此时，压井液增压液流道孔恢复成下钻时的状态，压井液旁通液流道维持原状，液压开、关工具关闭，取样器关闭。

各部件的结构与技术规范如下。

(1) 液压开关工具

液压开关工具是一种井下开关井阀，同莱茵斯水力开关阀一样，通过地面操作钻柱实现井下开井和关井。另外，测试结束时圈闭地层流体，必须连接取样器。

1) 结构及原理

液压开关工具主要由液压延时部分、井下开关井阀和力矩传递部分组成(图2-54)。

液压工具的特点：测试阀延时打开；开井有“自由下落”，地面显示明显；开关井工具处于自由拉伸状态；可实行多次开井和关井。

液压工具入井时，处于关闭状态，封隔器坐封以后，施加压力约8t(78.4×10^3N)，经过3min延时，在钻台上可以观察到指重表指针、钻具均轻微跳动，呈现自由下落显示，说明测试阀打开。

上提钻具超过自由点悬重10~20kN即可关井，然后下放钻具至自由点悬重，即完成关井动作。关井期间钻具处于自由拉伸状态，封隔器不承受钻具质量。

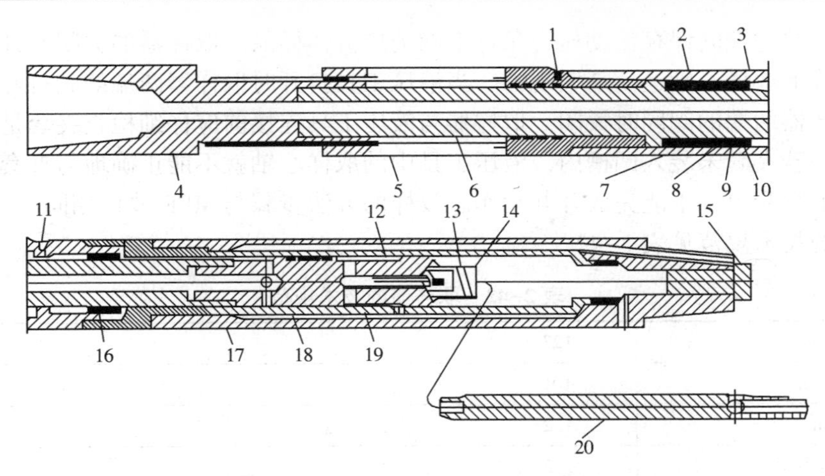

图 2-54　液压开关工具结构示意图

1—油塞；2—延时阀；3—单流阀接箍；4—上接头；5—花键外套；
6—液压延时心轴；7—液缸；8—单流阀盘；9—阀销；10—弹簧；
11—活塞；12—突开阀；13—突开阀弹簧；14—挡块；15—底塞；
16—补偿活塞；17—流通接头；18—密封套；19—测试阀；20—取样心轴

液压工具延时原理与 MFE 工具相似，延时阀的一个端面坐封在延时心轴的阀座面上，且密封严密，液压油不能从此通过。当延时心轴受压时(开井过程)，延时阀由缸的上端向下端移动，下缸室里的液压油通过延时阀与液缸之间 0.035mm 的缝隙进入上油室，阻力很大，延长阀心轴向下移的速度很慢，从而实现延时目的。延时阀向下移动一段距离后，进入缸体扩径部位，缝隙突然增大，下油室的油无阻力流入上油室。延时阶段储集在钻柱上的能量突然释放，井下测试阀打开，同时地面呈现“自由下落”现象。关井时上提钻具，上油室的液压油经阀与阀座打开的缝隙，经阀与心轴之间隙进入下油室，不延时。

2）技术性能

液压开关工具的技术性能见表 2-41。

表 2-41　液压开关工具的技术性能

外径/mm	127
接头/mm(in)	88.9(3½)API 内平外螺纹；88.9(3½)API 内平内螺纹
抗拉强度/kN(t)	1097.6(112)

(2) 取样器

取样器连接在液压工具的下端，主要由上接头、下接头、夹套、心轴、外筒等组成(图 2-55)。

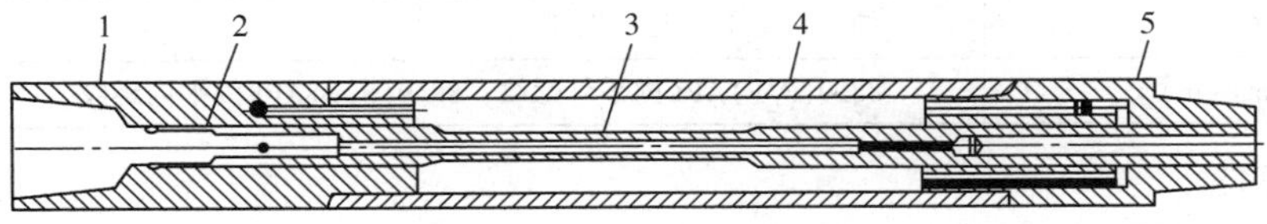

图 2-55　取样器结构示意图

1—上接头；2—夹套；3—心轴；4—外筒；5—下接头

取样器在关井期间保存流动压力条件下的地层流体样品。取样器的关闭、开启动作，是依靠液压工具的取样心轴运动来实现的。当液压工具打开时取样器两端的阀打开，液压工具关闭时，取样器两端的阀同时关闭。取样器与液压工具连接前应仔细检查夹套是否装入上接头的凹槽内，若夹套未装入凹槽内，液压工具中的取样心轴就不能正确地与夹套连接。结果是取样心轴下行受阻，不能完成开井动作。放样的方法步骤与 MFE 放样相同。

取样器的技术规范见表 2-42。

表 2-42　取样器的技术规范

外径/mm	127
内径/mm	101
长度/m	1.2
取样器容积/L	3.5
接头/mm(in)	88.9(3½)API 内平外螺纹；88.9(3½)API 内平内螺纹

（3）伸缩接头

伸缩接头连接在取样器下端，主要由导向心轴、心轴、外筒、上接头、下接头等组成（图 2-56）。

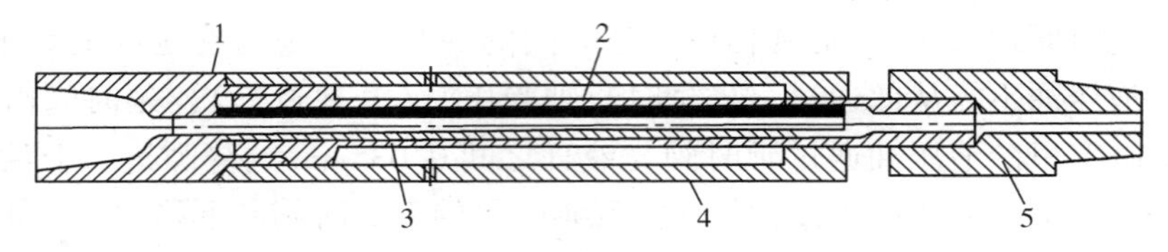

图 2-56　伸缩接头结构示意图

1—上接头；2—导向心轴；3—心轴；4—外筒；5—下接头

工具下井、关井时，伸缩接头处于自由拉伸状态，开井时处于压缩状态。伸缩接头使测试管柱在进行开井和关井时增长了 0.5m 自由行程，这样就为正确判断自由点提供了依据，也为正确判断伸缩接头上部钻具是否被卡提供了依据。在自由行程范围内，钻具向上或向下运动 0.5m，而悬重不变，说明伸缩接头上部管柱未被卡。

测试期间少量坍塌物沉积在钻铤周围，会造成卡钻，在测试管柱上连接了伸缩接头则为解卡提供了手段。其方法是：下压钻具，使卡点部分的钻具在受压状态下走完伸缩接头的自由行程，受卡部位的钻具强行通过卡点，实现解卡。在冬天操作时，要防止伸缩接头突然伸开。伸缩接头的技术规范见表 2-43。

表 2-43　伸缩接头的技术规范

直径/mm	127
长度/m	伸开时 1.77，压缩时 1.25
接头/mm(in)	88.9(3½)API 内平外螺纹；88.9(3½)API 内平内螺纹

（4）膨胀泵

膨胀泵连接滤网上部的膨胀封隔器胶筒。它可吸入压井液滤液，增压后输送到胶筒内腔，坐封封隔器。膨胀泵自身压力平衡，不受井深及静液柱压力影响，能自动控制泵入封隔器内的液体压力，保证其适量膨胀。

A. 结构与原理

膨胀泵由动力驱动和液压增压两大部分组成(图 2-57)。泵的增压部分由缸套、活塞、泵吸入阀、泵排出阀、下接头等组成；泵的驱动部分由操作心轴、凸轮轴、凸轮、扶正套、扶正轴承、泵载轴承等组成。

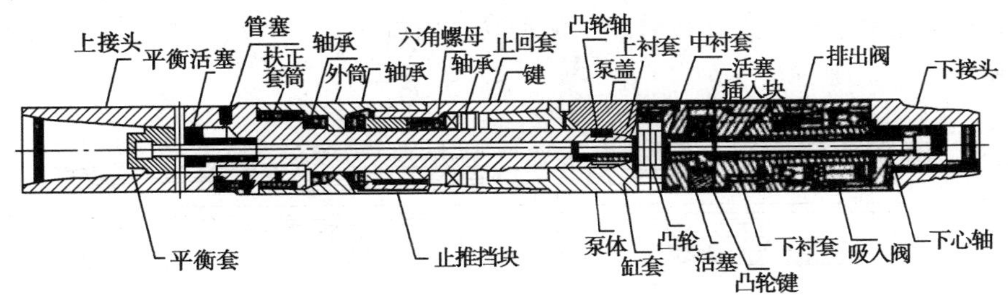

图 2-57　膨胀泵结构示意图

泵吸入阀由吸入阀和安全排泄阀组成(图 2-58)。吸入阀由双密封块、阀、弹簧、阀套等组成。安全排泄阀由传压杆、调压垫片、排泄阀外套等组成。

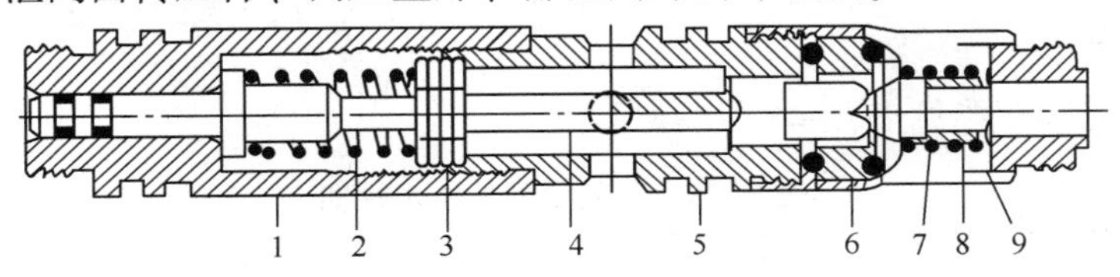

图 2-58　泵吸入阀结构示意图

1—排泄阀外套；2，7—弹簧；3—调节垫片；4—传压杆；

5—吸入阀体；6—密封块；8—阀；9—阀套

泵排出阀由止回阀、弹簧、双密封块、阀套等组成(图 2-59)。

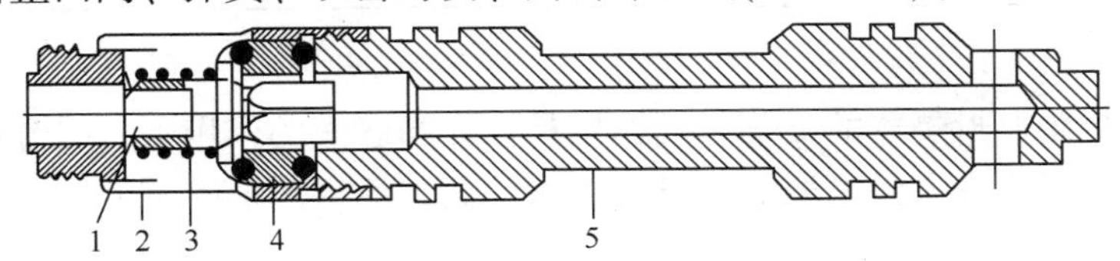

图 2-59　泵排出阀结构示意图

1—止回阀；2—阀套；3—弹簧；4—密封块；5—排出阀体

膨胀泵的操作与莱茵斯 B 型膨胀泵操作基本相同。

B. 技术性能

膨胀泵的技术性能见表 2-44。

表 2-44　膨胀泵的技术性能

排量/(L/min)(r/min)	4. 06(80)
排液压力/MPa	10. 3(可以调到 11. 8MPa)
外径/mm	140
长度/m	131
接头/mm(in)	88. 9(3½)内螺纹；101. 6(4)贯眼外螺纹
抗拉强度/kN(t)	1097. 6(112)

(5) 吸入滤网

吸入滤网连接在膨胀泵吸入端，用于滤掉泥浆中大于 0.4mm 的固体颗粒，同时为泥浆增压液提供流通。滤网是由形状似等腰梯形的钢丝缠绕成圆柱形，钢丝与钢丝之间的间隙约为 0.34mm。

吸入滤网由滤网总成、外连接管、中流动套、内流动管、上接头和下接头等组成三条通道(图 2-60)。

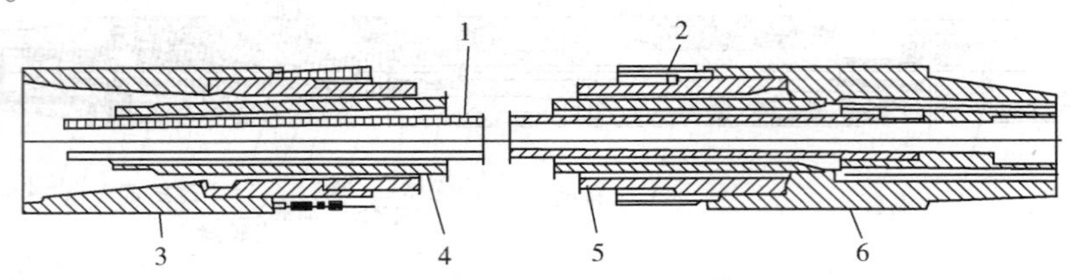

图 2-60　吸入滤网结构示意图

1—内流动管；2—滤网总成；3—上接头；4—中流动管；5—外连接管；6—下接头

在入井前务必要认真清洗掉滤网上的固体物，确保下井以后的过滤效果。滤网是易损件，可单独进行更换。

吸入滤网的技术性能见表 2-45。

表 2-45　吸入滤网的技术性能

外径/mm	127
长度/m	1.34
滤网	长 0.9m；外径 127mm
筛距离/mm	0.35
接头/mm(in)	101.6(4)API 贯眼外螺纹；101.6(4)API 贯眼外螺纹

(6) 释放系统

释放系统连接在上封隔器的上部。其作用是：在膨胀液的作用下，提升活塞下端连接的钻具，沟通泥浆增压液进入封隔器的流道，释放外筒与活塞环形腔室的压力，释放胶筒内腔的压力。

释放系统主要由活塞、释放阀、泵出阀、流通心轴等组成(图 2-61)。

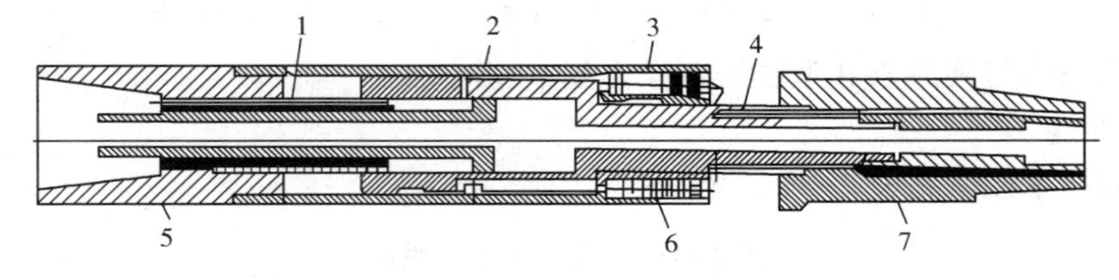

图 2-61　释放系统结构示意图

1—流通心轴；2—外筒；3—泵出阀；4—活塞；5—上接头；6—释放阀；7—T 接头

当膨胀泵工作后，泥浆增压液流入活塞下端，而活塞的另一端只是承受泥浆静液柱压力，活塞两端泥浆压力之差是 10MPa。此力作用在 76.23cm^{2}的活塞面积上，约可上举 78.4kN 质量的钻具(这个质量限制了间隔管的长度)。活塞向上运动时带动间隔管和上、下封隔器向上移动，直到活塞的“H”口进入外筒里。在此同时，释放系统的下接头已经接触泵出阀的阀杆，迫使阀杆盘离开阀座，泵出阀打开。沟通泥浆增压液从释放系统流进封隔器的流道，使封隔器膨胀。

测试结束，上提钻具。由于活塞下端钻具被封隔器锚定，而释放系统的外筒空套在活塞外面。当上提钻具时，外筒上行，而活塞不动，使外筒与活塞之间空腔容积减少，腔内泥浆压力增高。当增高的压力超过预调释放压力时，释放阀开始释放压力。钻具不断地上提，释放阀不断释放压力，直到活塞上的“H”口露出环空。当“H”口露出环空时，由于封隔器内腔的压力高于环空压力，胶筒内腔的压力通过“H”口释放，此时胶筒内、外压力平衡，恢复变形。膨胀泵的技术性能见表2-46。

表2-46　膨胀泵的技术性能

外径/mm	140	释放压力/MPa	11.3~12.0
长度/m	1.09	活塞理论上举重力/kN(t)	78.4(8)
活塞面积/cm^2	76.23		

（7）上封隔器

上封隔器由上接头、心轴、下接头、胶筒等组成(图2-62)。在心轴的管壁上沿轴线方向有一长一短的两条孔道。长的一条孔道是为旁通压井液提供通道，其作用是减小下钻时压井液对钻柱的阻力和起钻时钻具对井筒的抽汲力。短的一条孔道是为压井液增压流入下封隔器提供通道。下接头的侧孔为地层液流入通道。

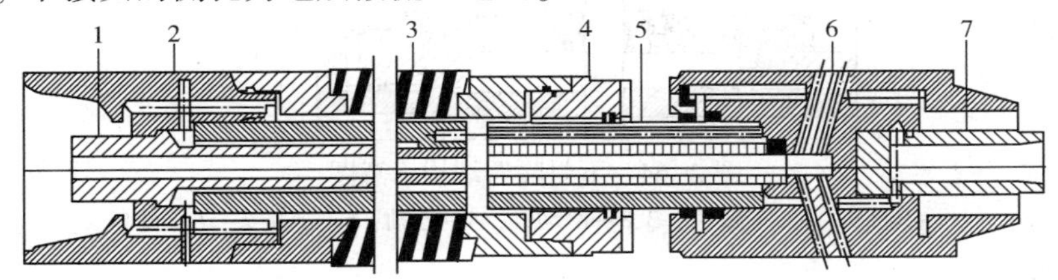

图2-62　上封隔器结构示意图

1—流动心轴；2—上接头；3—胶筒；4—滑动鞋；5—主心轴；6—下接头；7—下心轴

封隔器胶筒由内胆、内胆保护套、钢丝绳编织网、外套构成。胶筒的一端用螺纹固定在上接头上，另一端可自由地在中心管上进行滑动。根据不同的井径、井温可选择规格不同的胶筒。当膨胀泵工作时，压井液增压进入上封隔器内腔的同时，也流入下封隔器内腔，使上、下封隔器胶筒同时膨胀，与井壁密封，封隔测试层段上、下环空实现分层测试。当需要将封隔器移到另一层测试时，只需上提管柱，封隔器内腔的压力通过释放系统释放，胶筒恢复变形后，即可移到另一层测试。

测试期间，上、下封隔器分别承受所在深度位置的液柱压力，不过两封隔器所受压力的方向相反。上封隔器承受压井液静压的作用力向下，下封隔器所承受的压井液静压的作用力向上。这两个方向相反、大小约相等的力同时作用在间隔管上。

（8）记录仪托筒

记录仪托筒由上接头、记录仪本体、接收心轴、下心轴等组成(图2-63)。

在记录仪本体的两侧有两个长方形槽，供存放压力计用。沿本体轴线方向钻有两条孔道。一条是压井液增压流道，另一条是旁通压井液流道。

下钻时部分压井液来不及从胶筒与井眼之间的环空返出，增大了压井液柱附加压力，下钻速度越快，这种附加压力越大。压井液旁通孔可使这种附加压力减小，从而保护了油气层。侧装压力计只能记录外压力的变化，不能作内压力计用。

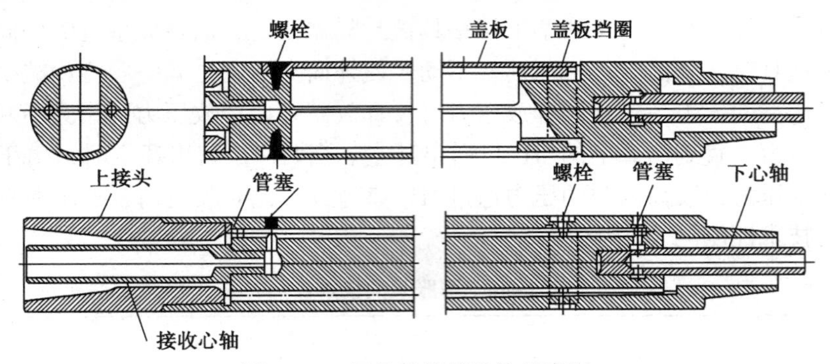

图 2-63 记录仪托筒结构示意图

(9) 下封隔器

下封隔器由上接头、心轴、下接头、胶筒等组成(图 2-64)。

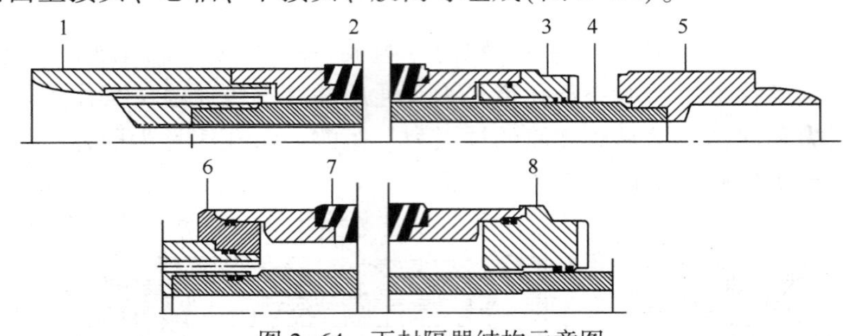

图 2-64 下封隔器结构示意图

1—上接头；2,7—胶筒；3,8—滑动鞋；4—心轴；5—下接头；6—衬套

(10) 牵簧

牵簧又称阻力弹簧，由下接头、连接筒、上接头、弹簧片等组成(图 2-65)。

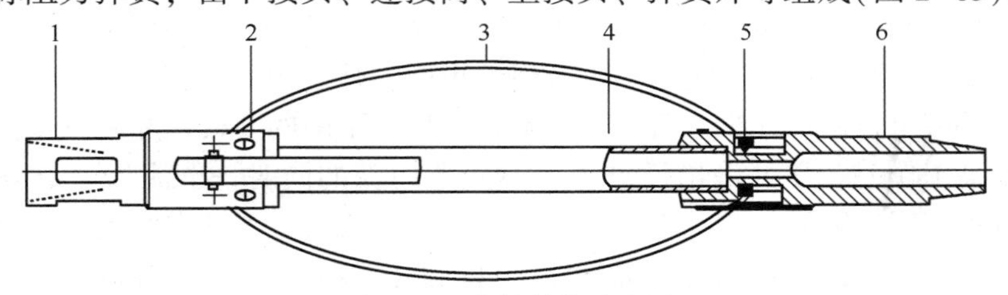

图 2-65 牵簧结构示意图

1—上接头；2—螺母底座；3—弹簧片；4—连接筒；5—弹簧销；6—下接头

牵簧连接在下封隔器的下部，在膨胀泵工作早期，牵簧的作用是阻止膨胀泵以下工具随同钻具转动，控制泵的反扭矩。当旋转坐封时，牵簧的 4 块弹簧紧贴井壁，生产反扭矩阻止泵以下工具旋转。弹簧与井壁贴紧的程度大小决定了反扭矩的大小。在裸眼井测试时要选择较规则的井段，让弹簧与井壁贴紧，产生足够的反扭矩。

五、地面测试工艺技术

(一) 地面测试流程

在对放喷井测试过程中，为求得地层流体的井口压力、温度和产量等参数，需要建立一套临时生产流程，在一定工作制度下，通过对流体流量、压力控制，通过分离器计量来求得地层油、气、水产量及压力温度等数据。

1. 地面测试流程的基本要求

1）使容易发生安全失控的设备尽量远离井口。

2）安装一个 ESD 紧急关闭阀，紧急情况下可实现远程控制关井。

3）地面管线采用金属密封高压管线，保证在高温高压条件下管线不刺漏。

4）配备安全释放系统(如 MSRV 阀)。当压力超过预设压力值时，管线能自动打开泄压，有利于处理油气失控等突发事故。

5）安装排污系统。能及时清除测试过程中的固相颗粒(陶粒砂、铁矿粉等)，避免损坏地面设备，保证施工连续进行。

2. 高压高产井地面测试流程

图 2-66 是典型的高产高压井地面测试流程示意图。其特点如下：

1）用地面油嘴管汇取代钻井管汇，将容易发生失控的环节移离井口。

2）采用两套流程双翼放喷求产。

3）采用液动、手动双重控制的高压控制井口，紧急情况下可实现远程控制。

4）从井口到地面油嘴管汇用金属密封的高压法兰管线连接，有效防止高温高压气体泄漏。

5）设置地面测试数据自动采集系统，可适时采集和监测压力、温度及产量，并能及时发出报警信号。

6）设置 ESD 紧急关闭系统，包括 SSV 液动控制阀和 MSRV 自动泄压阀等安全装置，有利于处理油气失控等突发事件。

7）在地面油嘴管汇前端用三通连出一条专用放喷排污管线，用于系统试井前放喷，清除井筒内杂物，减小气流中的固相物质对设备的冲蚀损害。

（二）地面测试设备

包括井口控制头、ESD 紧急关闭系统、除砂器、数据头、油嘴管汇、加热器、三相分离器、数据采集系统、缓冲罐、化学注入泵、燃烧臂、燃烧器、计量罐、储油罐、储水罐、输送泵、空气压缩机、水泵、井场实验室和值班室等。

1. 井口控制头

井口控制头是实现在井口开井、关井和下入电缆工具的控制装置，通常配有测试旋转头，便于实现旋转下部管柱(图 2-67)。

2. ESD 紧急关闭系统

ESD 紧急关闭系统配有液压/弹簧驱动器的闸阀(图 2-68)，在液压作用下保持开启，遇有紧急情况，快速 ESD 系统(配有地面测试树上的液控安全阀，或地面安全阀等控制接口)在收到第一个感应信号 2s 内，上游压力可以被截止，在管线内出现非正常情况时，快速 ESD 系统将在井筒流体明显泄漏前关断上游，减少在测试区域内人员伤亡的可能性和降低起火、爆炸和环境损害的可能性。

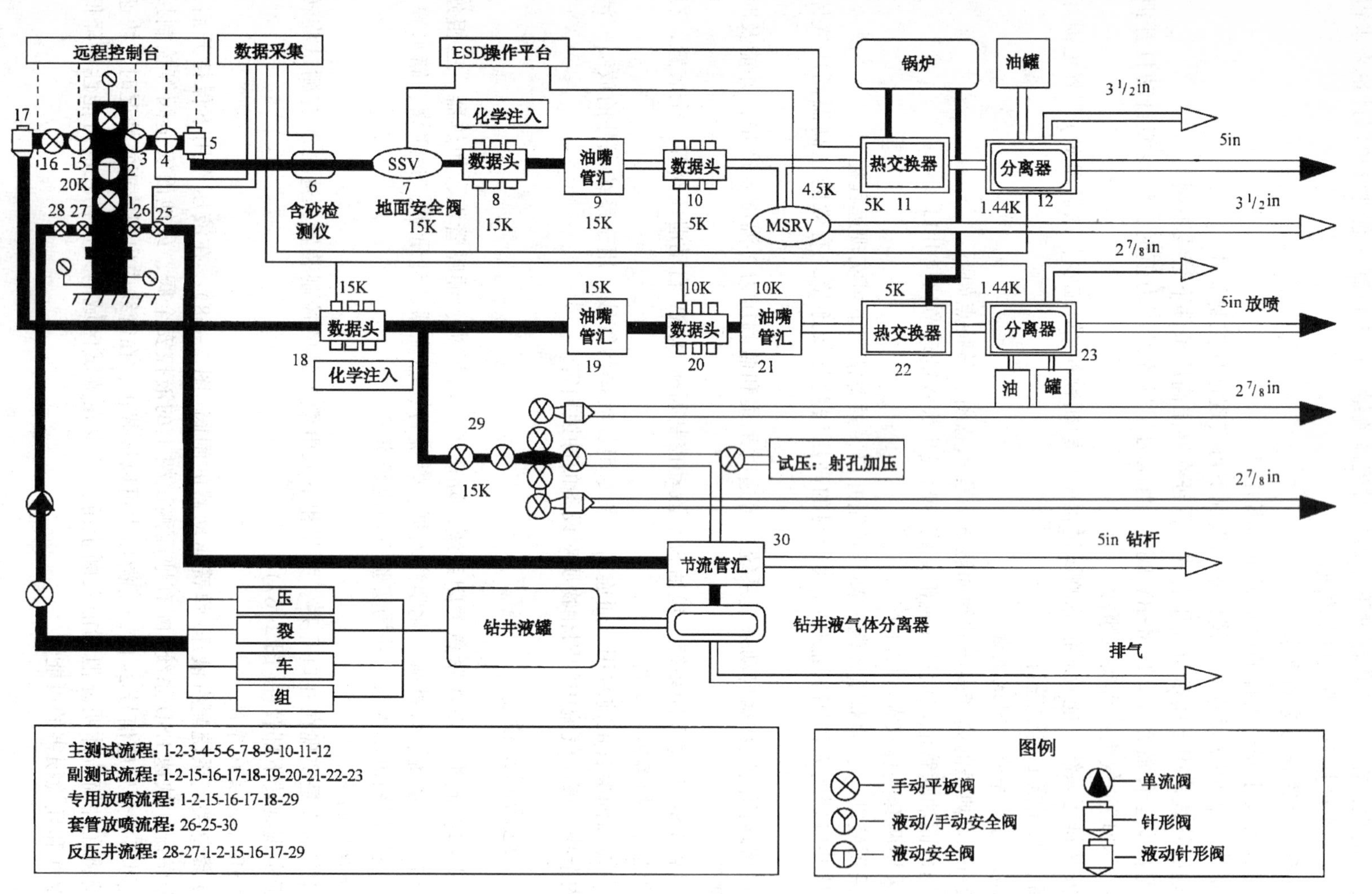

图2-66 高产高压井地面测试流程示意图

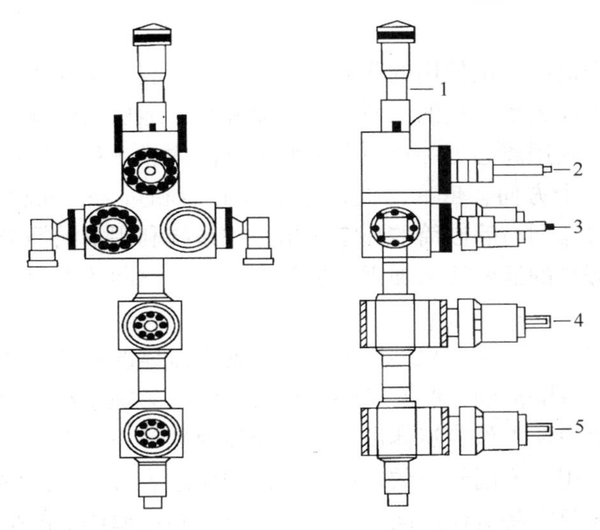

图 2-67　高压井口控制头示意图

1—105MPa 地面井口控制头；2—抽汲阀；3—流动和压井阀；4—上主阀；5—下主阀

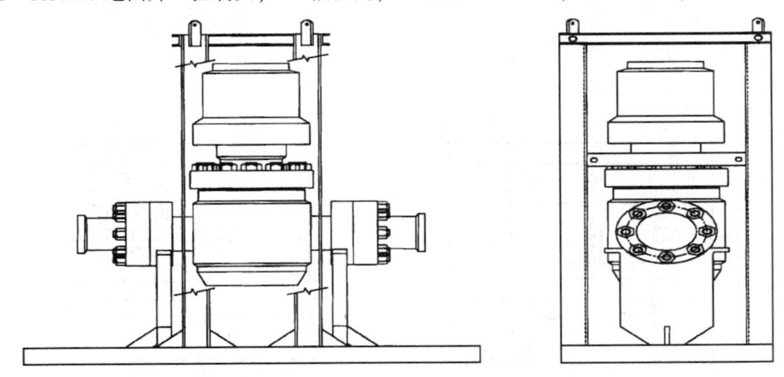

图 2-68　液压/弹簧驱动闸阀示意图

该系统配有用于连接控制面板至测试树上液控 ESD 阀或地面安全阀辅助系统，主要功能包括以下内容。

1）在油嘴管汇下游安装压力感应器。如果发生压力骤升的情况，压力感应器将接受信号并控制 ESD 系统井口关井。

2）在加热炉下游安装压力感应器。如果加热炉下游管线堵塞时，加热炉的压力将急速升高，超过管线或容器的设计工作压力，会立即探测到压力的增加，当超过临界工作压力前就会自动关井。

3）在 MSRV 阀上安装的压力感应器，为 ESD 阀提供信号。

4）在热交换器外壳上安装的压力感应器，用以保护交换器内盘管破裂而超压。

5）在缓冲罐外壳上安装的压力感应器，用以保护容器因盘管破裂而超压。

6）在油嘴管汇上游安装压力感应器。

7）在油嘴管汇下游安装压力感应器。

8）手动操作钮将提供 4 个手动按钮用于 ESD 系统的远程控制。另外，切断任一个按钮和 ESD 控制面板之间的气动管线的信号，流动翼阀将被关闭。

3. 除砂器

除砂器是一种配合地面测试使用的除砂设备，用于压裂后洗井排砂或出砂地层的测试施工。除砂器能安全地除掉大型压裂的压裂砂，过滤并计量地层出砂量，有效地减少对下游地面设备的损坏。除砂器利用离心力和重力分离原理清除固相颗粒。流体进入除砂筒后，流体冲击止退环并折射到各个方向，依靠由此产生的离心力和重力，固相颗粒沉淀在滤网的底部。过滤后的流体经过滤网与除砂筒的环空排出。此系统利用不同等级的加固滤网过滤固相颗粒。滤网是由不同等级的滤网筒和加固外层复合而成。滤网放入耐压的工作筒中，能提供更可靠的结构支撑。

除砂器的液体处理能力取决于除砂筒尺寸和所处理流体的黏度。橇装式除砂器为双工作筒，除砂筒上下游采用双隔离阀，配有完整的转换管汇和旁通系统。隔离阀为 105MPa 的闸阀。使用时两个工作筒轮流工作，流体由一个工作筒换到另一个工作筒。通过滤网的阻挡除砂，不同级别的滤网适用于不同粒径的砂粒。外部的压差表可指示滤网的工作情况。需要清除一个工作筒的同相时只需将流体倒向另一个工作筒，利用橇体上的提升设备将工作筒中的滤网总成起出进行清洗，滤网可重复使用(图 2-69)。

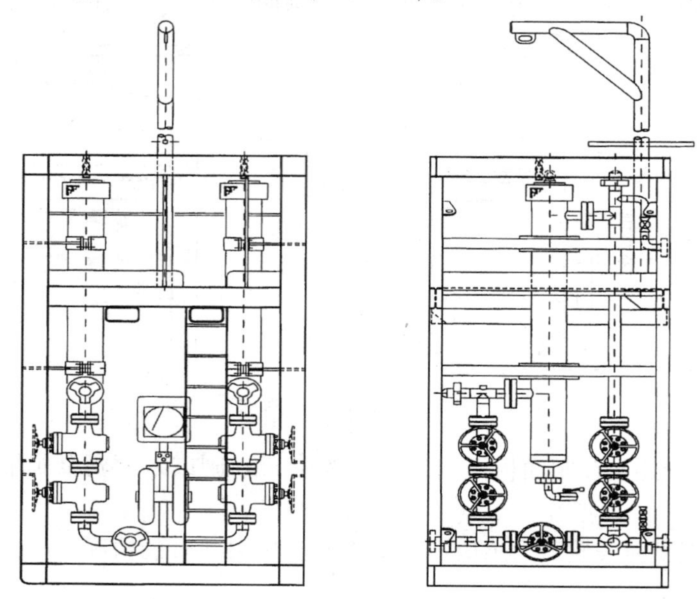

图 2-69　橇装式除砂器示意图

4. 数据头

数据头用来引出支管，以测量压力、温度，取样，探砂，连接化学注入泵和试压泵、数据采集系统和紧急关闭系统的启动器等。按数据头的支管结构型式，OTIS 公司数据头有 $80DH_1$、$80DH_2$、$80DH_3$、$80DH_4$、$80DH_6$、$80DH_8$、$80DH_9$七种，如图 2-70 所示。

5. 油嘴管汇

油嘴管汇是油井流体流动控制设备。用途是对流体进行节流，使油气井在不同工作制度下生产。一般为双翼式，分别安装可换式固定油嘴和可调式油嘴。标准的 76mm 油嘴管汇配有 51mm 可换式固定油嘴和 51mm 可调式油嘴。固定油嘴是在油井稳定流速下使用，便于进行精确的产能测试分析，选用的油嘴尺寸需维持油嘴上下方的流态相对稳定并要求产量与设计产量尽可能一致。可调油嘴仅在流动早期或洗井时使用，如图 2-71 所示。

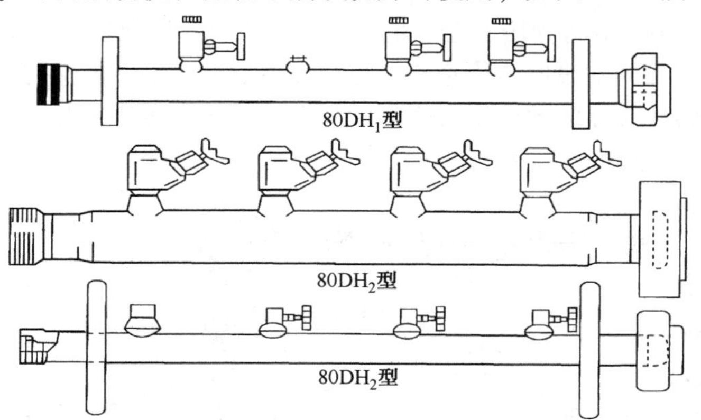

图 2-70　OTIS 公司部分数据头结构示意图

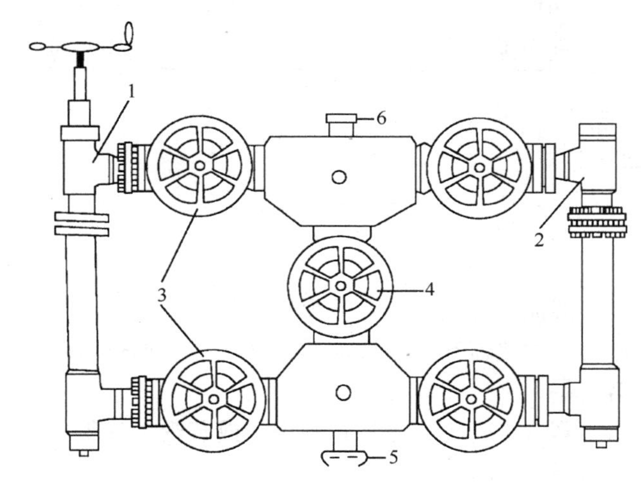

图 2-71　油嘴管汇示意图

1—可调式油嘴；2—可换式固定油嘴；3—闸门；4—中间闸门；5—取样；6—预留口

（1）油层测试油嘴选择

当井底压力高于饱和压力下求产时，地层流动状态、采油指数不随生产压差变化，按规范只选择一个油嘴求稳定流量资料，同时应考虑使井底流动压力大于油层饱和压力，并在地层不出砂的前提下，尽量选择大一些的油嘴。

（2）气层测试油嘴选择原则

为求得气流方程式及无阻流量，一般应测取 3 个以上油嘴的稳定流量资料。选择油嘴系列应考虑以下几方面。

① 各个油嘴开采时井底流动压力应有一定变化值。

② 最大油嘴生产时应不会引起地层严重出砂而影响测试。

③ 凝析气层的最大油嘴生产的井底流动压力应大于反凝析压力。

④ 通常情况下，最大油嘴井底流动压差不大于地层压力的 35%。

⑤ 最大流量不超过地面管线和设备的处理能力，符合测试安全要求。

⑥ 不能使井下管柱、测试工具，尤其是封隔器超过额定压力。

6. 安全阀

在系统超压时，MSRV 将利用安全逻辑设计快速响应，以保护整个地面测试系统，它的球阀通过感应井筒压力的初级压力传感孔来控制开关，这些压力传感孔连续监测流程内的压力，当压力超过孔内破裂盘的预设压力值时，阀内的液控管线将打开泄压阀。MSRV 阀将保持开启直到打压将其关闭(图 2-72)。

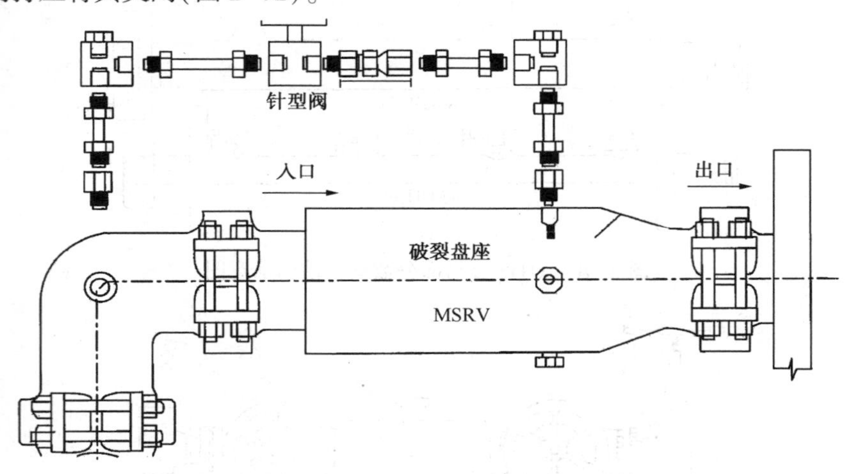

图 2-72　安全阀示意图

7. 加热器

加热器的作用除对产液加热降低黏度、减少结蜡外，还可避免因油气节流降压、体积膨胀产液冷却而产生水化物。加热器有直接式加热器和间接式加热器两种。

(1) 直接式加热器

采用蒸汽作为介质。蒸汽走壳程，原油走管程；或蒸汽进管程，原油进壳程。蒸汽直接与油气管线接触换热(图 2-73)。

直接式加热器的优点是不带燃烧室，体积小，传热效率高，换热量大；其缺点是易腐蚀穿孔，不易修理。

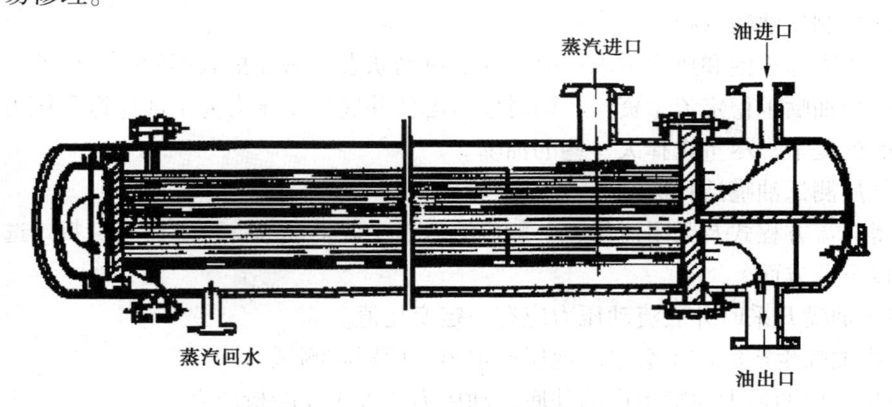

图 2-73　直接式加热器结构原理图

(2) 间接式加热器

采用原油、天然气、柴油等作为燃料，将水或油加热。已加热的热水或热油再将油气管线加热。间接式与直接式加热器相比，同样的换热量，间接式的体积比直接式的大。

8. 三相分离器

油、气井在测试和生产过程中必须对地层产物(油、气、水)分别准确计量，以获得详细的油气井产能参数。三相分离器是地面测试流程的核心设备，对于互不相溶的流体通过其复杂内腔时可实现分离，同时借助各类外置式计量装置、仪器、仪表等完成分类计量。

(1) 三相分离器的分类方法

按分离器主体容器的外形可分为卧式、立式和球形三种类型。按分离器额定工作压力可分为低压(P_e≤1.6MPa)、中压(1.6MPa<P_e≤10MPa)、高压(P_e>10MPa)三种。按用途和工作环境可分为固定式、撬装式两种。按其内部结构、分离原理和油水界面控制方式的不同可分为挡板式、循环式、内旋式、离心式等种类。

(2) 三相分离器的内部结构

无论哪种类型的分离器，其工作原理和方法均相同或相近，现场上常用卧式三相分离器，其典型结构如图 2-74 所示。

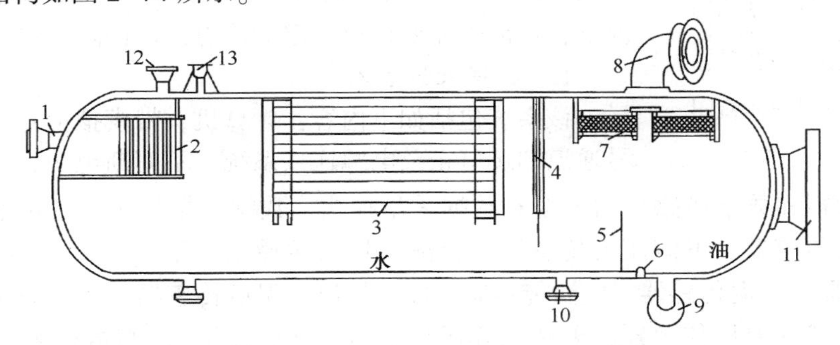

图 2-74　三相分离器(卧式)结构示意图

1—进口；2—折射板；3—聚结板；4—消泡器；5—隔板；6—消泡器；7—吸雾器；
8—气出口；9—油出口；10—水出口；11—人孔；12—安全阀；13—破裂盘

(3) 卧式三相分离器工作原理

地层流体进入分离器后，流体首先打在反射板上，流体被粉碎，使液体和气体得到初步分离，因液体、气体密度不同，大部分液体洒落在容器底部，气体携带少量的液滴，流经钢栅时，液滴吸附在聚结板上逐步汇集在一起，靠重力下沉到容器底部，气体再经过消泡器、吸雾器等装置，使其中残留的少量液体进一步分离出来后，到达出气口经放喷管线至燃烧器。液体下沉至容器底部后，靠重力分离，水相沉到油相以下，油面上升超过隔板，进入油室与水完全分开。分离出的水相，从容器底部的出水口，通过油水液面控制器操纵的排水阀排出，以保持油水液面的稳定。油室内的油面由液面调控器操纵排油阀，控制原油排放量，以保持油面的稳定，分离器上装有油水液面计，可以通过板式液面计观察油、水液面。分离器内部还安装了油、水液面控制器，控制器连着调节阀门，以保证油水液面在适当的高度。

(4) 三相分离器性能技术规范

衡量分离器分离效果的参数一般为气体带液率、液体带气率，通常气体带液滴粒径不小于 10μm，液滴总含量不大于 0.0135mg/L。液体内夹带的雾状颗粒的粒径限制在 1～2μm 内。

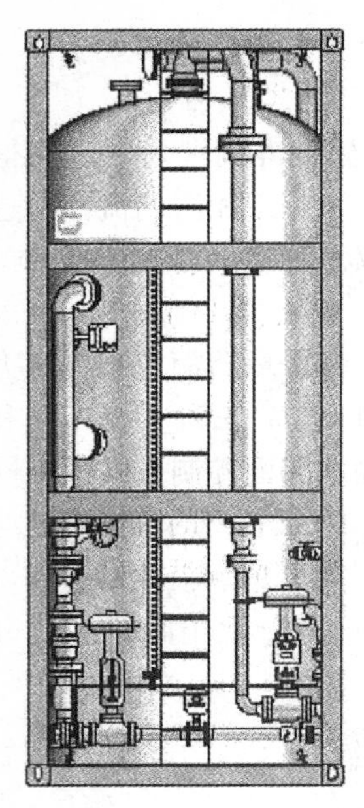
图 2-75　缓冲罐示意图

9. 缓冲罐

常用缓冲罐为立式，容积一般为 16m³，用于油气两相二级分离，适用于含硫井(图 2-75)。根据需要可以设计为卧式，容积也可以增加。工作压力为 0.34～1.72MPa 不等。

缓冲罐既是一个二级分离器，也是一个计量罐，用于计量原油产量和标定液体流量计。

缓冲罐压力一般使用一个可调式减压阀控制压力，与一般减压阀不同的是，减压阀受上游压力控制。一般情况下，缓冲罐出口不接输油泵。因此，即使不考虑多级分离效果问题，也需要维持一定的压力，以便将油排到其他储罐或罐车。需要将油打到燃烧器(尤其是带喷嘴的)或输油管道时，需要接工作压力合适的输油泵。这时，原则上缓冲罐压力可以降得很低(比如大气压)，但当缓冲罐出口管线过长、过细或原油很稠的情况下，可能也需要维持一定的压力，以提高泵效。

10. 数据采集系统

该系统包括如下内容：计算机，带模拟信号通道和数字信号通道的接口箱及电缆连接系统，不间断电源，从主计算机到接口箱包括模拟和数字传感器的电缆和数据采集探头。数据采集探头包括：上游压力传感器、上游温度传感器、下游压力传感器、分离器压力传感器、下游温度传感器、套管(环空)压力传感器、油温传感器、气温传感器、加热炉出口温度传感器、油计量传感器、水计量传感器、天然气差压传感器、天然气静压传感器、含砂探测器(与数据采集系统配套)、硫化氢大气监测探头(与数据采集系统配套)。

11. 化学注入泵

化学注入泵主要由泵壳、连接头、导阀与调速器连接线等组成，如图 2-76 所示。用于在油嘴管汇上方注入乙二醇，防止因压力降低造成水化物结冰，增加了系统的可靠性。乙二醇经数据头化学注入孔注入。化学注入泵一般与上游数据头相连。其排放压力最高可达 103MPa，排量为 0.01～0.19m/h，气动马达所需气压为 0.69MPa。

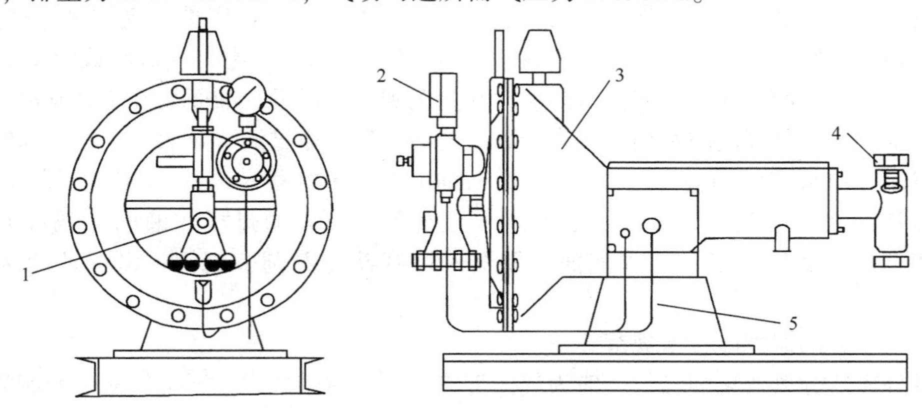

图 2-76　化学注入泵结构示意图

1—气出口；2—压力表接口；3—泵壳；4—连接头；5—导阀与调速器连接线

12. 燃烧臂

燃烧臂一般在钻井平台和试油、试采平台的两舷各设置一个，以便在燃烧时可以根据风向选择点火的方向。燃烧臂一端通过底座和转轴固定在平台边缘上，另一端靠缆绳吊装，保持在水平位置，同时两侧用缆绳固定，防止随风摆动。燃烧臂是海洋试油(气)地面设备的重要组成部分，根据平台吊车能力和燃烧头的燃烧能力一般分为18.3m、27.4m和36.6m三种长度。

13. 燃烧器

燃烧器由气体燃烧部分、原油燃烧部分、水幕喷淋系统、点火系统组成。气体燃烧部分结构比较简单，包括液化气流程及电子点火系统和气体燃烧口。原油燃烧部分结构比较复杂，由原油流程、压缩空气流程、液化气流程及电子点火系统组成，利用大流量压缩空气通过燃烧器喷嘴喷出使原油雾化，然后经点火系统点燃使原油充分燃烧。水幕喷淋系统在油气燃烧过程中主要用于冷却燃烧器及降低燃烧产生的高温。它分为以下三部分。

1）一部分喷向火焰形成蒸汽，助燃并消除烟雾。

2）燃烧头后面的环状喷水装置形成的水幕，阻止高温向平台方向辐射。

3）平台受热辐射表面的喷淋系统，直接使平台表面降温，确保燃烧臂和平台的安全。

早期的燃烧器利用压缩空气把原油雾化，然后喷出喷嘴燃烧，易使原油雾化不充分，造成海洋污染。常用的燃烧器利用压缩空气和原油在喷头内部旋转混合后直接喷出，把原油喷向远处，并在喷出过程中一直处于燃烧状态，保证原油能够充分燃烧，尽量减少环境污染。

14. 计量罐

连接在试油三相分离器的下游，对带压流体经过二次分离后测定液体的准确体积。既可在现场标定分离器的流量计，也可单独用于不宜进行分离器求产和非自喷井试油的液体计量。其可分为承压计量罐(缓冲罐)和常压计量罐两种类型。承压计量罐一般由罐体、进口、液位计、安全阀、压力调节和自动控制系统、小气量计量系统、液体出口、人孔和内部加热系统等组成。根据需要，可为立式或卧式，容积各不相同，工作压力范围在0.345～1.723MPa。

承压计量罐作为计量罐与常压计量罐同时使用时，对高压分离后的气体经过低压进行二次分离，这对有毒、有害气体尤为重要。承压计量罐也是一个低压的试油两相分离器，可将液体中分离出的气体送至燃烧系统燃烧。常压计量罐和承压计量罐的功能类似，只是常压计量罐罐体不能承受压力，没有压力控制系统和气体计量系统，在罐顶部的呼吸口上没有阻火器和呼吸阀，以保证罐体内部的安全。气体出口通过专用管线引到安全地区或燃烧。

15. 储液罐

储液罐是试油时用来储存液体的装置，分为密闭罐和敞口罐。早期的陆地试油采用的储液罐大都是敞口罐。随着人们对环保意识的增强，推广采用密闭罐作为储液罐，防止因液体溢出而造成环境污染。在海上试油时，由于平台面积小，安全距离小，对环保要求更为严格，均采用密闭罐作为储液罐。同时，为了保证安全，防止可燃、有毒、有害气体泄露到平台甲板面上，在储液罐呼吸孔上安装阻火器及呼吸阀，并且把气体出口用管线连接到安全区域放空或燃烧。储液罐上还要安装蒸汽加热系统、防静电装置、液位计等。

16. 输送泵

通过输送泵把进入计量罐的地层产出液输出。陆上油田测试时，将原油用输送泵从计量罐或油池泵入油罐车外运。输送泵一般泵型为 K 型，如 2K-6 型和 2K-9 型等，也可用 TWS 型泵。

（三）地面测试工艺

1. 测试前的准备

1）按流程接好管线。

2）准备好一套固定油嘴和备用油嘴。

3）准备测气孔板。

4）准备必要的仪器、仪表，如原油收缩率测定仪、气体密度计、液体密度计、硫化氢检测仪等。

5）准备油、气取样瓶，并抽成真空。

6）准备必要的化验分析仪器、化学试剂等。

2. 试压检查

1）分离器试压。按额定工作压力加压，待 10min 压力不降为合格。

2）井口控制头、数据头、油嘴管汇试压。关闭加热器进口阀门，按钻井预测地层压力或按其额定工作压力加压，待 10min 不降为合格。

3. 流量仪表检查和校准

1）液体流量计校准。液体流量计若在近期内正式校准过，则可采用原校准的校正系数；若在较长时间里未使用，应在求产测试之前在现场进行校准取得流量计的校正系数。校准方法：开启油嘴管汇、分离器、计量管汇及计量罐；在分离器上部注入适量压缩空气，检查计量罐内是否有残存水；若有水应将其放尽，重新灌注或者计准原存水的波面高度；而后，将流量计调零，打开流量计两翼阀门，每隔一定时间(如 15min)计量一个计量罐液面读数，并求得其液面高差，计算出体积量；将此体积量和流量计体积读数进行比较，得出流量计校正系数(k_f)。其计算式为：

$$k_f = \frac{V_1}{V_2} \tag{2-12}$$

式中 V_1——计量罐求得标准流量计所用液体的体积；

V_2——流量计读出的体积。

将一系列 k_f 值进行平均，平均值精确至小数点后 3 位。

2）气体流量计及记录仪的检查。

将压缩空气接入气体流量计内观察其工作是否正常。

4. 燃烧系统的检查

按风向下放燃烧器栈桥并固定好，连接燃烧管汇，清洗燃烧喷嘴，检查冷却系统，试运转风机、输送泵及电打火器。陆上油田需选好储油罐，接好火嘴管线，点火燃烧。

5. 测试过程

（1）初流动

地层产液不经过加热器、分离器及计量仪表，倒好地面流程，在海上直接进燃烧器，陆上直接进油池或火炬。

流动时，打开数据头通向各计量仪表的闸门，打开可调油嘴(开度由小到大)。视喷势控制井口压力，记录井口流动压力、流动温度和油嘴开度，观察样品化验结果及 H_2S 含量；如能点燃，应及时点火。

（2）初关井

关闭可调油嘴阀门并将下游管线放空，观察并记录井口压力变化情况。

（3）二次流动

A. 放喷

通过油嘴管汇的可调油嘴控制放喷。喷出的地层产液直接进燃烧器燃烧(陆上油田进油池和油罐)。油嘴开度由小到大，根据井口回压及沉淀物含量而定，例如发现含砂量过多则应减小油嘴甚至停止放喷。每一油嘴开度放喷时间不小于 5min，并记录相应的井口压力和流动温度。一般每 30min 作一次油品测定(密度、黏度等)，每 30min 测一次泥、砂、水含量。当回压稳定，含砂量低于 1%，含水量稳定时，则对分离器进行计量。此时，可调油嘴开度可作为计量油嘴尺寸。

B. 进分离器求产

a. 调整分离器液面高度。装上选定的固定油嘴，打开固定油嘴两翼阀门，关闭可调油嘴两旁阀门，将流程倒入分离器。为了使油、气、水得到充分分离，获得准确的油、气、水流量值，需对油、气、水界面高度进行调整。油面过高可能出现气带油，油面过低可能出现油、水分离不干净。水面过低可能出现水带油，水面过高可能出现油带水。一般视产量及气油比的具体情况控制合适的液面高度。若产气量较大，则油面控制在分离器中心线以下 15cm 左右；若产油量较大，气油比又较低，则油面控制在分离器中心线以上 15cm 左右。

控制液面具体方法：①开、关油管线旁通阀控制一定的液面；②调节气管线控制阀，使分离器内保持适当的气压，控制液面稳定在一定范围内；③调节油管线调节阀和气管线调节阀，使分离器内的油气界面稳定在一定高度；④调节水管线调节阀，以使油水界面稳定在合适高度。

以上是手动调节方法。如果装有压力、液面自动调节和控制装置及安全保护系统，则可在控制面板上自动调节。

b. 测试计量内容。①油计量。先将油流量计读数调零，打开翼阀，关闭旁通阀。每隔 15min 记录一次流量计读数及相应的时间，每隔 15min 记录一次分离器的压力和温度；②气计量。准确记录气管线内径、孔板尺寸、孔板上流压力、孔板前后压差及孔板上游流动温度；③水计量。全过程测 1~2 次水流量。正确记录各次水流量计读数及相应时间；④取样分析。在井场，每 0.5h 连续取两个油样，分析其含砂、含水量；每 2h 分析一次原油密度，并记录环境温度。全过程做 1~2 次原油收缩率实验。每 2h 取一次水样，测定水的密度和氯离子含量。在稳定求产过程中，用计量罐核准流量计，求出校正系数(包括原油收缩率)，以便用此校正系数计算原油产量。其具体方法为：①将流程倒入计量罐，记录起始时间，并读出流量计起始读数；②待注满计量罐 2/3 容积时，记下此时的流量计读数；③常压下停留 30min 左右，让原油充分脱气；④原油经收缩后，量出罐内稳定液面高度并计算出罐内原油体积。据此体积和对应的流量计读数值求出流量计校正系数(包括收缩率)；⑤以此校正系数对流量计读数进行校正，便可得到任何瞬时的稳定产量。当井口压力过低或含砂量高于 1%时，流体不宜进入分离器进行分离计量，可以直接进计量罐算出产量。

6. 油气产量的计算

油、气、水产量的大小是探井生产能力高低的重要标志之一，是直接了解该地层是否具有工业开采价值的重要依据。油、气、水产量计算的准确与否，直接关系到该油田的勘探开发工作。

（1）原油产量计算公式

当分离器内液面上升到预定高度时，先打开原油流量计（椭圆齿轮流量计等）的上流阀门，然后关闭原油排放管线的旁通阀门，使原油通过流量计进行计量。计量时从流量计中每隔 15min 记录一次流量增值，从排油管线上每 1h 取一次油样，用液力计进行原油密度的测定，并每隔 15min 记录三相分离器的压力和温度值。

从以上方法分别获取原油的杂质百分含量，原油密度，分离器的压力值和温度值等参数。

原油产量按式（2-13）计算：

$$q_{油}=96V(1-BSW)(1-SHR)KK_1 \tag{2-13}$$

式中 $q_{油}$——原油日产量，m^3/d；

V——原油每 15min 通过流量计的体积数值，即 V_2-V_1；

96——随读值间隔（n）变化而变化，为 $1440/n$；

BSW——原油中杂质的百分含量；

SHR——原油收缩率，由分离器压力值和原油 API 密度值查图获取；

K——体积变化系数，由原油温度值和 API 原油密度值查表获取；

K_1——原油流量计校正系数。

（2）天然气计量

当三相分离器内的压力和液面均处于相对稳定状态后，将天然气导入丹尼尔节流装置和双波纹管差压计，对天然气进行计量：

$$q_{气}=0.284389F_bF_GF_{tf}F_oF_{pr}\sqrt{H_tp_w} \tag{2-14}$$

式中 $q_{气}$——天然气产量，m^3/d（标准条件下，20℃，0.1MPa）；

F_b——孔板系数；

F_G——密度系数；

F_{tf}——流动温度系数；

F_o——气油比；

F_{pr}——压缩系数；

H_t——测气孔板前后压差，从流量计上读出毫米水柱；

p_w——测气装置上流绝对压力，MPa。

第三章　试井理论与资料解释

第一节　测试分类与设计

一、地层测试设计

(一) 测试前的准备

测试前的准备包括测试工艺设计、测试工具、井眼和井场的准备。

1. 测试工具准备

测试工具配置是测试成败的关键，必须认真准备好。

① 根据测试设计列出井下工具、地面流程控制装置、仪器仪表、专用工具和零配件的清单，并清点列表，进行仔细检查。

② 所有井下工具及地面装置要进行液压延时性能试验和液压密封试验，经检验合格后，方能送往井场。

③ 对多流测试器的换位机构要认真检查，保证换位灵活。取样器的密封圈要全部更换。按不同的油、气井测试，井口要配备相应压力级别的控制头和流动管汇。

④ 选定封隔器胶筒。套管井要根据井温和套管壁厚选用合适的胶筒。裸眼井要根据井温和坐封井段电测井径选定合适的胶筒、金属碗尺寸。胶筒直径一般比井径小 20~25.4mm。金属碗外径(压平后直径)比井径小 6.35~12.7mm；其中底部 10 块比井径小 12.7mm，顶部 5 块比井径小 6.3mm。支承环外径与胶筒外径相同。

⑤ 压力计的选用。根据测试时接触最大压力的要求，选用相应量程的压力计，最大压力应为所选压力计量程的 80%左右。根据设计所需的测试时间(包括起钻、下钻、测试)选择相应电池时间的电子压力计。

⑥ 温度计的选用。根据设计要求，核对所选用与压力计配套的温度计。

2. 井眼准备

测试前要把井眼准备好，为测试创造必要的条件。裸眼井在裸眼段坐封。

① 测试前进行双井径曲线测井。选择双井径曲线的互相重合段，及井径曲线规则、地层岩性坚硬的井段作为封隔器的坐封井段。坐封井段长度不小于 3m。

② 要求测试井井身质量好，无“狗腿”，无键槽，井壁稳定，无掉块和坍塌现象。

③ 通井划眼。如有遇阻或缩径井段，要充分洗井划眼，使起下钻畅通无阻，划眼至井底，充分循环除砂，确保井底无沉砂。

④ 调整钻井液。加入适当防卡剂，使钻井液性能达到优质，含砂量小于0.2%~0.3%，高压失水小于15mL（砂泥岩）或小于20mL（石灰岩）。泥饼摩阻系数小于（0.15~0.1）/45min。

⑤ 采用双封隔器的管柱结构。封隔器底部用钻铤支撑，支撑管长度不大于80m。封隔器上部接有震击器及安全接头。

套管井（坐封套管段）：

① 测试前必须用通井规通井或刮管。通井规外径比坐封段套管内径小6.5mm，长度不小于30cm，保证封隔器能顺利起下。

② 对于套管射孔的测试井，应充分循环洗井，将井内污物及杂质清除干净。采用优质洗井液，如条件允许，应采用无固相洗井液。

3. 井场准备

① 详细丈量下井测试工具、钻具或油管的长度，保证封隔器坐封在规定位置。裸眼测试，井场应备有足够的支撑钻铤和加压钻铤。

② 仔细检查钻杆或油管，以保证在35MPa的压差下不渗、不漏、不刺、不断裂。

③ 测试前对动力设备，提升设备、井口工具进行保养和检查。大钩要旋转自如，配备与测试工具配合的大钳头、卡瓦、安全卡。

④ 指重表灵敏可靠。

⑤ 配备足够的性能良好的压井液。

⑥ 检查井口防喷器，建立反循环系统，并接好和固定好放喷管线。

⑦ 安装好油气分离器及计量装置。

⑧ 测试时备有压井水泥车和消防车。

（二）测试程序

1. 下入测试管柱

测试前准备工作就绪后，即可下入测试管柱。

① 对下井压力计、温度计进行检查。确保电子压力计正常运行后再装入压力计托筒内。

② 将下井测试工具在井口连接好，按规定扭矩拧紧连接螺纹，检查所有下井部件是否齐全完好。卡瓦、扶正块要运动自如，外表的埋头螺钉要上紧。当全部测试工具经检查证实无误时，即可下入井内。

③ 记录测试器以下工具的重量（$W_{测}$），便于核算自由点。

④ 下井管柱螺纹要涂好密封脂，严防转动管柱，以避免卡瓦封隔器中途坐封，管柱下井过程中操作要平稳，不允许猛刹猛放，比平常下钻速度要慢，如有遇阻现象，要立即上提管柱，防止多流测试器受压缩而打开。上提后再慢慢下放，直至消除遇阻现象为止。

⑤ 下井过程中，要时常观察环空返出现象和指重表悬重，以验证管柱螺纹是否渗漏。在钻杆顶端抹一点油，用一张薄纸蒙上，观察钻杆是否出气，进一步验证管柱螺纹是否渗漏。

⑥ 下测试管柱至最后一个单根之前，将投杆器、控制头、活动管汇接在单根上，再与测试管柱连接。下至预定井深后，上提1~2m将活动管汇与钻台管汇连接好，再将钻台管汇

与显示头、放喷管线连接好，检查所有管汇、分离器、计量装置及每个阀门，保证处于工作状态。

2. 压力测试

下完测试管柱后，慢慢上提下放测试管柱，记录上提钻柱重量（$W_{上}$）和下放钻柱重量（$W_{下}$），以便计算“自由点”悬重。

理论“自由点”及坐封时指重表读数计算。MFE 的操作是通过上提下放来开关测试阀的，在上提进行换位操作时，多流测试器花键心轴有一段 254mm 的自由行程，当上提重量提至花键心轴时，心轴向上移动，而花键心轴下部重量未提动，因此指重表悬重不再增加，悬重不再增加的那个读数称为“自由点”悬重。为了计算“自由点”，要记录好下列数据。

$W_{测}$为测试阀以下管柱在液体中的重量，N；$W_{上}$为在液体中，上提全部测试管柱的重量，N；$W_{下}$为在液体中，下放全部测试管柱的重量，N；$W_{钻}$为全部钻具的重量，N；$P_{液}$为测试阀位置的液柱压力，MPa；$f_{封}$ 为坐封封隔器所需的负荷，N；B_{L} 为 MFE 工具的浮力损失，N，B_{L} 的计算式如下：

$$B_{L}=10^{2}P_{液}A_{1} \tag{3-1}$$

式中　A_{1}——测试阀的液压面积，cm^{2}。

其中，直径 127mmMFE 工具，$A_{1}=25.8cm^{2}$；

直径 95mmMFE 工具，$A_{2}=9.68cm^{2}$。

对于裸眼井测试下放坐封时指重表读数 $Q_{读}$：

$$Q_{读}=W_{下}-W_{测}-f_{封} \tag{3-2}$$

上提时理论自由点的计算：

$$Q_{自}=W_{下}-W_{测}+B_{L} \tag{3-3}$$

① 压降试井

在压降试井中，试井最初是不流动的，然后开井（图 3-1）。根据试井设计按一定直径油嘴开井生产，测定井底压力降落数据，通过压力降落数据分析储层特征。

② 压力恢复测试

在压力恢复测试中，测试井最初是流动的，然后关井（图 3-2）。定流量压降试井解释方法稍作修改便可以分析压力恢复试井资料。压力恢复的优点是恒流量更容易实现，关井流量为零。其缺点是关井前的定流量很难做到且关井会造成产量损失。

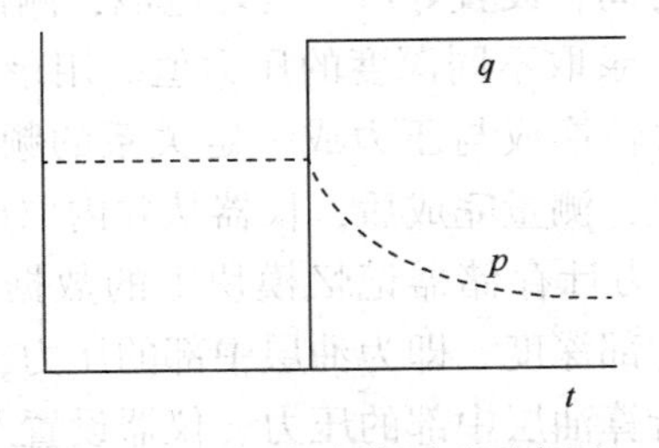

图 3-1　压力降落测试示意图

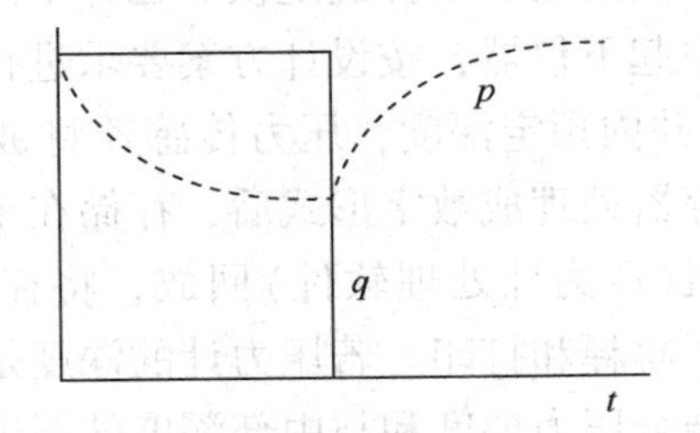

图 3-2　压力恢复测试示意图

③ 注入测试

压降试井是指测试井先处于静止状态，然后开井生产，而注入试井是指测试井先处于静止状态，然后向井筒注入流体。注入试井分析在概念上与压降试井分析相同，只是注入测试是向井中注入而不是采出(图3-3)。注入测试在流量控制方面更容易实施，但一般注入流体与原始储层流体性质不相同，测试结果的分析方法因需考虑多相流的影响而变得较为复杂。

④ 压力回落试井

压力回落试井测试指向井内注入一段时间流体之后，关井测试压力下降情况，概念上相当于开发井压力恢复试井(图3-4)。由于之前开展了注入试井，如果注入流体与储层原始流体性质不同，压力回落试井解释将更加困难。

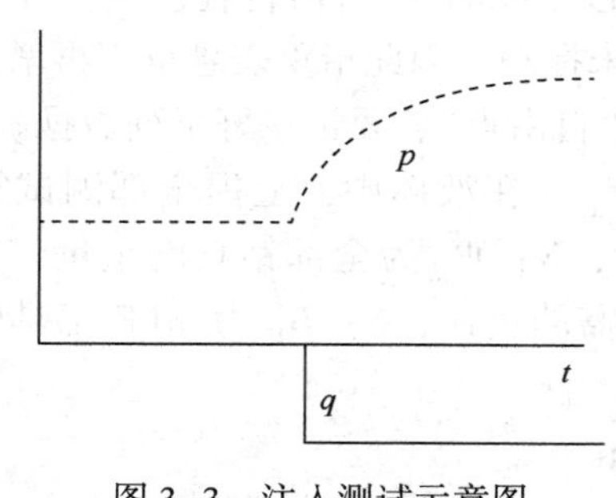

图3-3 注入测试示意图

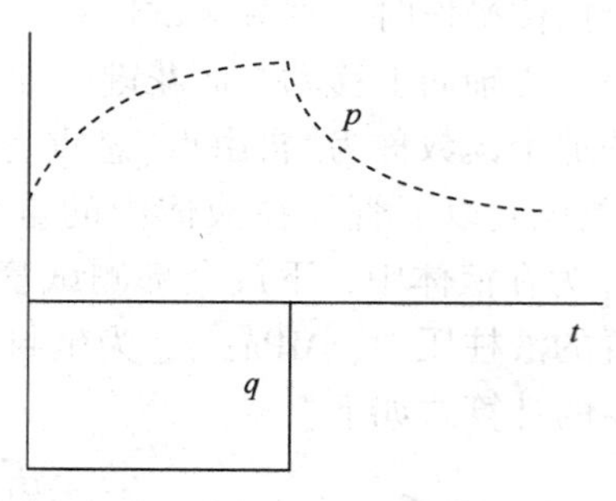

图3-4 压力回落测试示意图

二、试井分类

(一) 井下压力测试类型

1. 流静压梯度测试

正常生产自喷井、气举井，为了了解井筒内油水分布、目前井底压力、气举阀工作状况等，需要按设计方案测取井筒纵向压力分布状况。测试时通过试井车载录井钢丝(或电缆)下放设置好的压力计，到达预设深度时一般停止10min，测取该深度点的压力值，测完最后一个深度点后上起仪器。仪器设置及现场施工要严格遵守相关操作规程。

2. 采油井环空压力测试

对于安装了偏心井口的抽油机井，为了了解井筒内油水分布、环空液面深度以及流静压等，需要进行环空压力测试。在地面由计算机(压力计处理软件)对压力计进行采点间隔设置，根据不同的地质条件确定仪器在井下的工作时间，设置好后，装好电池，测试时从抽油井油套环空起下仪器，按设计方案要求进行停点，录取不同深度的压力值。用录井钢丝(或电缆)下入井内预定深度，压力传感器将被测压力转换成与压力成一定关系的频率电信号，经电子储存器处理成数字形式后，存储在记忆块上，测量完成后，仪器从井内取出，再通过地面计算机(压力计处理软件)回放，将存储在压力计存储器记忆模块上的数据回放出来，进行处理、解释和打印。若压力计的深度是油层中部深度，即为油层中部的压力，否则根据测点压力结合压力梯度和与中部深度的深度差值折算油层中部的压力。仪器设置及现场施工要严格遵守相关操作规程。

(二) 稳定试井类型

稳定试井是改变若干次油井、气井或水井的工作制度，测量在各个不同工作制度下的稳定产量及与之相对应的井底压力，从而确定测试井(或测试层)的产能方程和无阻流量。主要包括一点法、回压试井、等时试井和修正等时试井四种。

(三) 不稳定试井类型

不稳定试井是通过改变测试井的产量，并测量由此引起的井底压力随时间的变化。这种压力变化同测试过程的产量有关，也同测试井和测试层的特性有关。因此，运用试井资料，即测试过程中的井底压力和产量资料，结合其他资料，可以计算测试层和测试井的许多特性参数。不稳定试井类型主要有单井不稳定试井和多井不稳定试井。单井不稳定试井又分压力降落试井和压力恢复试井；多井不稳定试井又分干扰试井和脉冲试井。

(四) 稳定试井解释方法

稳定试井是通过某种测试和分析程序预测地层产能大小，即在不同井距条件、不同衰竭程度和不同压降条件下的油(气)供给能力，通常由井的稳定流量与压差关系表示。通过在不同工作制度下(三个以上)测得的地面流量及对应的稳定井底压力数据，绘制并确定指示曲线类型，建立产出能力(或注入能力)方程，也称为产能试井。产能试井包括回压试井(图 3-5)、等时试井、修正等时试井及一点法试井等。

1. 测试方法

1）适应条件：高产自喷采油井和采气井。

2）工作制度选择：最小产量，稳定流压尽可能接近地层压力；最大产量，保证稳定生产的前提下，使稳定油压接近自喷最小油压；在最大、最小工作制度之间，均匀内插 2~3 个工作制度。

3）基本操作：连续以若干个不同的工作制度(一般由小到大，不少于三个)生产，每个工作制度均要求产量稳定，井底流压也要求达到稳定；记录每个产量 q_i、相应的井底稳定流压 p_{wfi} 和测得气藏静止地层压力 p_R。

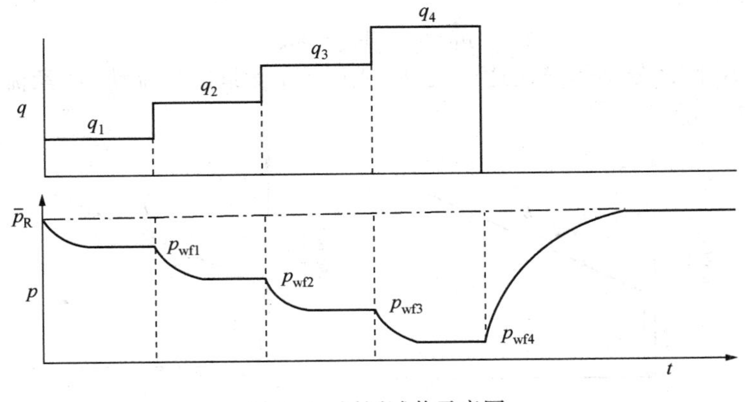

图 3-5　回压试井示意图

2. 指数式产能方程

指数式产能方程为：

$$q_{sc}=C(p_R^2-p_{wf}^2)^n \tag{3-4}$$

两边取对数得：

$$\lg q_{sc}=n\lg(p_R^2-p_{wf}^2)^n+\lg C \tag{3-5}$$

式中 q_{sc}——地面标准条件产气量，$10^4m^3/d$；

p_R——气藏地层压力，MPa；

p_{wf}——井底流动压力，MPa；

C——系数，是气藏和气体性质的函数；

n——渗流指数。层流时，$n=1$；紊流时，$n=0.5$；从层流向紊流过渡时，$0.5<n<1$。

指数式产能方程可用于计算无阻流量。绝对井底压力为0.1MPa时的产量称为无阻流量(也可称为潜产能)，用q_{AOF}表示：

$$q_{AOF}=C(p_R^2-0.101^2)^n \tag{3-6}$$

式中 p_R——绝对压力。

指数式产能曲线如图3-6所示。

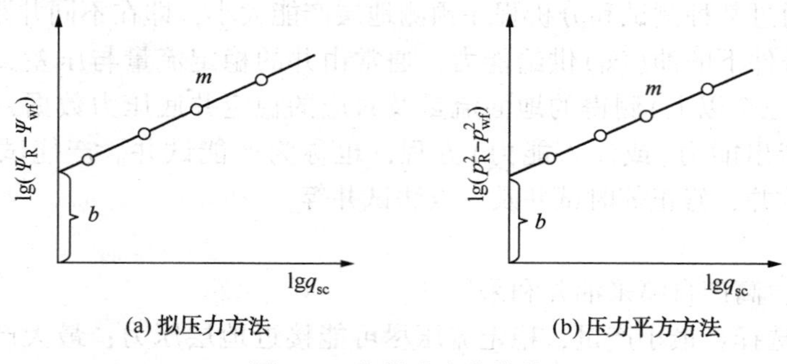

(a) 拟压力方法　　(b) 压力平方方法

图3-6　指数式产能曲线

3. 二项式产能方程

拟压力形式：

$$\psi(p_R)-\psi(p_{wf})=Aq_{sc}+Bq_{sc}^2 \tag{3-7}$$

简化为压力平方形式：

$$p_R^2-p_{wf}^2=Aq_{sc}+Bq_{SC}^2 \tag{3-8}$$

式中，A_1和A、B_1和B分别是描述达西流动(或层流)及非达西流动(或紊流)的系数。其产能曲线如图3-7所示。

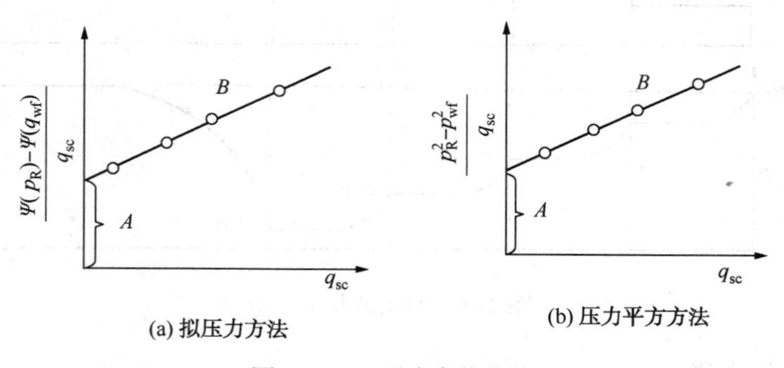

(a) 拟压力方法　　(b) 压力平方方法

图3-7　二项式产能曲线

(1) 二项式产能方程

$$\psi(p_R)-\psi(p_{wf})=Aq_{sc}+Bq_{sc}^2$$

$$\frac{\psi(p_R)-\psi(p_{wf})}{q_{sc}}=A+Bq_{sc}(\text{拟压力}) \tag{3-9}$$

$$p_R^2-p_{wf}^2=Aq_{sc}+Bq_{sc}^2$$

$$\frac{p_R^2-p_{wf}^2}{q_{sc}}=A+Bq_{sc}(\text{压力平方}) \tag{3-10}$$

（2）二项式方程作用

1）计算无阻流量

$$q_{AOF}=\frac{\sqrt{A^2+4B[\psi(p_R)-\psi(0.1)]}-A}{2B}(\text{拟压力法}) \tag{3-11}$$

$$q_{AOF}=\frac{\sqrt{A^2+4B(p_R^2-0.1^2)}-A}{2B}(\text{压力平方法}) \tag{3-12}$$

2）预测产量

当气藏压力 p_R 下降到 p_{R1}、井底流压为 p_{wf} 时，气井的产量为：

$$q_{sc}=\frac{\sqrt{A^2+4B[\psi(p_{R1})-\psi(p_{wf})]}-A}{2B}(\text{拟压力法}) \tag{3-13}$$

$$q_{sc}=\frac{\sqrt{A^2+4B(p_{R1}^2-p_{wf}^2)}-A}{2B}(\text{压力平方法}) \tag{3-14}$$

3）IPR 曲线应用

井底流压（p_{wf}）与产量（q_{sc}）的关系曲线称为井底流入动态曲线，简称 IPR。IPR 曲线的绘制步骤如下。

① 根据产能方程，计算出不同地层压力 p_R 下以若干不同流压生产时的产量。

② 直角坐标图上画出 $p_{wf}-q_{sc}$ 关系曲线，图 3-8 就是气井的 IPR 曲线。

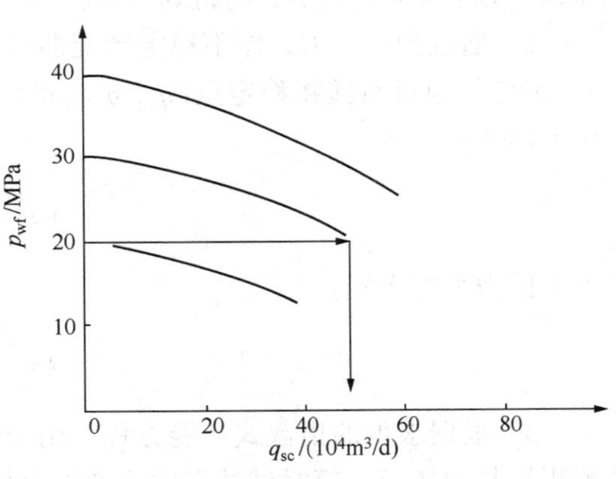

图 3-8　气井的 IPR 曲线

IPR 曲线应用：①由 IPR 曲线可直接查出当气层压力下降到某一数值，并以某一流压生产时的产量；②用 IPR 曲线结合其他资料，可以确定气井的最佳工作制度。

（五）等时试井解释

1. 测试方法

如果气层的渗透性较差，回压试井需要很长的时间，此时可使用等时试井（图 3-9）。

1）适应条件：高产气井。

2）工作制度选择：与回压试井基本相同。

3）技术操作：连续以若干个不同的工作制度（一般由小到大，不少于三个）生产，在以每一产量生产后均关井一段时间，使压力恢复到（或非常接近）气层静压；最后再以某一定产量生产一段较长的时间，直至井底流压达到稳定。

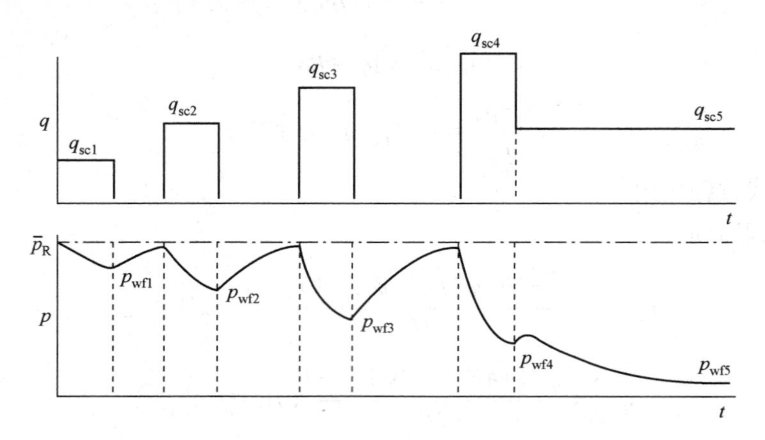

图 3-9　等时试井示意图

2. 二项式分析方法

气井等时试井的解释结果仍然是要通过测试资料（q_{sci}、p_{wfi}、p_R）寻求直线关系，由直线的斜率和截距求取二项式产能方程的系数 A 和 B，其计算步骤如下：

1）根据测试资料，在直角坐标系中，作出$[\psi(p_R)-\psi(p_{wf})]/q_{sc}$或$(p_R^2-p_{wf}^2)/q_{sc}$与 q_{sc} 的关系曲线。对于等时测试点，将得到一条斜率为 B 的直线，称为二项式不稳定产能曲线。

2）通过稳定点 C，作不稳定产能曲线的平行线，其纵截距就是二项式产能方程的系数 A。另外，也可直接将稳定点（q_{sc5}, p_{wf5}）的值代入二项式产能方程进行计算，求取系数 A。拟压力形式：

$$A=\frac{\psi_R-\psi_{wf5}-Bq_{sc5}^2}{q_{sc5}} \tag{3-15}$$

压力平方形式：

$$A=\frac{p_R^2-p_{wf5}^2-Bq_{sc5}^2}{q_{sc5}} \tag{3-16}$$

3）根据求得的指数式产能方程，用与回压试井解释相同的方法，计算气井无阻流量和预测气井的产量。等时试井指数式产能分析曲线如图 3-10 所示。

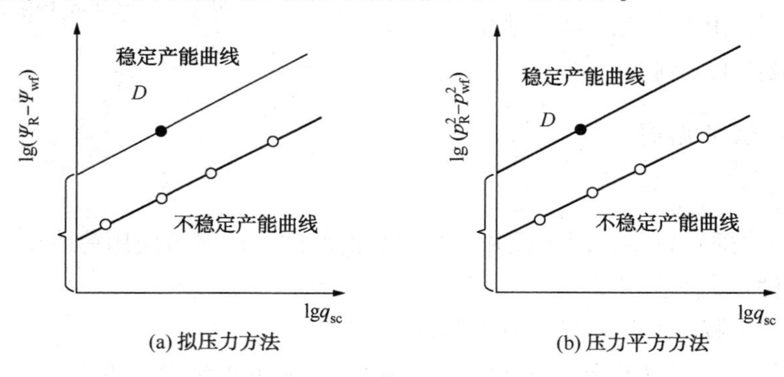

(a) 拟压力方法　　(b) 压力平方方法

图 3-10　等时试井指数式产能分析曲线

（六）修正等时试井解释

1. 测试方法

修正等时试井是等时试井的简化形式。在等时试井中，每一次开井生产后的关井时间要求足够长，使压力恢复到地层静压，因此每次关井时间一般来说都是不相等的，如果不采用地面直读测试方式，则盲目性很大。修正等时试井与等时试井的操作相同，不同的是每个关井周期的时间相同(一般与生产时间相等，但也可以与生产时间不等，不要求压力恢复到静压)(图 3-11)。

2. 二项式分析方法

气井修正等时试井的解释结果仍然是要通过测试资料(q_{sci}、p_{wfi}、p_{wsi})寻求直线关系，由直线的斜率和截距求取二项式产能方程的系数 A 和 B。其分析步骤与等时试井类似，只在绘制产能曲线时，以$[\psi(p_{wsi})-\psi(p_{wfi})]/q_{sci}$代替等时试井的$[\psi(p_R)-\psi(p_{wfi})]/q_{sci}$，$(p_{wsi}^2-p_{wfi}^2)/q_{sci}$代替等时试井的$(p_R^2-p_{wfi}^2)/q_{sci}$，其中 p_{wsi}是第 i 次关井期末的关井井底压力，$i=1$、2、3、4。除此之外，产能方程的确定方法均和等时试井完全相同。修正等时试井二项式产能分析曲线如图 3-12 所示。

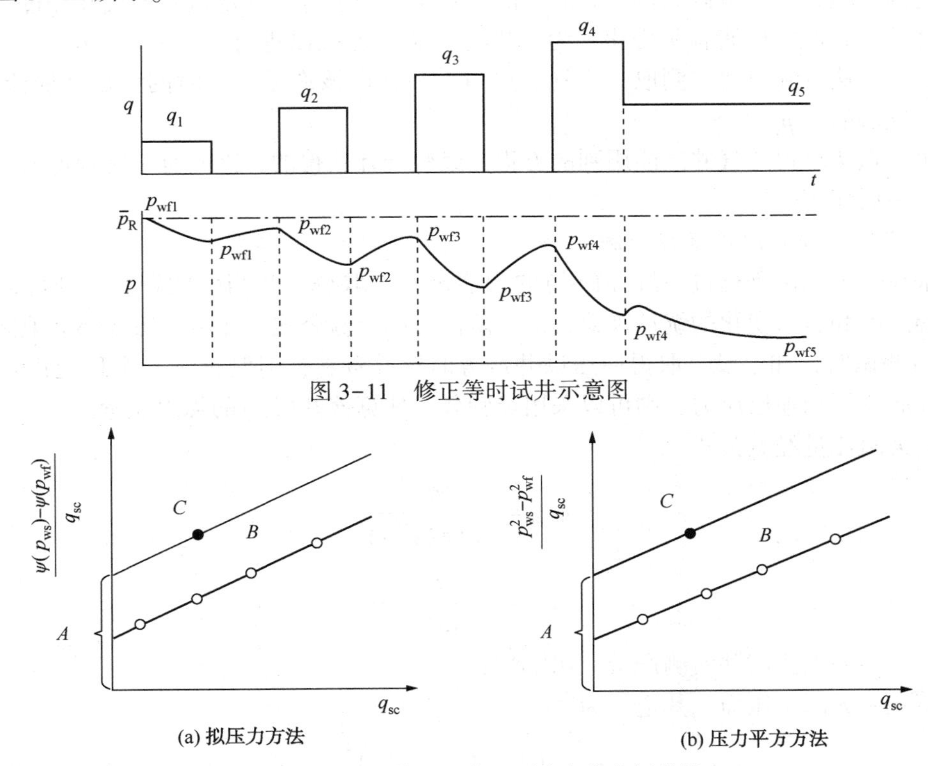

图 3-11　修正等时试井示意图

图 3-12　修正等时试井二项式产能分析曲线

3. 指数式分析方法

修正等时试井指数式分析方法也仅需将等时试井分析的纵坐标由 $\psi_R-\psi_{wfi}$、$p_R^2-p_{wfi}^2$ 替换为 $\psi_{wsi}-\psi_{wfi}$、$p_{wsi}^2-p_{wfi}^2$，产能方程的确定方法均与等时试井完全相同。修正等时试井指数式产能分析曲线如图 3-13 所示。

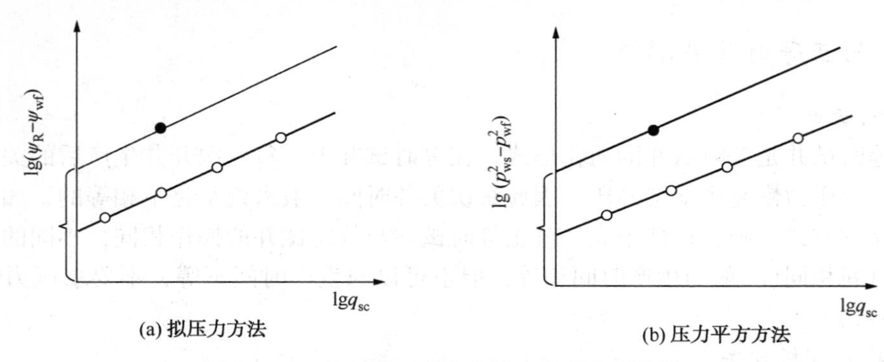

图 3-13　修正等时试井指数式产能分析曲线

(七) 一点法试井解释

1. 测试方法

在探井测试中，由于地面设施尚未建成，如果采用上述的产能测试方法求气井的产能，必然造成天然气的极大浪费，因此在这种情况下通过对气井进行压力和产量的一点测试，并依据一定的经验方程，可以获得气井的产能。对于已经进行过稳定试井的气井经过一段时间的开采之后，其产能可能有所变化，为了进行检验，也可以进行“一点法试井”，求取气井的产能。一点法试井只要求测取一个稳定产量 q 和在以该产量生产时的稳定井底流压 p_{wf} 以及目前的气层静压 p_R。

利用一点法求得的气井产能用到的方程是经验统计获得的，因此对于所获得的产能数据要分析处理后使用。

2. 一点法试井无阻流量经验法

如果在一个气田进行过一批井(层)的产能试井，取得了相当多的资料，则可以得出这个气田的产能和压力变化的统计规律，即无阻流量的经验公式。在本气田或邻近地区的新井(层)进行测试时，如果没有取得回压试井或等时试井资料，但测得了一个稳定产量及相应的稳定井底流压和地层压力，则可以采用经验公式估算该井(层)的无阻流量。

(1) 无阻流量经验公式

$$q_{AOF}=\frac{6q_{sc}}{\sqrt{1+48p_D}-1} \tag{3-17}$$

$$q_{AOF}=\frac{q_{sc}}{1.0434p_D^{0.6594}} \tag{3-18}$$

式中　q_{sc}——一点法试井实测产量，$10^4m^3/d$；

p_D——无因次压力，其定义为：

$$q_D=\frac{p_R^2-p_{wf}^2}{p_R^2}=1-\left(\frac{p_{wf}}{p_R}\right)^2 \tag{3-19}$$

式中　p_{wf}——一点法实测井底流压，MPa。

(2) 一点法试井无阻流量曲线

为了使用方便，可把一点法无阻流量经验公式，在直角坐标图上画成 q_{sc}/q_{AOF} 与 p_{wf}/p_R 的关系曲线(图 3-14)。

$$\frac{q}{q_{\mathrm{AOF}}}=\frac{\sqrt{49-48\left(\frac{p_{\mathrm{wf}}}{p_{\mathrm{R}}}\right)^{2}}-1}{6} \tag{3-20}$$

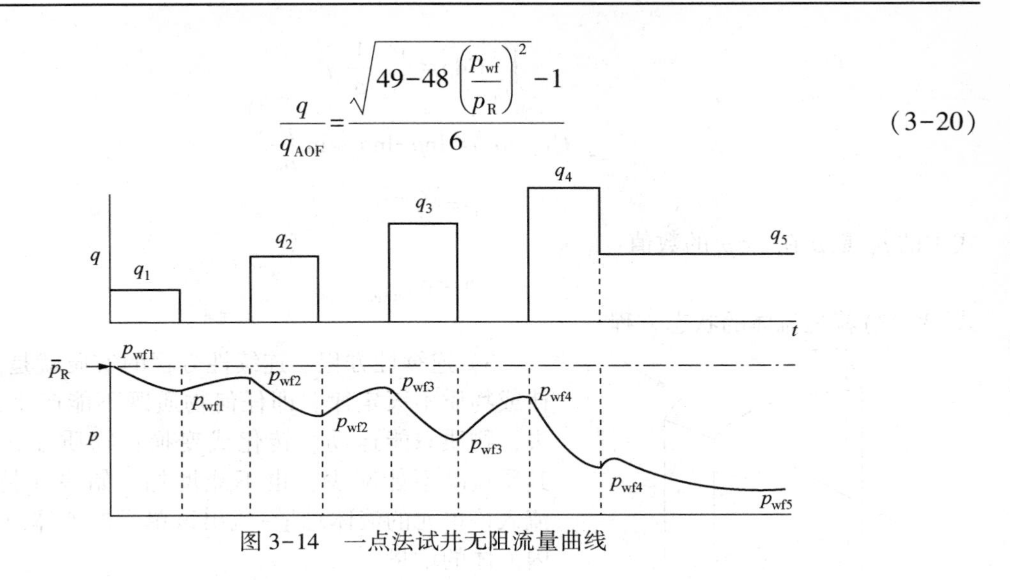

图 3-14 一点法试井无阻流量曲线

（八）不稳定试井解释方法

1. 渗流基本微分方程

试井解释的基础理论的渗流基本微分方程就是流体在多孔介质中渗流的数学描述。渗流基本微分方程是由运动方程(达西定律)、状态方程及连续性方程(物质守恒定律)推导而来的。

1) 达西定律。平面径向流是最常用的一种情形。假定油层是均质和等厚的，一口井开井生产，则流动是径向的，流速、流量都是时间 t 和位置[离井距离 r，r 为地层中一点到井轴(井筒的中心线)的距离]的二元函数，达西定律可写作：

$$v_{\mathrm{r}}=\frac{q}{s}=-\frac{k}{\mu}\frac{\partial p}{\partial r} \tag{3-21}$$

2) 状态方程。在油层内，流体处于高温、高压条件下流动，随着油井的开采进度，地层压力与温度将发生变化。由于在假设条件中规定油层中的渗流是等温过程，因此状态方程只与压力有关。

在单相流体渗流中，流体的弹性作用与压力关系最密切，表征流体弹性大小的参数是压缩系数 C，定义如下：

$$C=-\frac{1}{V}\frac{\partial V}{\partial p}$$

而物质的密度 ρ 的定义是：

$$\rho=\frac{m}{V}$$

式中 V、m——物质的体积和质量；

p——物质所受的压力。

$$C=-\frac{1}{V}\frac{\partial V}{\partial p}=-\frac{1}{V}\frac{\partial V\mathrm{d}\rho}{\partial\rho\mathrm{d}p}=-\frac{\rho}{m}\left(-\frac{m}{\rho^{2}}\right)\frac{\partial\rho}{\partial p}=\frac{1}{\rho}\frac{\partial\rho}{\partial p}$$

$$C\partial p=\frac{1}{\rho}\partial\rho \tag{3-22}$$

对于弱可压缩液体，可以认为其压缩系数是常数。对式(3-22)积分得：

$$\int_{p_o}^{p} C\mathrm{d}p = \int_{p_o}^{p} \frac{1}{\rho}\partial\rho$$

$$C(p-p_o) = \ln\rho - \ln\rho_o = \ln\frac{\rho}{\rho_0} \tag{3-23}$$

$$\rho = \rho_0^{C(p-p_o)}$$

式中的 ρ_o 是 ρ 在 $p=p_o$ 的数值：

$$\rho_o = \rho|_{p=p_o}$$

式(3-23)就是流体的状态方程。

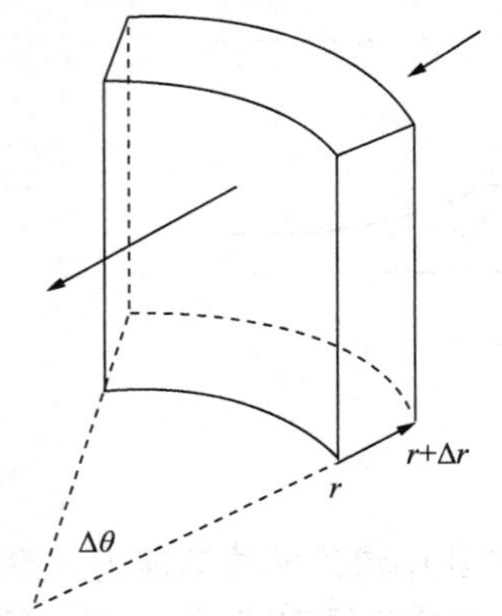

图 3-15　径向流系控制体元示意图

3) 连续性方程。连续性方程的实质就是物质守恒定律或物质不灭定律。即任何物质既不能产生，也不会消失，物质只能运动、转化或变换；物质在运动过程中，其质量既不能减少，也不能增加，始终保持恒定。即：流入该单元的液体总量-流出该单元的液体总量=该单元内液体的增量。

如图 3-15 所示，在液体径向流情况下，在孔隙介质的任何一个单元，单元外壁的面积 S_o 为：

$$S_o = \frac{2\pi(r+\Delta r)\theta h}{2\pi} = (r+\Delta r)\theta h$$

单元内壁的面积 S_i 为

$$S_i = \frac{2\pi r\theta h}{2\pi} = r\theta h \tag{3-24}$$

假定流入单元的径向渗滤体积速度为 v_r，那么流入单元的径向渗滤质量速度应为 $v_r\rho$，又假定渗滤质量速度的增量为 $\Delta(v_r\rho)$，则流出单元的径向渗滤质量速度为 $v_r\rho+\Delta(v_r\rho)$。

在平均时间内，流入单元的流体质量应为：$-(r+\Delta r)\theta hv_r\rho\Delta t$

从单元流出的流体质量为：$-r\theta h[v_r\rho+\Delta(v_r\rho)]\Delta t$

单元流体质量的增量使得其中流体的密度 ρ 发生变化。事实上，单元的体积为：

$$\frac{\pi(r+\Delta r)^2\theta h}{2\pi} = \frac{\pi r^2\theta h}{2\pi} = \frac{\theta h}{2\pi}[(r+\Delta r)^2 - r^2] \approx \theta hr\Delta r\phi\rho$$

$$(\theta hr\Delta r\phi\rho)_{t+\Delta t} - (\theta hr\Delta r\phi\rho)_t - (r+\Delta r)\theta hv_r pct - \{-r\theta h[v_r\rho+\Delta(v_r\rho)\Delta t]\}$$

$$= (\theta hr\Delta r\phi\rho)_{t+\Delta t} - (\theta hr\Delta r\phi\rho)_t \frac{1}{r}\frac{\partial}{\partial r}(rv_r\rho) = -\frac{\partial(\phi\rho)}{\partial t}$$

$$\frac{\pi(r+\Delta r)^2\theta h}{2\pi} = \frac{\pi r^2\theta h}{2\pi} = \frac{\theta h}{2\pi}[(r+\Delta r)^2 - r^2] \approx \theta hr\Delta r$$

所以，其中流体的质量为 $\theta hr\Delta r\phi\rho$，流体的质量增量应为：

$$(\theta hr\Delta r\phi\rho)_{t+\Delta t} - (\theta hr\Delta r\phi\rho)_t$$

因此：

$$-(r+\Delta r)\theta hv_r\rho\Delta t - \{-r\theta h[v_r\rho+\Delta(v_r\rho)\Delta t]\} = (\theta hr\Delta r\phi\rho)_{t+\Delta t} - (\theta hr\Delta r\phi\rho)_t$$

$$p_i - p_{wf}(t) = \frac{2.121\times10^{-3}q\mu B}{Kh}\lg t + \frac{2.121\times10^{-3}q\mu B}{Kh}\times$$

$$\left(\lg\frac{K}{\phi\mu C_t r_w^2} + 0.9077 + 0.8686S\right) p_{wf} \sim \lg t \Delta p \sim \lg t$$

整理得到：
$$-\frac{v_r\rho}{r}+\frac{\Delta(v_r\rho)}{\Delta r}=\frac{\Delta(\phi\rho)}{\Delta t}$$

得到偏微分方程：
$$\frac{v_r\rho}{r}+\frac{\partial(v_r\rho)}{\partial r}=-\frac{\partial(\phi\rho)}{\partial t}$$

即：
$$\frac{1}{r}\frac{\partial}{\partial r}(rv_r\rho)=-\frac{\partial(\phi\rho)}{\partial t} \tag{3-25}$$

这就是径向流动的连续性方程。

4）基本微分方程推导。将运动方程、状态方程代入连续性方程，就得到试井解释的基本微分方程：

$$\frac{\partial^2 p}{\partial r^2}+\frac{1}{r}\frac{\partial p}{\partial r}=\frac{\phi\mu C_t}{3.6K}\frac{\partial p}{\partial t} \tag{3-26}$$

$$\frac{\partial^2 p_D}{\partial r_D^2}+\frac{1}{r_D}\frac{\partial p_D}{\partial r_D}=\frac{\partial p_D}{\partial t_D} \tag{3-27}$$

式中：
$$p_D=\frac{Kh}{1.842\times10^{-3}\mu qB}\Delta p$$

$$t_D=\frac{3.6K}{\phi\mu C_t r_w^2}t$$

$$r_D=\frac{r}{r_w}$$

假定在无限大地层中有一口井，在这口井开井生产前，整个地层具有相同的压力 p_i，从某一时刻 $t=0$ 开始，该井以恒定产量 q 生产，则满足以下定解条件：

$$\left.\begin{aligned}&p(t=0)=p_i\\&p(r=\infty)=p_i\\&\left(r\frac{\partial p}{\partial r}\right)_{r=r_w}=\frac{q\mu B}{172.8\pi Kh}\end{aligned}\right\} \tag{3-28}$$

式中　$p=p(r,t)$——距离井 r 处在 t(h)时刻的压力，MPa；

p_i——原始地层压力，MPa；

r——离井的距离，m；

t——从开井时刻起算的时间，h；

K——地层渗透率，μm^2；

h——地层厚度，m；

μ——流体黏度，mPa·s；

ϕ——地层孔隙度，无因次；

C_t——地层及其中流体的综合压缩系数，MPa^{-1}。

微分方程在定解条件式(3-28)下的解为：

$$p=p(r,t)=p_i-\frac{q\mu B}{345.6\pi Kh}\left[-E_i\left(-\frac{r^2}{14.4\eta t}\right)\right] \tag{3-29}$$

式中　E_i——幂积分函数。

$$E_i(-X) = -\int_X^\infty \frac{e^{-u}}{u}\mathrm{d}u$$

当 $x<0.01$ 时，

$$E_i(-X) \approx \ln X + 0.5772 \approx \ln(1.781X)$$

由方程(3-28)可得井底流动压力：

$$p_{wf}(t) = -\frac{2.121\times10^{-3}q\mu B}{Kh}\lg t + \left[p_i - \frac{2.121\times10^{-3}q\mu B}{Kh}\left(\lg\frac{K}{\phi\mu C_t r_w^2} + 0.9077 + 0.8686s\right)\right] \tag{3-30}$$

$$p_i - p_{wf}(t) = \frac{2.121\times10^{-3}q\mu B}{Kh}\lg t + \left[\frac{2.121\times10^{-3}q\mu B}{Kh}\left(\lg\frac{K}{\phi\mu C_t r_w^2} + 0.9077 + 0.8686s\right)\right] \tag{3-31}$$

方程(3-31)称为压差公式，它描述的是压力降落过程中井底压力的变化。公式表明压降测试数据 $p_{wf}-\lg t$ 或 $\Delta p-\lg t$ 曲线，在径向流动段为一条直线，这就是压降试井常规解释方法的理论依据。

2. *压力分布*

当油井稳定生产时，地层中存在一个压力分布，井底的流压为 p_{wf}，外边界上的压力为 p_e，地层中任意径向距离 r 处的地层压力为 p，无表皮系数油井的地层压力分布可用下式进行计算：

$$p = p_{wf} + \frac{p_e - p_{wf}}{\ln\frac{r_e}{r_w}}\ln\frac{r}{r_w} \tag{3-32}$$

$$p = p_e - \frac{p_e - p_{wf}}{\ln\frac{r_e}{r_w}}\ln\frac{r_e}{r} \tag{3-33}$$

式(3-32)、式(3-33)为单相不可压缩液体平面径向渗流的压力分布公式，可以看出，从供给边界到井底，地层中的压力降落是按对数关系分布的，如图 3-16 所示。从空间形态看，它形似漏斗，所以习惯上称之为“压降漏斗”。平面径向流压力消耗的特点是压力主要消耗在井底附近，这是因为越靠近井底，渗流面积越小，渗流阻力越大。

3. *叠加原理*

应用叠加原理，可以得到多井情形和变产量情形(包括关井，即压力恢复情形)的各种压力变化公式。所谓“叠加原理”就是：如果某一线性微分方程的定解条件也是线性的，并且他们都可以分解成为若干部分，即分解成若干个定解问题，而这几个定解问题的微分方程和定解条件相应的线性组合，正好是原来的微分方程和定解条件，那么，这几个定解问题的解的相应的线性组合就是原来的定性问题的解。把叠加原理应用到试井中，就是油藏中任何一个地方的压力变化，等于油藏中所有各井的产量变化在该处引起的压力变化的总和。应用叠加原理，可以得到多井情形和变产量情形(包括关井，即压力恢复情形)的各种压力变化公式。多井情形相当于平面上的叠加，变产量情形相当于时间上的叠加。使用叠加原理时应注意，各井都应在同一水动力系统。空间上的叠加形式(多井系统的应用)如图 3-17 所示。

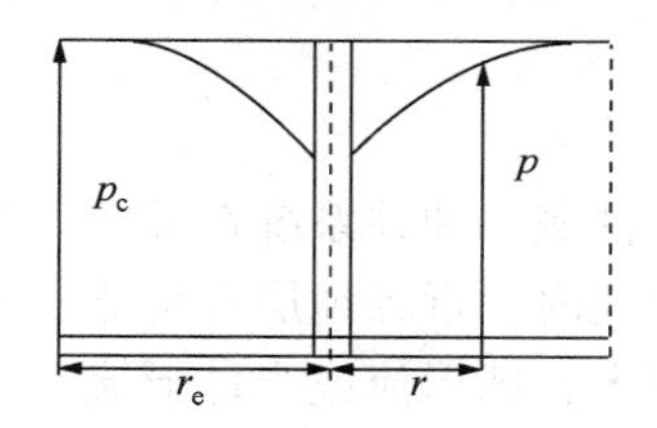

图 3-16　平画径向流压力分布曲线

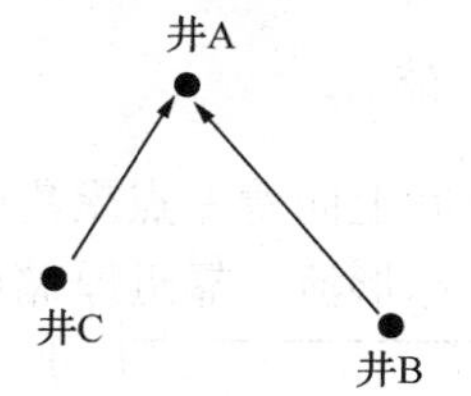

图 3-17　多井系统示意图

由叠加原理可知：井 A 的压力变化为

$$\Delta p=\Delta p_{A}+\Delta p_{B\sim A}+\Delta p_{C\sim A}$$

式中，Δp_{A}、$\Delta p_{B\sim A}$、$\Delta p_{C\sim A}$分别表示 A、B、C 井以 q_{A}、q_{B}、q_{C}生产时，在井 A 产生的压降。若处于径向流动期，则压力模型为：

$$p=\frac{9.21\times10^{-4}\mu B}{Kh}\left[q_{A}\left(\ln\frac{kt}{\phi\mu C_{t}r_{w}^{2}}+0.8091+2s\right)-q_{B}E_{i}\left(-\frac{\phi\mu C_{t}d_{BA}^{2}}{14.4Kt}\right)-q_{c}E_{i}\left(-\frac{\phi\mu C_{t}d_{CA}^{2}}{14.4Kt}\right)\right]$$

第二节　测试资料解释基础

一、地层流体流态特征

在试井资料中常常可观察到 8 种流动类型，即径向流、球形流、线性流、双线性流、线弹性流、稳态流、双孔隙/渗透流和双斜率流。这些流动类型都有自己的物理模式和数学表示。

（一）径向流

当流线在平面上向着一点聚集时发生径向流。径向流是最重要的流动方式。在双对数图上，导数曲线表现为一条水平直线。在完全完善井情形中，井与地层的接触部分为圆柱面。在任何一个垂直于井轴线的水平面上，径向流的流线则从地层四面指向这个圆柱。在部分射孔或部分完善情形下，早期阶段的径向流所对应的流动仅在油藏—油井系统的完善部分发生。裂缝井或水平井的径向流有效半径将扩大。水平井在垂直于井壁方向也表现出早期径向流。如果在一口井附近有流动障碍如一个断层，其流动特征首先表现出径向流，然后表现出双斜率流。发生径向流时，由特征流动段可确定地层渗透率和表皮、外推平均地层压力等。图 3-18 和图 3-19 分别是均值、非均值油藏径向流阶段的双对数曲线。

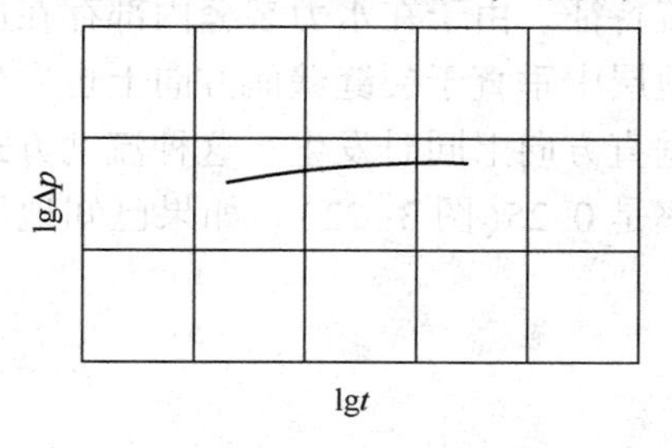

图 3-18　均值油藏径向流动阶段的双对数曲线

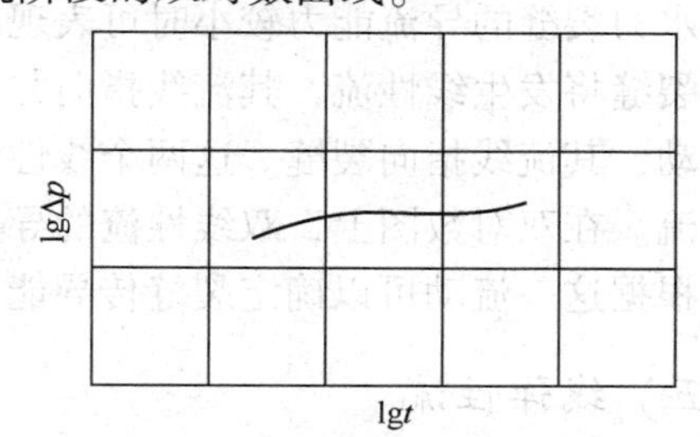

图 3-19　非均值油藏径向流动阶段的双对数曲线

（二）球形流

当流线在空间上向着一点聚集时发生球形流。油藏—油井系统在部分完善或部分射孔情况下有可能发生球形流。靠近厚储层上部或下部射孔时，近井地层有可能发生球形流或半球形流。在双对数图上，球形流或半球形流的导数曲线斜率都为-0.5(图3-20)。

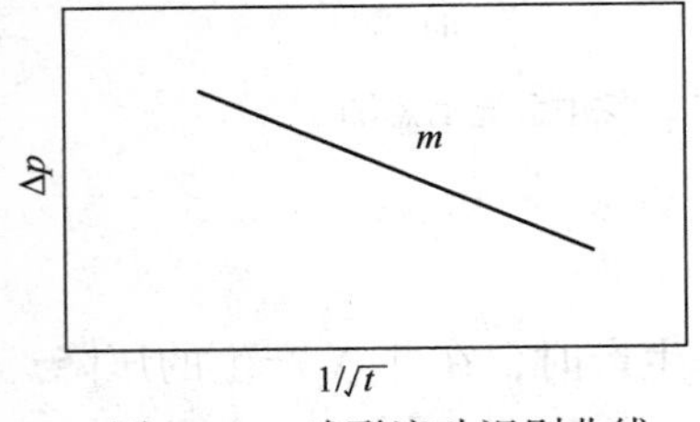

图3-20　球形流动识别曲线

无论何时出现这样的流动，都可确定球形流的渗透率，可求得垂向渗透率。垂向渗透率在分析或预测气顶、底水或水平井动态中是必不可少的参数。当地层仅是小部分射开(钻开)进行钻杆测试可获得垂向和水平向渗透率，这样能使钻井、完井工程达到最佳。在压力导数上观察到的-0.5斜率，表面上说明测试井具有大的表皮。经过表皮分解，去掉部分完善产生的表皮后，可确定真实的地层损害表皮。反之，可以确定改善措施的增产效益。

（三）线性流

当流线在平面上相互平行时发生线性流，这些流线按某一方向指向井。在双对数图上，线性流的导数曲线斜率是0.5，常常发生在垂向裂缝井、水平井或者一个河道型的油藏中。由于流线集中到一个面，与这一流动有关的参数是流线方向上的渗透率和垂直于流线的流动区域。如果根据另一种流动方式能确定 kh 时，可由此确定流动区域的宽度、垂直裂缝井的裂缝半长、水平井的有效生产长度或者是河道型油藏的宽度；另一方面，如已知流动区域宽度，综合径向流、线性流的资料可计算主轴方向的渗透率(k_x和 k_y)值(图3-21)。

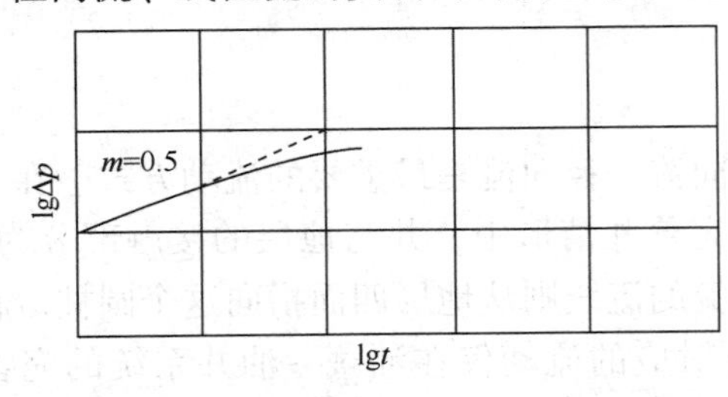

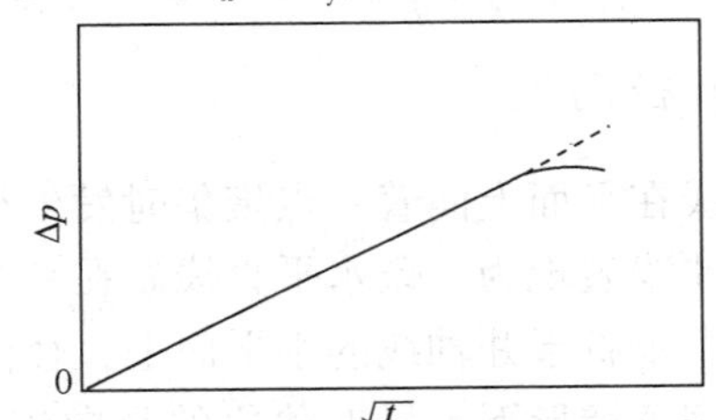

图3-21　线性流动的诊断曲线和特种识别

（四）双线性流

当水力裂缝的导流能力较小时可表现出双线性流特征。由于在水力裂缝内部存在压力降落，沿裂缝将发生线性流，其流线指向井，同时在地层中垂直于裂缝壁面方向上也发生一个线性流动，其流线指向裂缝。这两个线性流在互相垂直方向上同时发生，这种流动方式称为双线性流。在双对数图上，双线性流的导数曲线斜率是0.25(图3-22)。如果已知地层渗透率时，根据这一流动可以确定裂缝传导能力。

（五）线弹性流

线弹性流的特点是：在封闭渗流系统中压力扰动的改变不随时间变化，所有点的压力以同一方式变化。线弹性流的导数曲线斜率为 1(图 3-23)。封闭体积可以是井筒的一部分或全部，也可以是一封闭油藏。如果指的是井筒，这一流动段称为井筒储存段；如果指的是有关此井的整个排泄体积，这一特点称为拟稳态。在径向流出现之前的井筒储存段，可能有导数曲线斜率大于 1 的情形发生，有可能是井筒储存因子的变化。从井筒储存段到其他流段的过渡区中，有时会出现“驼峰”。井筒储存期间压力响应主要受井筒体积控制，因此它很少反映油藏信息，而且井筒储存的影响可能掩盖井和近井地层特征的早期反应，如部分射孔、近井地层损害等。在近生产层段进行井底关井可缩短这一流动段，以减少由井筒储存影响的两个或更多对数周期的数据资料。如果测试过程中未采用井底关井，井筒储存的影响有时要持续很长时间。

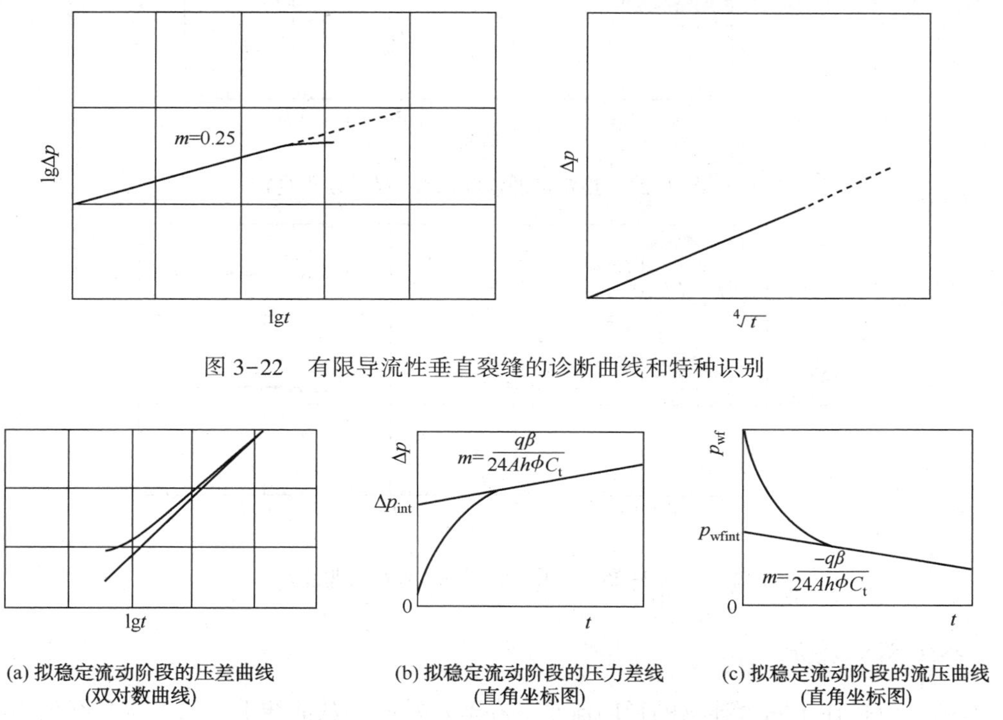

图 3-22 有限导流性垂直裂缝的诊断曲线和特种识别

(a) 拟稳定流动阶段的压差曲线（双对数曲线）

(b) 拟稳定流动阶段的压力差线（直角坐标图）

(c) 拟稳定流动阶段的流压曲线（直角坐标图）

图 3-23 封闭系统诊断和特征识别曲线

（六）稳态流

稳态流是指渗流系统内的压力在任何点上不随时间变化，并且油藏中任意两点间的压力梯度为常数。当渗流系统内的压力受临近的气顶或活跃的水体支持时，在任何注入/生产井网中都会存在这种情况。在稳态流中，常压趋势导致压力导数曲线陡然下降。在压力恢复和压力降落试井资料中出现陡峭下降，就表明可能发生了稳态或拟稳态流动。根据发生的特征点可以计算到气顶或水体的距离(图 3-24)。

（七）双孔隙/渗透流

当油藏岩石内部具有流动特征对比明显的非均质分布时，可能出现双孔双渗流动，例如天然裂缝性或高度分层的地层。此时，在双对数图上导数曲线看起来好像山谷形(图 3-25)。这种特征在已经描述的任何流动方式上或从一种流动方式到另一种方式的过渡中都可能出现。根据这种流动方式可确定与内部非均质相关的参数，包括非均质间窜流能力、非均质的相对储存能力或几何因子。

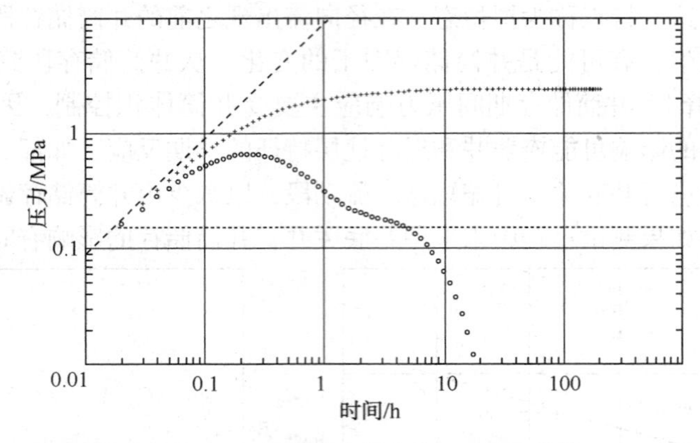

图 3-24　稳定流的诊断曲线(双对数曲线)

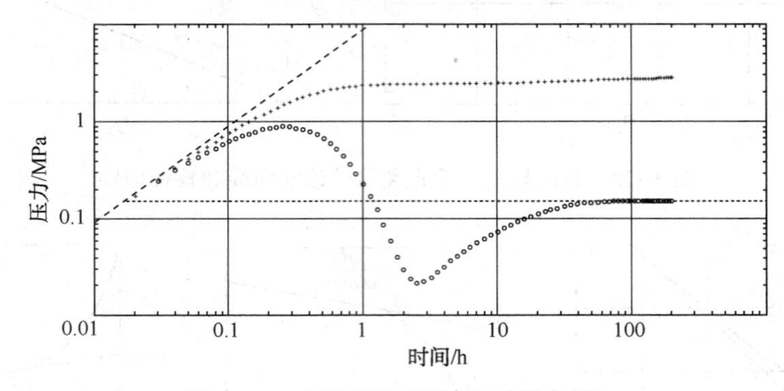

图 3-25　双孔诊断曲线(双对数曲线)

(八) 双斜率流

双斜率流描述了两个连续的径向流动，在双对数图导数曲线上，第二水平线值恰恰是第一个的两倍(图 3-26)。这种特点经常解释为一个封闭断层。但由于曲线相似，双斜率也可能是由于双孔、双渗等非均质特性造成的。如果双斜率流是由于封闭断层引起的，则可以确定井和断层间的距离。流动段识别器如图 3-27 所示。

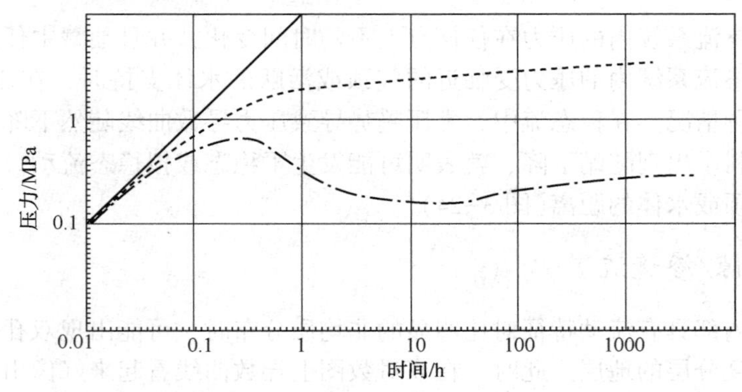

图 3-26　双斜率流诊断曲线(双对数曲线)

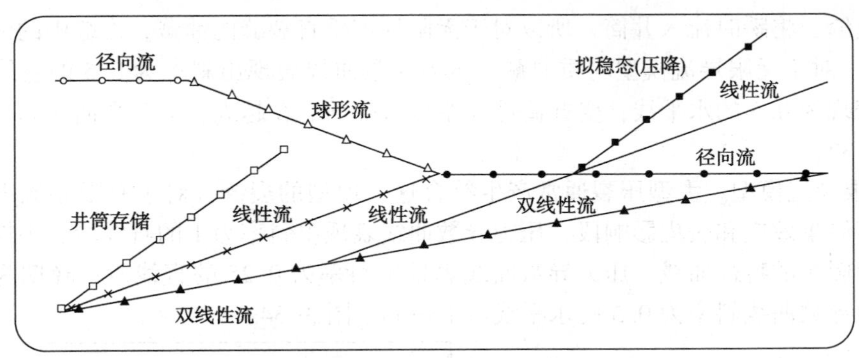

图 3-27　流动阶段识别器

二、试井模型及曲线特征

现代试井解释是根据各种试井模型的数学模型算出不同参数下的无量纲井底压力随无量纲时间的变化曲线，并绘制在双对数坐标图上，称为理论图版或样板曲线。不同的试井模型具有不同的曲线特征，实测曲线符合哪类试井模型的曲线特征，就选哪类试井模型的理论图版进行拟合，拟合的结果也就确定了该实测曲线对应的油藏参数。因此，试井解释模型及典型曲线特征是试井解释技术的重要内容。试井解释模型的组成见表 3-1。

表 3-1　试井解释模型的组成

类　别	模　型
内边界模型	井储+表皮、变井储、压裂井、部分射开、斜井和水平井等
储层模型	均质、双孔介质、双渗介质、三重介质、多重介质、复合模型(包括径向复合和单向线性复合)、多重复合模型(包括径向复合和单向线性复合)和分形介质模型
外边界模型	定压边界、变压边界(升压或降压)、不渗透边界(一条直线断层或多条直线断层)、封闭储层、半渗透(泄漏)断层和高渗透断层等
流体模型	油井、气井、凝析气井、水井、单相流、多相流、非达西流等
流量模型	恒流量、变流量

(一) 井筒模型(早期段)

试井解释曲线在早期段主要受到井筒储集效应、表皮以及井型井别的影响。

1) 井筒储存+表皮污染模型。对于定井储模型，污染系数 S 越大，双对数曲线开口越大，反之开口越小(图 3-28、图 3-29)。

2) 变井储存+表皮污染模型。在部分井的不稳定试井过程中，井筒储容不是一个常数，因而引起早期数据曲线的畸变。容易造成模型的错误识别。受井筒储存系数 C 的影响，试井早期曲线发生变异，C 变大时，曲线向右偏移，反之向左；此外曲线形态还具有压力导数曲线超越压力线的特征(图 3-30)。

3) 无限导流能力裂缝模型。因裂缝具有无限大渗透率，沿裂缝无压力降。流体一旦从地层流入裂缝，将瞬时流入井筒。所以对于无限导流垂直裂缝的油藏，裂缝中的流动不存在(图 3-31)。对于无限导流模型均质油藏，压力导数曲线表现出斜率为 0.5 的直线段，后期压力导数表现为 0.5 的水平线；受井筒储存系数 C 影响，C 越大，双对数曲线越靠右，反之靠左(图 3-32)。

4) 有限导流模型。大型压裂通常产生符合这一模型的裂缝，对于有限导流垂直裂缝模型，在井筒储集效应和表皮影响段，压力导数曲线表现出斜率为 1 的直线段；中期为有限导流垂直裂缝影响的特征曲线，压力导数曲线表现出斜率为 0.25 的直线段；晚期为均质油藏特征，压力导数曲线斜率为 0.5 的水平线(图 3-33、图 3-34)。

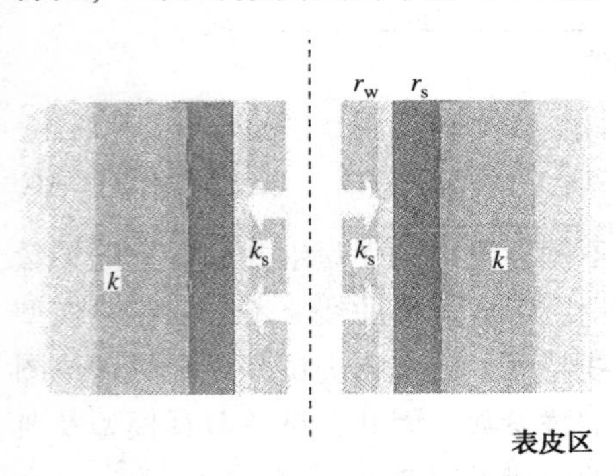

图 3-28　表皮污染物理模型

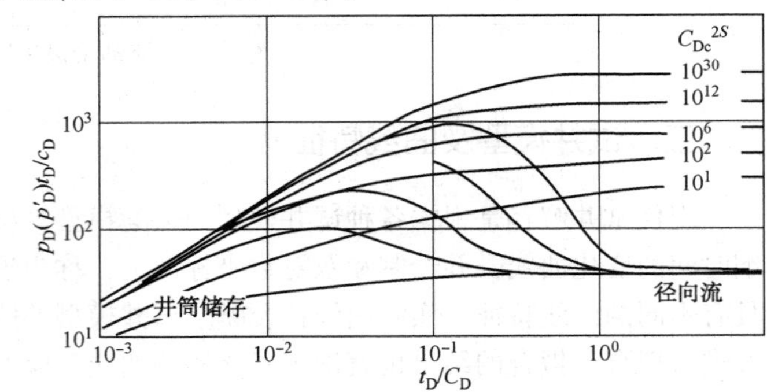

图 3-29　表皮系数对双对数曲线的影响

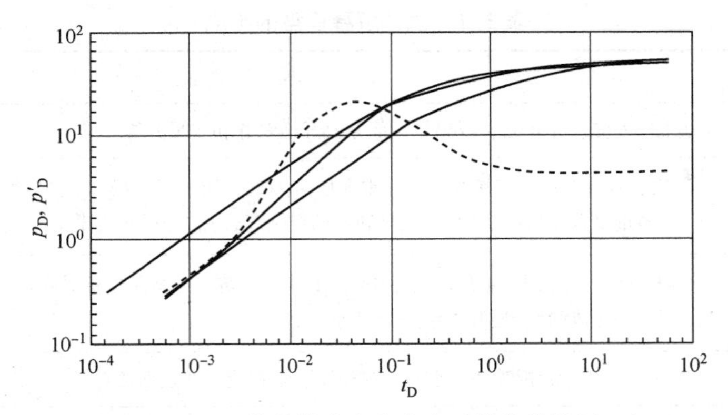

图 3-30　井筒储容由大变小时的曲线特征

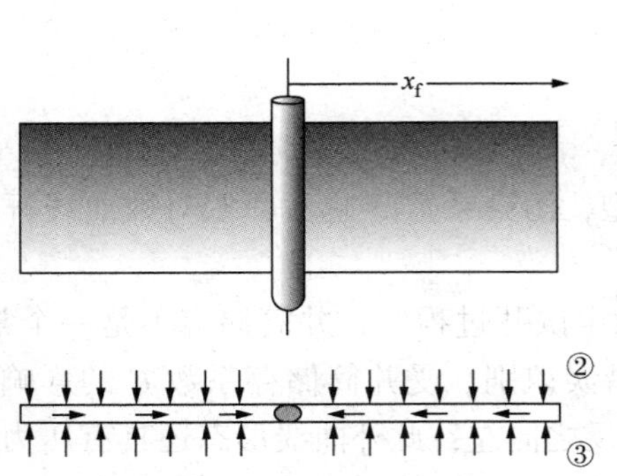

图 3-31　无限导流垂直裂缝井的物理模型

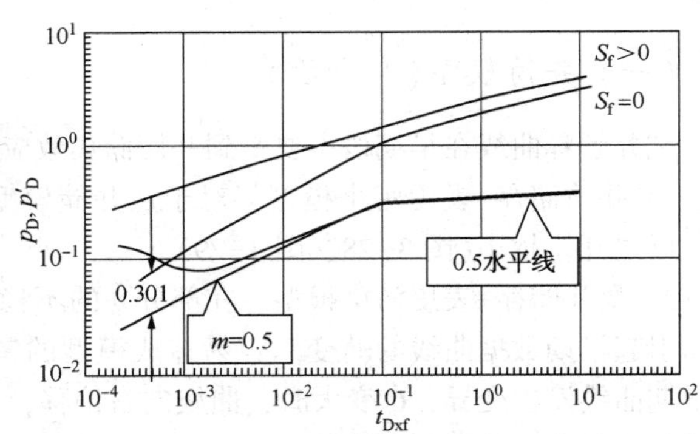

图 3-32　无限导流垂直裂缝井的压力特征

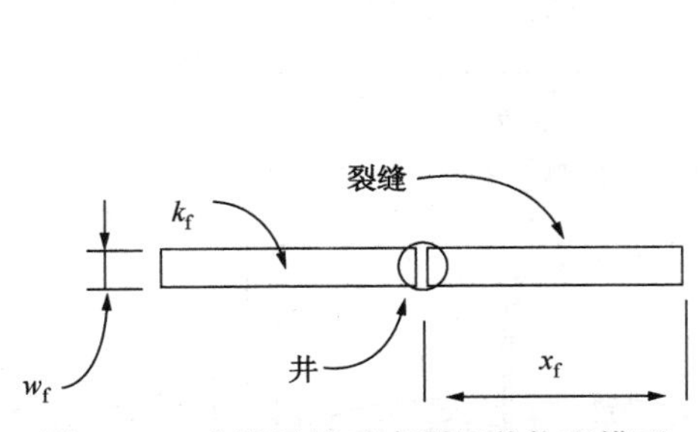

图 3-33 有限导流垂直裂缝井物理模型

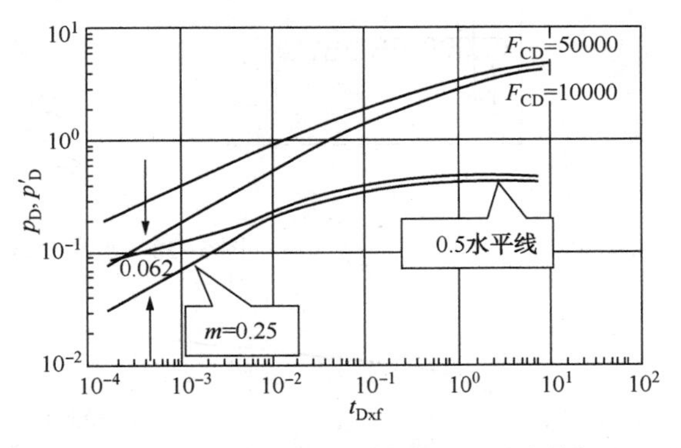

图 3-34 有限导流垂直裂缝井的压力特征

5）储层射孔模型。对于存在气顶或底水的油藏，通常采用储层部分打开完井方式(图 3-35)。试井曲线受射孔影响，压力导数曲线表现斜率为-0.5。此外受纵向渗透率影响，导数曲线也会发生变化(图 3-36、图 3-37)。

6）水平井模型。水平井试井曲线在井筒储集效应结束后，会出现早期径向流段，压力导数为一条直线；然后出现线性流，压力导数表现为一条斜率为 0.5 的直线段；后期出现径向流段，压力导数为 0.5 的一条直线(图 3-38、图 3-39)。

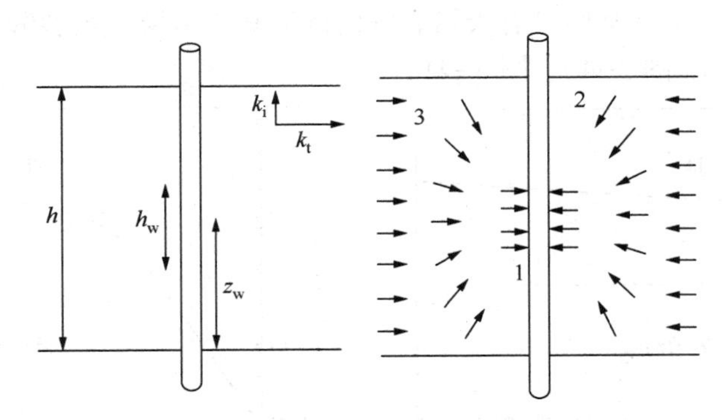

图 3-35 储层部分打开的简化物理模型

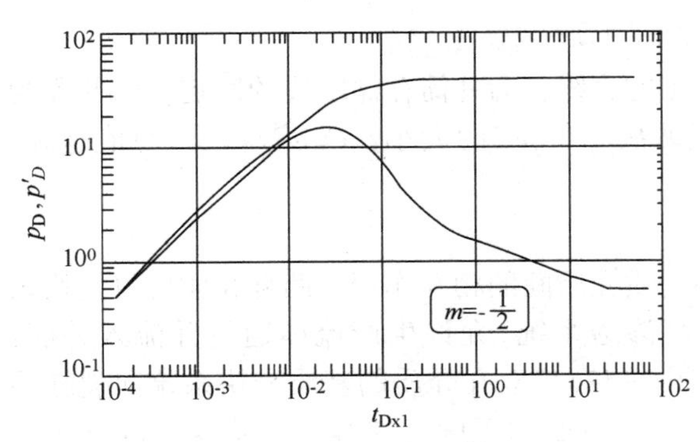

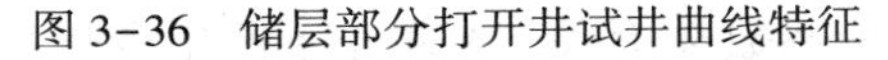

图 3-36 储层部分打开井试井曲线特征

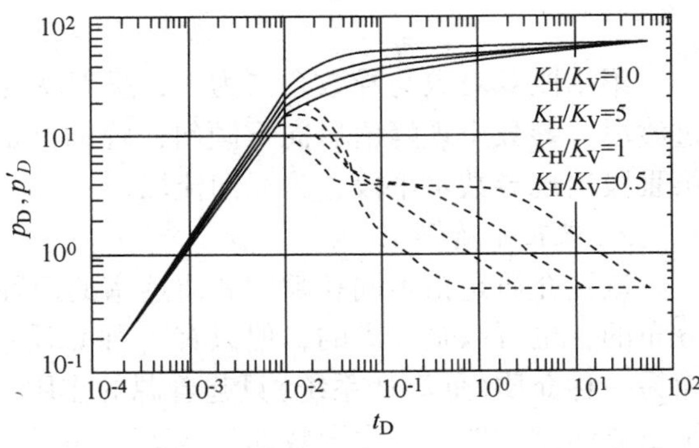

图 3-37 K_H/K_V 比值对曲线特征的影响

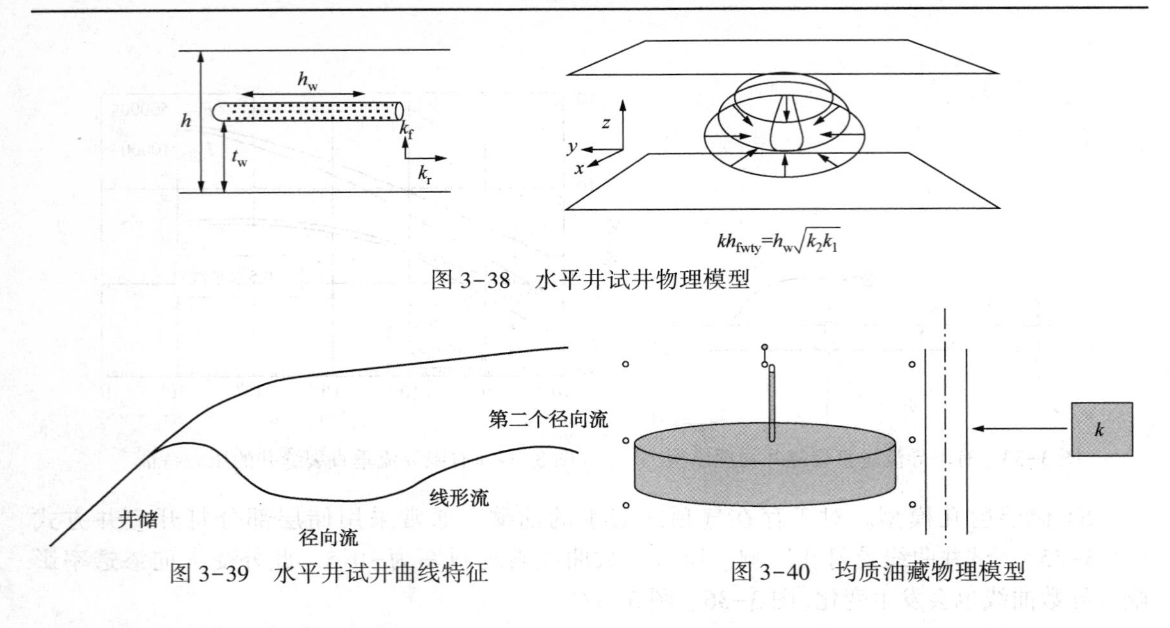

图 3-38 水平井试井物理模型

图 3-39 水平井试井曲线特征

图 3-40 均质油藏物理模型

(二) 油藏模型(中期段)

1. 均质油藏模型

均质油藏是目前最常见的一种地层类型，对于我国东部地区第三系的大部分砂岩地层，均呈现出均质油藏的特征。某些具有天然裂缝的碳酸盐岩地层，当裂缝发育均匀时，常常也表现出均质油藏的特征(图 3-40、图 3-41)。

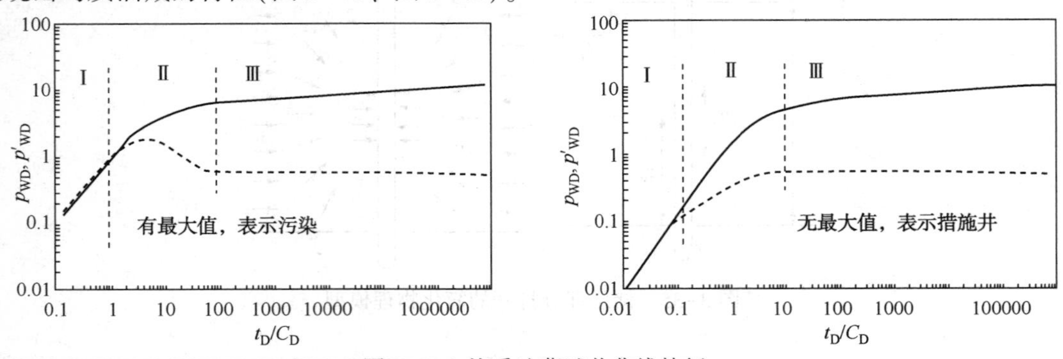

图 3-41 均质油藏试井曲线特征

第Ⅰ段双对数与导数合二为一，呈斜率为 1 的直线，为井筒存储阶段的影响。第Ⅱ段为过渡段，导数出现峰值后向下倾斜，峰的高低取决于 $C_D e^{2S}$ 的大小，$C_D e^{2S}$ 越大，峰值越高。第Ⅲ段出现导数水平段，为径向流段。

2. 双孔介质模型

双孔介质是指不同孔隙度和渗透率的两种均质介质间的相互作用。两种介质可以是均匀分布的，也可以是分离的，但只有一种介质(高渗透系统)允许生产流体通过并流入井底，而另一种介质(低渗透系统)只起着源的作用(图 3-42)。双孔介质的基质岩块系统向裂缝系统窜流的过渡期，压力导数曲线表现为下凹特征，下凹的深度与储容比 ω 有关，ω 越小下凹越深。导数曲线下凹的时间与基岩和裂缝间的窜流系数 λ 有关，λ 越小下凹出现越晚，反之出现越早(图 3-43、图 3-44)。

3. 双渗窜流油藏模型

双渗介质是由渗透率相差相当大的两种介质构成，与双孔介质不同的是两种介质中的流体都可以直接流入井筒(图 3-45、图 3-46)。

第一阶段：高渗透层流动阶段。如果满足以下条件，则高渗透层可能出现径向流动。出现高渗透层径向流动的条件是：①k 较大，即高渗透层的 kh 值较大(图 3-47)；②λ 较小也就是窜流发生的时间较晚；③c 较小。

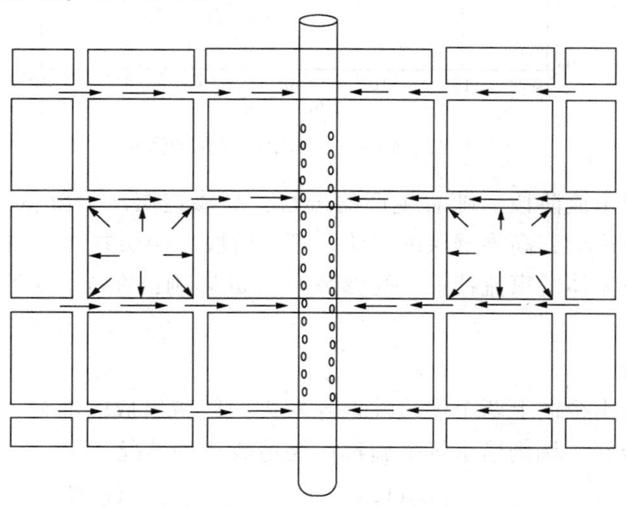

图 3-42　双孔介质简化物理模型

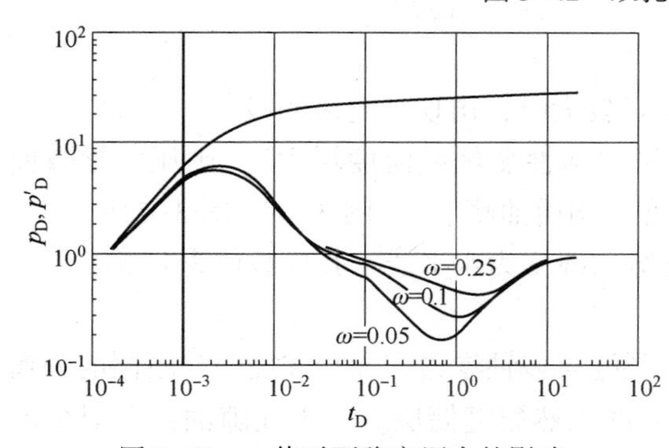

图 3-43　ω 值对不稳定压力的影响

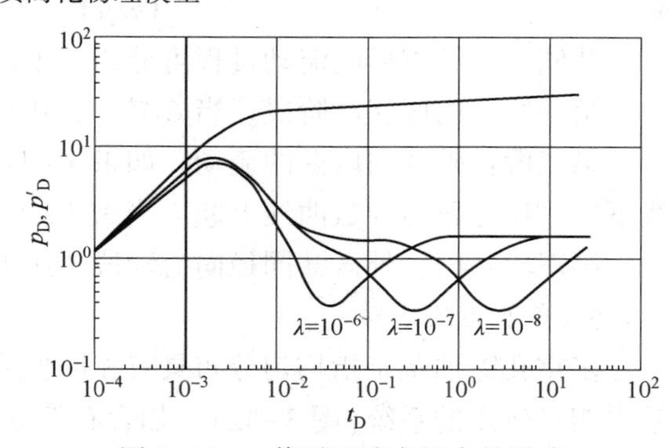

图 3-44　λ 值对不稳定压力的影响

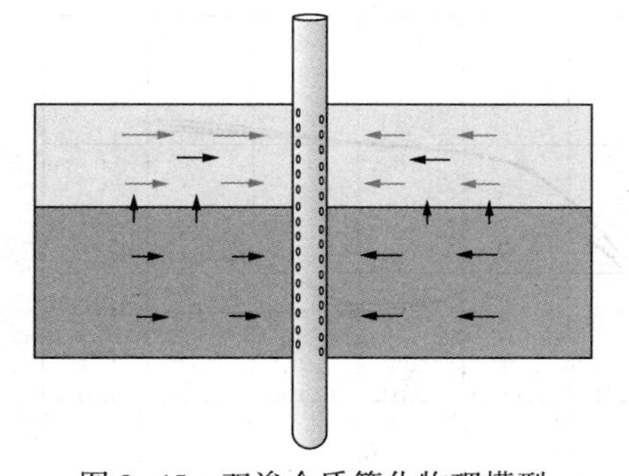

图 3-45　双渗介质简化物理模型

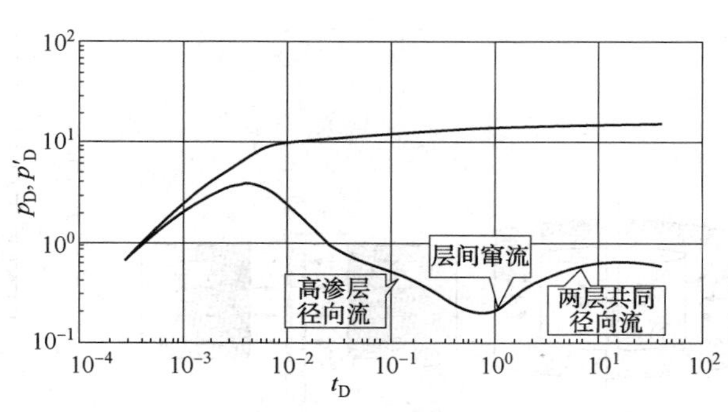

图 3-46　双渗油藏的压力特征

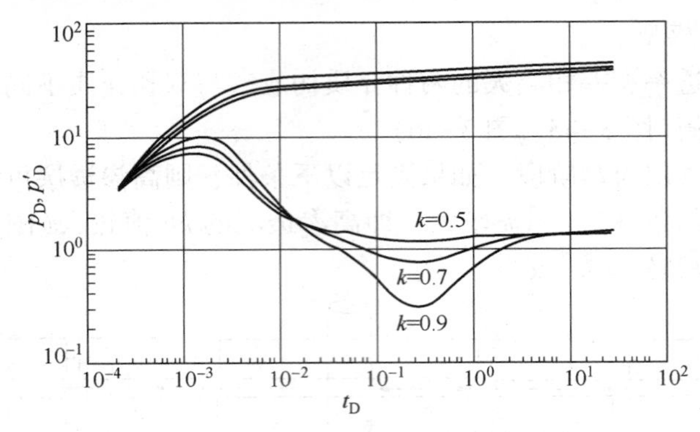

图 3-47　k 值对不稳定试井压力影响

第二阶段：层间窜流阶段。随着生产的进行，高渗透层压力降低，在两层之间产生压差，于是产生从低渗透层到高渗透层的窜流。第三阶段：两层共同径向流动段。双层窜流油藏导数曲线中期反映流体的窜流特征，受参数 k、$\lambda\omega$ 影响，在 λ、ω 不变时，k 越大，导数曲线越下凹。

4. 径向复合油藏

径向复合油藏是由径向上两个渗透性差异较大的区域组成的油藏，如图 3-48 所示。储层改造，如酸化、压裂、调剖堵水等措施都可能造成这种情况。

$$\text{流度比 } M=\frac{(k/\mu)_1}{(k/\mu)_2} \qquad \text{储容比 } \omega=\frac{(\varphi C_t)_1}{(\varphi C_t)_2}$$

井储效应结束后的流动过程可分为三个段：

第一段：内区流动阶段。当 C 较小，内区半径较大时，出现径向流动段。

第二段：外区向内区的流动。如果 $M<1$(外区渗透性变好或流度增大)，则压力导数曲线下掉。反之压力导数曲线上翘。当 $M=1$ 时，变为均质油藏模型(图 3-49~图 3-51)。

第三段：内、外区共同径向流动段。压力导数曲线变为水平线，其导数值为 $0.5M$。

5. 多重孔隙油藏

多重孔隙油藏是指均匀分布具有相同性质的裂缝与多种渗透率和孔隙度明显不同的分离基岩相互作用的系统(图 3-52)。如含有孤立洞穴的天然裂缝储层。多重孔隙油藏双对数曲线特征与双重孔隙油藏类似，不同点是下凹的次数随孔隙度变化的多少而增加(图 3-53)。

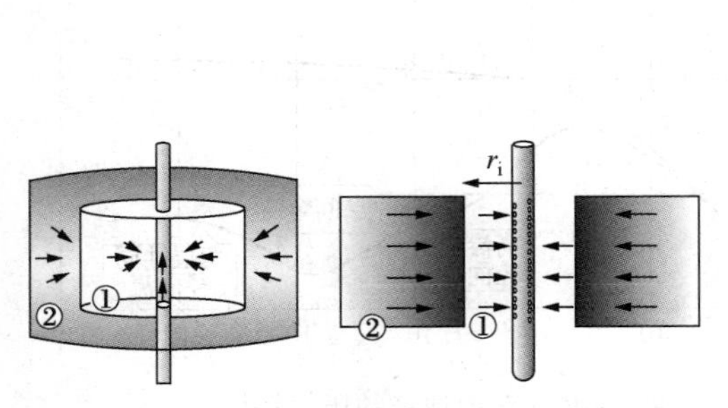

图 3-48　径向复合油藏简化物理模型

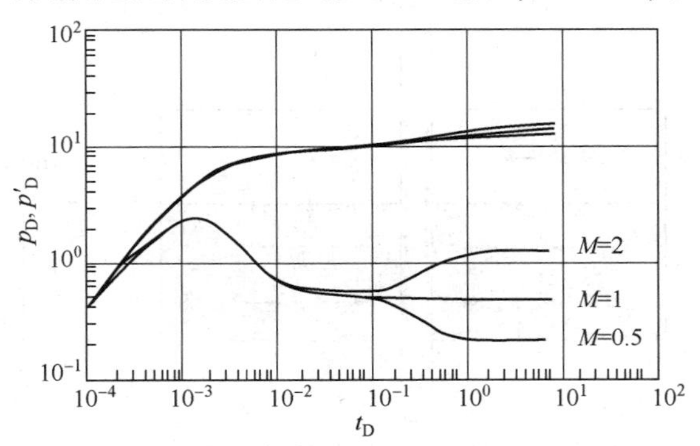

图 3-49　M 值对曲线形态的影响对比

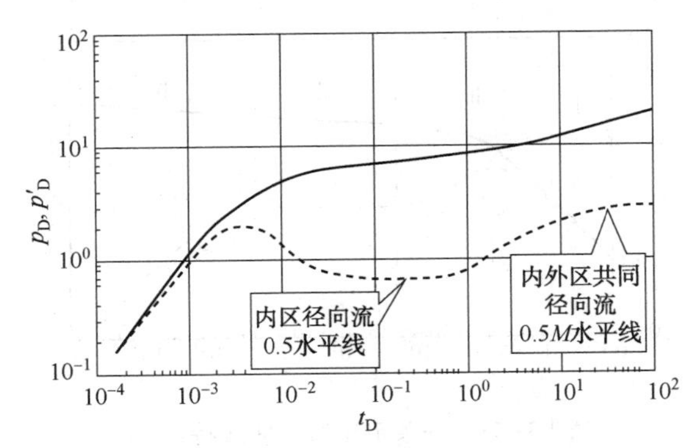

图 3-50　径向复合油藏 $M>1$ 时的曲线特征

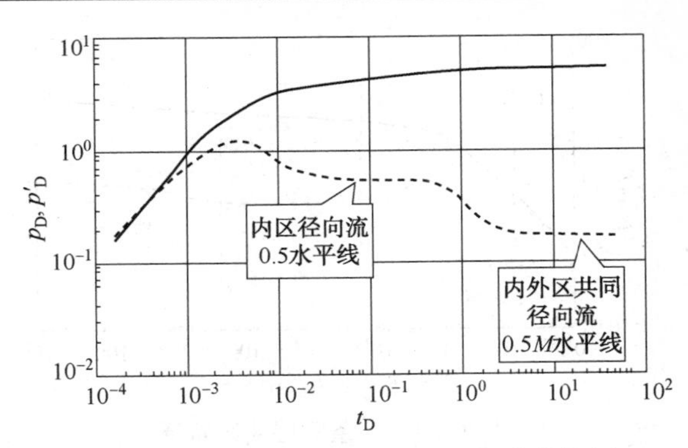

图 3-51　径向复合油藏 $M<1$ 时的曲线特征

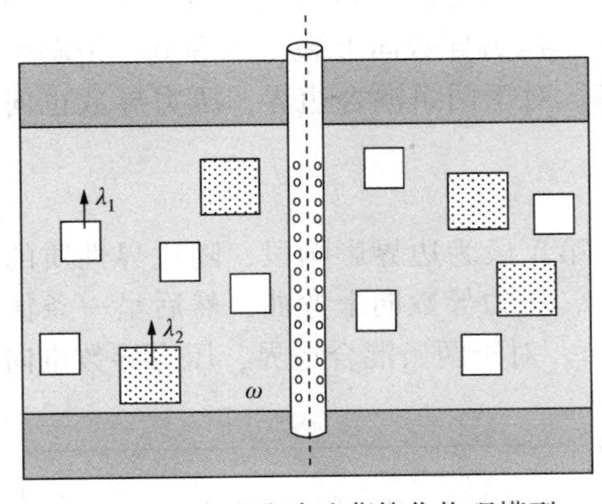

图 3-52　多重孔隙油藏简化物理模型

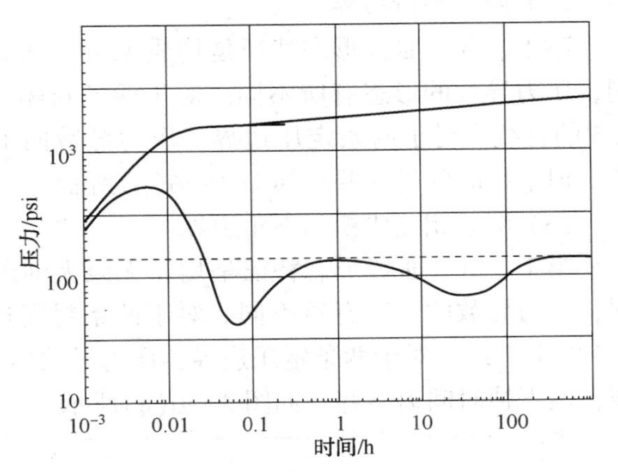

图 3-53　多重孔隙油藏曲线特征

(三) 外边界模型(晚期段)

1. 一条外边界

(1) 一条封闭边界

对于一条封闭边界试井曲线形态，第Ⅰ、Ⅱ、Ⅲ段形态特征是均质无限大油藏；第Ⅳ段为边界影响段，压力导数最后表现为等于1.0的水平直线。图3-54是一条断层曲线特征图。

(2) 一条定压边界

测试井周围有一条定压边界，多数是指井周围有一条强边水边界。这在注水开发的地层中极为常见。第Ⅰ、Ⅱ、Ⅲ段形态特征是均质无限大油藏。第Ⅳ段为边界影响段，压力导数最后表现为向下掉的曲线。图3-55是一条定压边界曲线特征。

2. 两条边界

(1) 两条垂直边界

对于两条垂直边界试井曲线形态，第Ⅰ、Ⅱ、Ⅲ段形态特征是均质无限大油藏。第Ⅳ段为边界影响段，随边界性质的不同，压力导数的形态有所不同。对于两条封闭边界，压力导数向上弯曲，然后表现为压力导数值为2.0的水平线。对于两条定压边界，压力导数向下掉。对于两条混合边界，压力导数也向下掉，但下掉时间迟一些，如图3-56(a)所示。

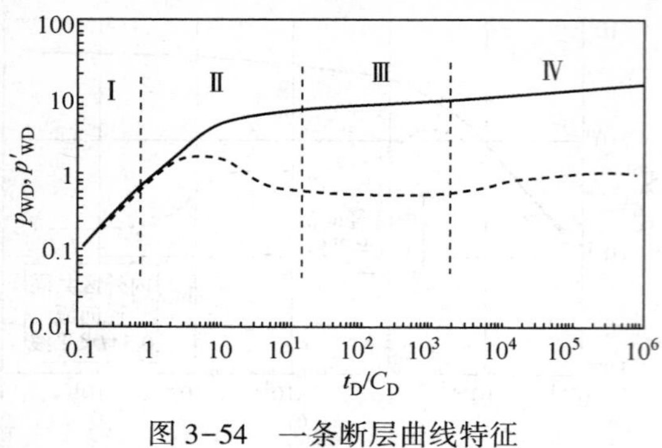

图 3-54　一条断层曲线特征

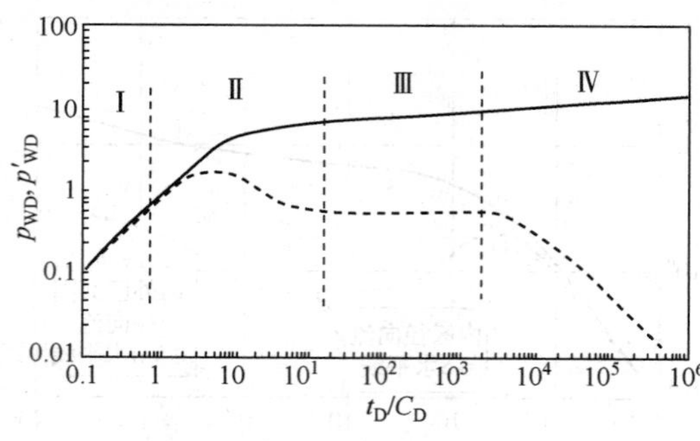

图 3-55　一条定压边界曲线特征

（2）两条平行边界

第Ⅰ、Ⅱ、Ⅲ段形态特征是均质无限大油藏。第Ⅳ段为边界影响段，随边界性质的不同，压力导数的形态有所不同。对于两条封闭边界，压力导数向上翘，然后呈一条斜率为 0.5 的直线。对于两条定压边界，压力导数向下掉。对于两条混合边界，压力导数也向下掉，但下掉时间迟一些，如图 3-56(b)所示。

（3）两条相互成楔形夹角边界

第Ⅰ、Ⅱ、Ⅲ段形态特征是均质无限大油藏。第Ⅳ段为边界影响段，随边界性质的不同，压力导数的形态有所不同。对于两条封闭边界，压力导数向上弯曲，然后呈一条值为 0.5 的水平线。对于两条定压边界，压力导数向下掉。对于两条混合边界，压力导数也向下掉，但下掉时间迟一些，如图 3-56(c)所示。

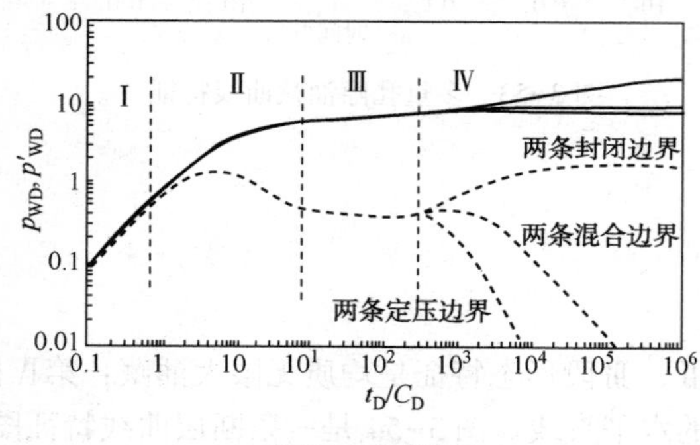

(a) 垂直边界曲线特征

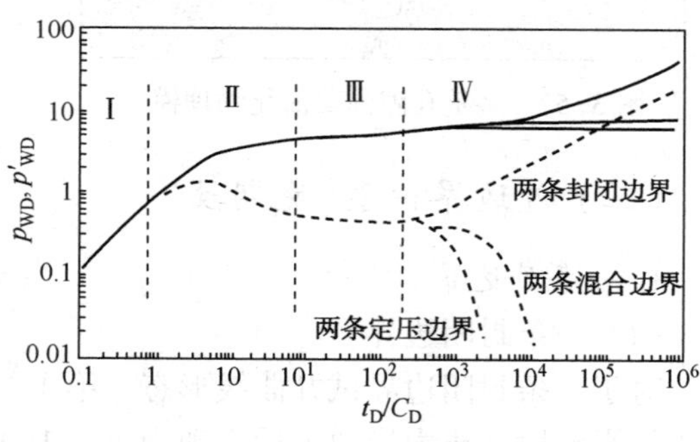

(b) 平行边界曲线特征

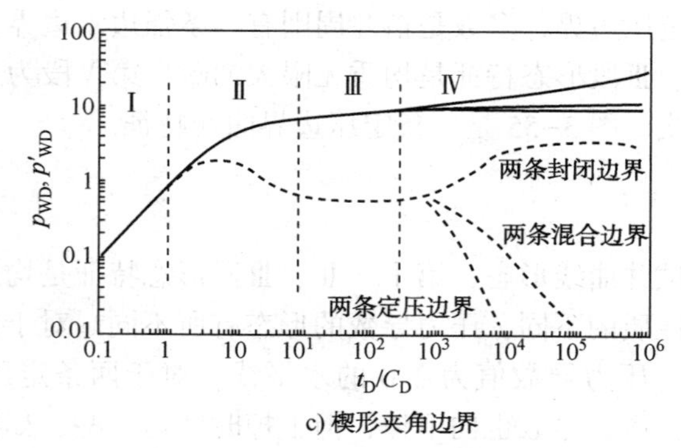

c) 楔形夹角边界

图 3-56　两条边界曲线特征

3. 四条相互垂直边界

第Ⅰ、Ⅱ、Ⅲ段形态特征是均质无限大油藏。第Ⅳ段为边界影响段，随边界性质的不同，压力导数的形态有所不同。对于四条垂直封闭边界，压力导数向上翘，然后呈一条斜率为1.0的直线。对于四条定压边界，压力导数向下掉。对于四条混合边界，压力导数也向下掉，曲线下掉程度和井与定压边界距离有关，越近下掉越快，如图3-57所示。

4. 圆形边界

第Ⅰ、Ⅱ、Ⅲ段形态特征是均质无限大油藏。第Ⅳ段为边界影响段，对于封闭圆形边界压力和压力导数曲线向上翘，然后呈一条斜率为1.0的直线；对于定压同形边界，压力导数向下掉，与四条相互垂直定压边界油藏试井曲线类似，如图3-58所示。

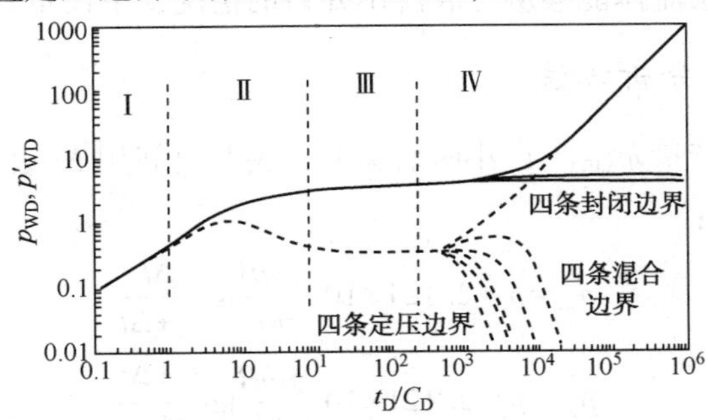

图3-57　四条相互垂直边界曲线特征

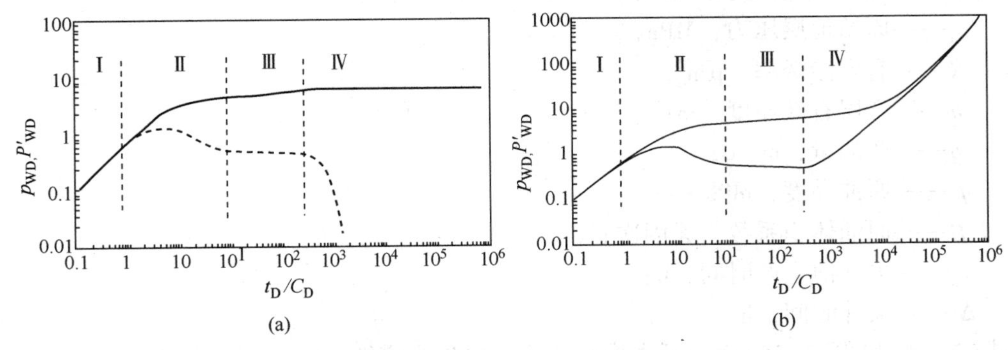

图3-58　圆形边界曲线特征

第三节　地层测试资料解释

地层测试资料解释的基本方法分为两大类：常规分析和图版拟合分析。在地层测试中，井底测试阀打开以后，随着地层流体的产出，在测试管柱内的液面高度不断上升，井底流动压力随着液面上升而不断升高，这种流动称为“段塞流”。如此时关闭井底测试阀，获取的压力恢复资料多采用段塞流或产量折算试井分析方法解释。如果地层有足够的能量将井筒内液柱推出井口，则会逐渐形成接近常规生产的流动，其不稳定试井分析方法与开发井试井基本一致。

当井口产量较高时，可采用油(气)嘴调节地面流量，稳定几个工作制度进行产能试井，获取产能方程与无阻流量，其分析方法与开发井产能试井基本一致。

一、常规试井分析方法

当油藏中流体的流动处于平衡状态(静止或稳定状态)时，若改变其中某一口井的工作制度即改变流量(或压力)，则在井底将造成一个压力扰动，此扰动将随着时间的推移而不断向井壁四周地层径向扩展，最后达到一个新的平衡状态。这种压力扰动的不稳定过程与油藏、油井和流体的性质有关。用仪器将井底压力随时间的变化规律测量出来，通过分析就可以判断和确定井和油藏参数。这就是不稳定试井的基本原理。

常规试井分析方法是利用压力特征曲线的直线段斜率或截距反求地层参数的试井方法，主要用于地层测试时地层流体能够从井底流出井口的情况，下面重点介绍 Horner 方法。

(一) Horner 试井分析方法

假定油田在以稳定产量 q 生产 t_p 小时后关井，关井时间用 Δt 表示，由迭加原理可导出，关井后的井底压力 p_{ws} 为：

$$p_{ws}=p_i+2.121\times10^{-3}\frac{\mu qB}{Kh}\lg\frac{\Delta t}{t_p+\Delta t} \tag{3-34}$$

或

$$p_{ws}=p_i-2.121\times10^{-3}\frac{\mu qB}{Kh}\lg\frac{t_p+\Delta t}{\Delta t} \tag{3-35}$$

式中 p_{ws}——关井恢复压力，MPa；

p_i——原始地层压力，MPa；

K——有效渗透率，μm^2；

h——产层有效厚度，m；

q——产油量，m^3/d；

μ——原油黏度，mPa·s；

B——原油体积系数，无因次；

t_p——关井前生产时间，h；

Δt——关井时间，h。

式(3-34)和式(3-35)就是压力恢复公式，也称为霍纳(Horner)公式。

由霍纳公式可知，在半对数坐标系中，p_{ws} 与 $\frac{t_p+\Delta t}{\Delta t}\left(或\frac{\Delta t}{t_p+\Delta t}\right)$ 的关系曲线(也称为霍纳曲线)是一直线(也称为霍纳直线)(图 3-59)。

在霍纳曲线图中，最突出的特点是它的径向流直线段。由于受井筒储集效应、表皮效应和油层边界的影响，实测压力恢复曲线的早期段和晚期段都会偏离这一直线段，只有中间一段，才真正是一直线，这一直线段称中期直线段，如图 3-60 所示。中期直线段的斜率用 m 表示，斜率的绝对值：

$$m=2.121\times10^{-3}\frac{\mu qB}{Kh} \tag{3-36}$$

确定了直线段的斜率值，就可以计算出油层的相关参数。

$$\frac{Kh}{\mu}=2.121\times10^{-3}\frac{qB}{m}$$

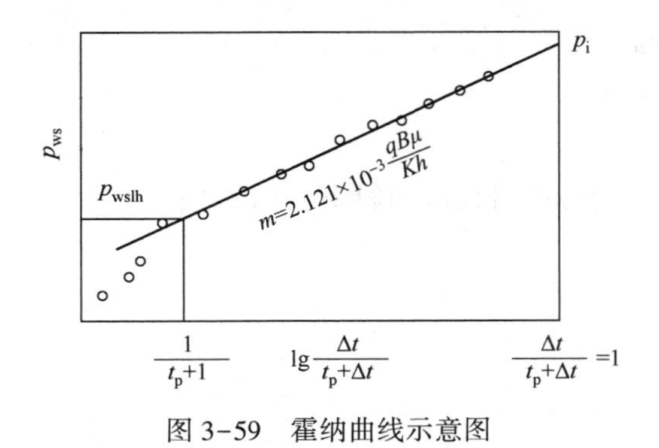

图 3-59　霍纳曲线示意图

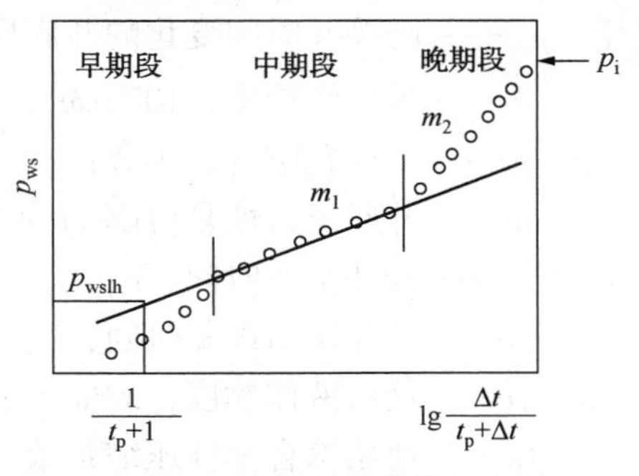

图 3-60　实测霍纳曲线示意图

$$K=2.121\times10^{-3}\frac{\mu qB}{mh}$$

$$S=1.151\left(\frac{p_{ws1h}-p_{wf}}{m}-\lg\frac{K}{\phi\mu C_t r_w^2}+\lg\frac{t_p+1}{t_p}-0.9077\right)$$

从霍纳公式中可以看出：当关井时间 $\Delta t\longrightarrow\infty$ 时，即关井时间无限长时，关井压力应达到油藏静压(或原始压力)，用作图方法将霍纳直线段外推到横坐标$\frac{\Delta t}{t_p+\Delta t}=1$处所对应的压力就是地层压力 p_i，对于尚未投入开发的油藏，它就是原始地层压力；而对于已开发的油藏，它就是油藏平均压力。

如果测试井附近有单一线性断层，且恢复曲线晚期出现第二直线段，当其斜率 m_2与中期直线段斜率 m_1之比为 2∶1(图 3-60)，则由两条直线交点对应的$\left(\frac{\Delta t}{t_p+\Delta t}\right)_x$ 或$\left(\frac{t_p+\Delta t}{\Delta t}\right)_x$ 值，可以求解测试井到断层的距离 d(m)：

$$d=\sqrt{-\frac{3.6Kt_p}{\phi\mu C_t}Ei^{-1}[X]} \tag{3-37}$$

Horner 试井分析步骤如下：

1) 在半对数坐标纸上作 p_{ws}与 $\lg\frac{t_p+\Delta t}{\Delta t}$图；

2) 计算出中期直线段的斜率 m，读出 $\Delta t=1h$ 的 p_{ws}值(此值必须在直线段或其延长线上取值)；

3) 计算地层参数；

4) 用作图法确定原始地层压力 p_i。

(二) 地层参数计算

利用霍纳法表示的井底压力恢复(压降)曲线表达式可计算出有关地层参数。

霍纳公式为：
$$p_{ws}=p_i-m\lg\frac{t_p+\Delta t}{\Delta t} \tag{3-38}$$

MDH 公式为：
$$p_{ws}(\Delta t)=p_{wf}(t_p)+m\left(\lg\frac{K\Delta t}{\phi\mu C_t r_w^2}+0.9077+0.8686S\right) \tag{3-39}$$

式中 p_{ws}——随关井时间变化的井底压力，MPa；

K——地层渗透率，$10^{-3}\mu m^2$；

ϕ——地层孔隙度，小数；

m——井底压力恢复(压降)曲线在半对数坐标中直线段的斜率，MPa/h；

t_p——开井生产时间，h；

Δt——关井压力恢复时间，h；

μ——地层液体黏度，mPa·s；

C_t——地层综合弹性压缩系数，MPa^{-1}；

r_w——井眼半径，m；

S——表皮系数。

$$m=\frac{2.121q\mu B}{Kh} \tag{3-40}$$

式中 q——关井前稳定产量，m^3/d；

B——地层流体体积系数，小数；

h——地层有效厚度，m。

1. 地层流动系数、地层产能系数及地层渗透率

地层流动系数计算式：

$$\frac{Kh}{\mu}=\frac{2.121qB}{m} \tag{3-41}$$

地层产能系数计算式：

$$Kh=\frac{2.121q\mu B}{m} \tag{3-42}$$

地层渗透率计算式：

$$K=\frac{2.121q\mu B}{mh} \tag{3-43}$$

2. 表皮系数(S)

表皮系数是表皮效应严重程度的定量描述。它由地层不同程度的堵塞、地层打开程度及打开性质的不完善等许多因素造成。在压力恢复情况下的计算公式为：

$$S=1.151\times\left[\frac{p_{ws}(\Delta t=1h)-p_{ws}(\Delta t=0)}{m}-\lg\left(\frac{K}{\phi\mu C_t r_w^2}\cdot\frac{t_p}{t_p+1}\right)-0.9077\right] \tag{3-44}$$

式中 $p_{ws}(\Delta t=1h)$——在霍纳图上的直线段或延长线上对应关井1h的压力值，MPa；

ϕ——地层孔隙度，小数；

C_t——地层综合弹性压缩系数，MPa^{-1}；

r_w——井眼半径，m。

3. 附加压力降

附加压力降是由地层堵塞或钻完井液侵入对地层污染而引起的附加压力降 Δp_s 为：

$$\Delta p_s=0.87ms \tag{3-45}$$

4. 堵塞比(DR)

堵塞比是指实测生产压差与理论生产压差之比。堵塞比 DR 数值越大，说明堵塞的程度越严重。堵塞比 DR 小于1则说明存在负表皮系数(如井眼扩大、井壁附近有裂缝或近井地带的渗透率高于地层渗透率等情况)。

$$DR=\frac{p_i-p_{wf}}{p_i-p_{wf}-\Delta p_s} \tag{3-46}$$

5. 流动效率(*FE*)

流动效率表示实际采油指数与理想采油指数的比值。其计算式为：

$$FE=\frac{p_i-p_{wf}-\Delta p_S}{p_i-p_{wf}} \tag{3-47}$$

6. 采油指数 J_0

油井在单位生产压差($\Delta p=p_i-p_{wf}$)下的稳定生产油量 q，称为该井(某产层)的采油指数。

其计算公式为：

$$J_0=\frac{q}{\Delta p} \tag{3-48}$$

$$\Delta p=p_i-p_{wf} \tag{3-49}$$

式中 J_0——采油指数，$m^3/(MPa \cdot d)$；

q——实际测试获得的油产量，m^3/d；

Δp——实际生产压差，MPa；

p_i——原始地层压力，MPa；

p_{wf}——随生产时间变化的井底流动压力，MPa。

7. 地层导压系数(η)

地层导压系数是表征地层和流体“传导压力”难易程度的物理量。

其计算公式为：

$$\eta=\frac{K}{\phi\mu C_t} \tag{3-50}$$

公式中字母意义同前。

8. 断层分析

如果在井附近存在一条线性断层，则按霍纳法所作的井底压力恢复(压降)曲线在出现一条直线段后会有另一条斜率加倍的直线段出现。若要呈现两条直线段，必须有足够长时间的流动期。求测试井距断层距离的公式为：

$$d=1.422\sqrt{\frac{Kt_k}{\phi\mu C_t}} \tag{3-51}$$

式中 d——测试井距断层的距离，m；

t_k——压力恢复和压降曲线两条直线段的交点所对应的时间，h。

压力恢复(压降)曲线中出现不同斜率的直线段，表明在井附近有存在断层边界的可能，但并不一定完全是断层反映，也可能是其他因素造成的。因此，还需结合其他地质资料进行分析研究。

二、段塞流试井分析方法

低压低渗油藏在地层测试时，大部分油井产液不能自喷到地面，非自喷测试过程中，流体没有流出地面，流动过程实际为段塞流动过程。随着流体在井筒中的不断积累，井底流压不断升高，而地层向井底的流动逐渐减少，地面流量为零。地层流量逐渐减少的变流量过程。

（一）段塞流试井解释方法

理论和实际油气井试井已证明，非自喷试井资料的解释不能用一般生产试井的压力恢复解释方法，必须从理论上建立新的段塞流试井模型。因此 Correa、Ramey 首先提出了实用的 DST 段塞流数学模型并绘制了典型压力曲线来拟合解释测试数据的方法(图 3-61)。

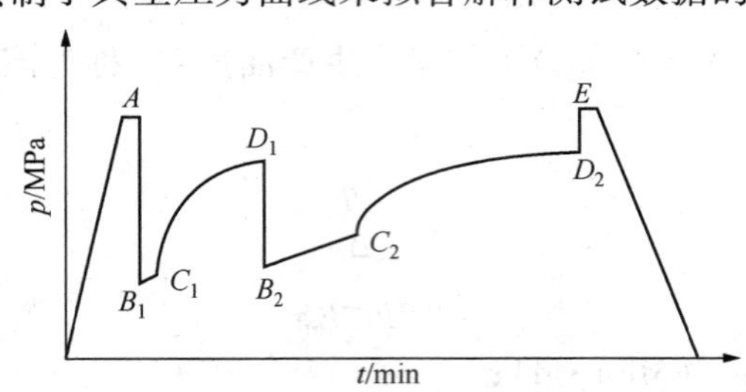

图 3-61　DST 测试标准压力曲线

A—初静液柱压力；B_1—初流动起始压力；C_1—初流动终止压力；D_1—初关井压力；B_2—二次流动起始压力；C_2—二次流动终止压力；D_2—二次关井压力；E—终静液柱压力

Correa、Ramey 认为，当流动期经历较长时间达到了不稳定径向流时，井底的压力变化为：

$$p_{wf}(t)=p_i-[2.210\times10^{-2}\mu C_F/(Kh)](p_i-p_o)(1/t) \tag{3-52}$$

式中　C_F——流动段井筒储集系数，$C_F=101.9716\pi r_p^2/\rho$，$m^3/MPa$；

p_o——压力计位置以下管柱内的液柱压力，MPa；

r_p——管柱内半径，m；

ρ——井筒条件下的液体密度，g/cm^3。

$p_{wf}(t)$与 $1/t$ 在直角坐标上成线性关系，此时可以用外推法求取准确可靠的地层压力，直线斜率为：

$$m_f=\frac{2.21\times10^{-2}C_F\mu(p_i-p_0)}{Kh}$$

在流动期结束后，第一次关井，可采用类似方法得到第一次压力关井恢复的相关式：

$$p_{ws1}=p_i-m_1\cdot\frac{t_p}{t_p+t}$$

其中

$$m_1=\frac{0.921\times10^{-3}q_1\mu}{Kh}$$

式中　q_1——第一次关井前流动期平均产量，m^3/d；

μ——地层流体黏度，mPa·s；

K——地层相渗透率，μm^2。

该式为初期关井压力恢复分析方程，在 p_1 与 $\frac{t_p}{t_p+t}$ 的直角坐标系中，可得到一条直线，其斜率为 m_1，由此可求出地层参数，外推得到地层原始压力。表皮系数 S 可根据下式计算：

$$S=\frac{1}{2}\ln\frac{C_{D}e^{2s}}{C_{FID}}$$

其中
$$C_{FID}=\frac{0.1592C_{F1}}{h\Phi C_{t}tr_{w}^{2}}$$

式中　C_{F1}——第一次关井前流动期井筒储集系数，m^3/MPa；

Φ——地层孔隙度；

C_t——地层总压缩系数，MPa^{-1}。

对于最终关井(第二次关井)，可采用类似方法得到关井恢复的相关式：

$$p_{ws2}=p_i-m_2R_c$$

其中：
$$R_c=\frac{t_{p2}}{t_{p2}+t_2}+\frac{q_1}{q_2}\cdot\frac{t_{p1}}{t_{p1}+t_{p2}+t_2}$$

$$m_2=\frac{0.921\times10^{-3}q_2\mu}{Kh}$$

Ramey 等人还提出了以无因次参数。e^{2S} 作为一个关系参数来绘制典型曲线，从此典型曲线成为分析 DST 段塞流测试数据的典型方法，现场也开始应用 Ramey 等人研制的典型的线分析实际测试资料(图 3-62)。

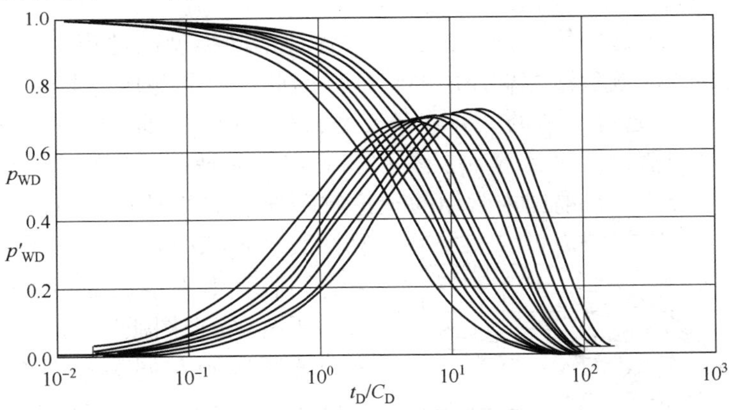

图 3-62　段塞流试井分析图版

(二) 段塞流实例分析

某油田 Z 井于 2004 年 4 月完钻，为了解储层物性、污染状况及产出流体性质，于 2004 年 6 月进行压力测试。测试采用一开一关工艺，测试过程中总流动时间 440min，管内回收水 4.30m^3，油 0.36m^3，根据回收量折算平均日产水量 14.17m^3，日产油量 1.19m^3。取样器取得地层流体 1200mL，放样压力为 0.1MPa。取样器内水样分析氯根含量为 25789mg/L，总矿化度为 44490mg/L，水型为 $CaCl_2$ 型。测试结论，本层为油水同层。测试过程中井口无液体产出，故采用段塞流模型对测试数据进行预处理。根据双对数曲线特征，选用变井储、均质无限大油藏模型解释，曲线拟合较好。解释有效渗透率为 5.03×10^{-3} μm^2，表明储层为低渗透储层。试井解释表皮系数为-2.27，表明钻井过程中未对储层造成污染。Z 井测试压力曲线及拟合图如图 3-63 所示。

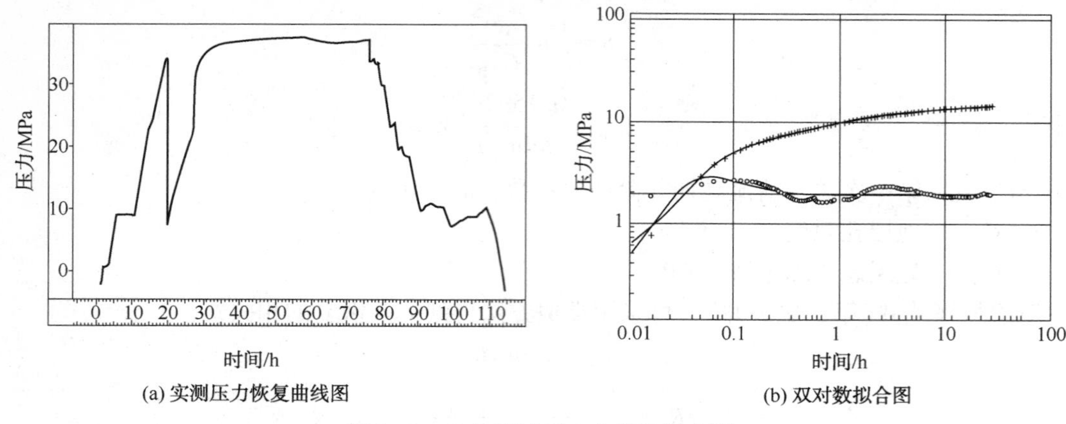

(a) 实测压力恢复曲线图

(b) 双对数拟合图

图 3-63　Z 井测试压力曲线及拟合图

三、图版拟合方法

根据常见的各种油气藏，建立各种相应的试井解释理论模型，求出它们的解，把求得的这些解分别绘制成无因次压力与无因次时间(或其他有关量)之间的关系曲线，这就是解释图版，或叫样板曲线。

现代试井解释主要是应用了图版法，针对各种不同类型的地层，制作了各种各样的图版。这些图版的特征就是标志着地层的特征。因此，将实测压力曲线(与理论图版曲线坐标相对应)的形态，选择合适的试井解释模型，与理论图版曲线进行拟合分析，选择拟合点，读出各个拟合值，即可计算油层参数和确定边界情况。所以说现代试井解释方法的核心就是图版拟合法。目前国内常用的理论解释图版有格林加坦(Gringarten)双对数解释图版、布德(Bourdet)压力导数解释图版和复合图版。本书根据油田实际只介绍复合图版。所谓“复合图版”，就是把格林加顿图版和布德图版画在同一幅图中所得到的图版，如图 3-64 所示。在进行拟合分析时，同时进行两种资料计算，在同一张图上画出两种实测曲线，同时进行格林加顿图版拟合和布德图版拟合，以便互为补充，互为验证，提高拟合精度。

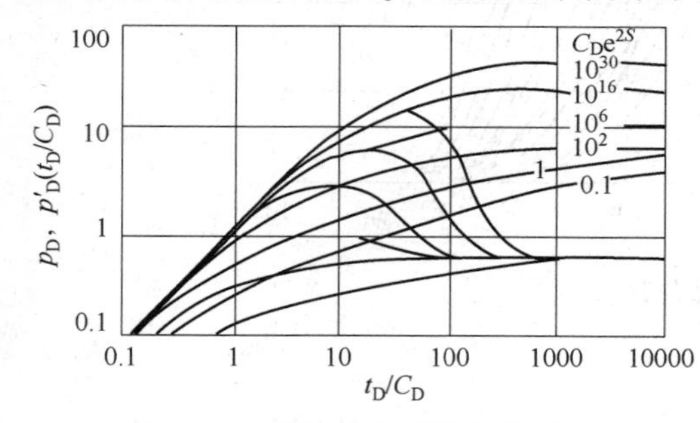

图 3-64　均质地层复核解释图版

四、试井软件解释程序

试井解释软件的推广应用，使试井解释水平提高了一大步。应用试井解释软件，可以借助计算机完成试井解释，并且绘制规格化图件，打印出解释结果，不但大大提高了试井解释工作效率，而且提高了解释结果的精确度和可靠性。应用试井解释软件进行试井解释的过程如图 3-65 所示。

在现场测试资料解释工作中，应用解释软件进行试井解释，大致有以下几个步骤。

(一) 测试井基本情况

1）基本情况：测试层的岩性、测试层的测井解释结果、测试井的构造位置、边界情况。
2）测试井的类型：直井、斜井、水平井、部分射开井等。
3）流体类型：油、气、水、凝析油、多相流。
4）作业情况：完井方式、测试工艺、测试类型、开关井情况、生产情况。
了解清楚这些基本情况对正确选择解释模型，处理解释过程中出现的问题非常重要。

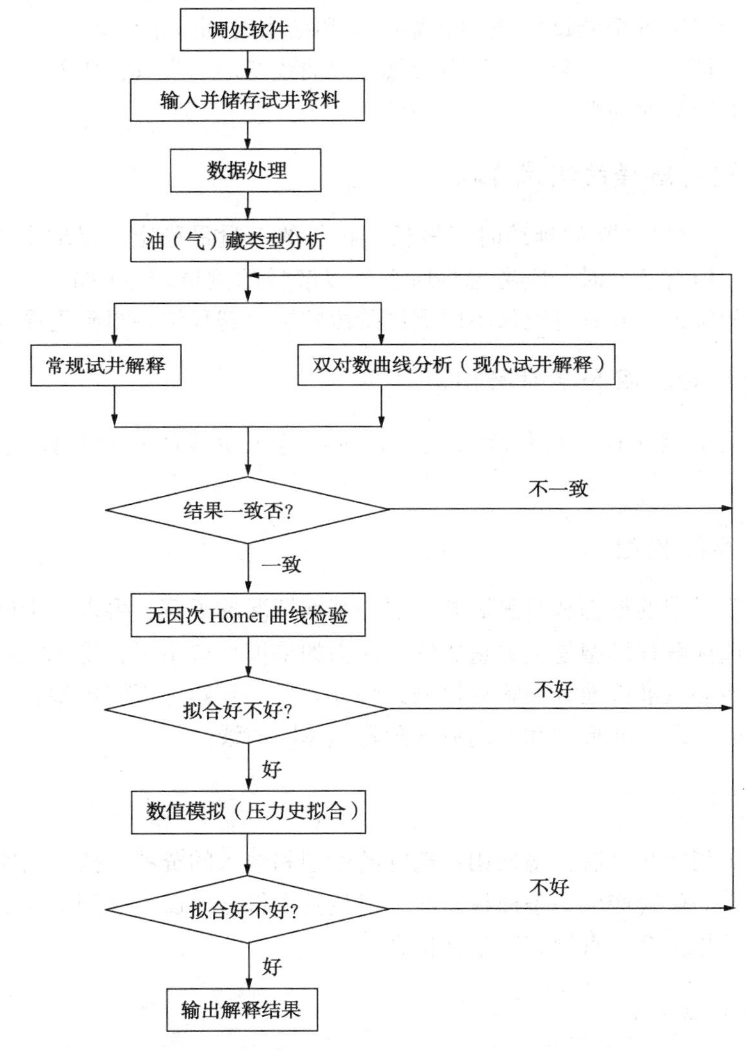

图3-65 应用试井解释软件进行试井解释过程

(二) 数据录入

压力数据、产量数据、测试层和产出物的有关参数(如测试层厚度、孔隙度、测试井的半径等)和高压物性数据(产出物的体积系数、黏度、综合压缩系数等，气井情形还包括气体的偏差系数等)。如果没有高压物性数据，可根据流体性质化验分析资料如密度或相对密度、气油比、气体组分等，可计算出高压物性参数。

（三）划分测试阶段，进行数据处理

数据处理：去除非点，进行减点、平滑处理。适度选用光滑系数，光滑系数不要选得太高，以免使曲线失真。划分测试阶段：查阅测试施工记录，得到各个测试阶段（如二开、二关等）的起始时间；或把压力史和产量史图适当放大，从放大图上可以更准确地确定各个测试阶段的起始时间和历时的长短；在压力史和产量史图上，它们的变化应该互相对应或匹配，应据此准确地确定各个测试阶段的起始时间和结束时间。正确划分测试阶段是很重要的，测试阶段划分得不准确，会造成压力及其导数曲线变形、失真，压差和压力导数计算的错误，对早期段的影响尤为严重。

（四）选择进行解释的测试阶段

一般情形只选择最好的（如延续时间最长、相关的产量最稳定、录取资料质量最高）测试阶段进行解释。但有条件时，应考虑将所有可以解释的测试阶段（如二关、三关等）都进行解释，以便互相验证，并有可能从不同测试阶段的资料解释结果得到更深入的认识。

（五）绘制双对数图和半对数图

选定了解释的测试阶段，解释软件就会显示出这个阶段的双对数曲线图和半对数曲线图。

（六）选择解释模型

根据双对数曲线图的形态和对测试井、层的基本情况的了解，可以初步确定应该选用的解释模型。慎重选择解释模型是至关重要的。因为如果模型选错了，得到的解释结果必定不符合实际。为了能够较准确地选择解释模型，解释人员必须熟悉不同模型和不同流动阶段压力变化的形态特征，即不同模型和不同流动阶段的诊断曲线。

（七）图版拟合

计算机画出实测曲线之后，根据用户选定的模型和输入的资料，按实测曲线井筒储集效应段、径向流动段的位置产生一条样板曲线，寻找其中符合测试层和测试井实际情况的样板曲线并和实测曲线相拟合，直到获得最佳拟合。

（八）计算参数

图版拟合完毕，就可得到由拟合值计算的测试层和测试井的各项参数。在导数曲线上标出径向流动段，软件就会在半对数曲线上用该段的数据点画出直线段，并计算出所有参数。

（九）对比计算结果

由图版拟合解释和半对数分析以及其他方法算得的各项参数应当一致。如不一致应进行检查甚至重新解释。

（十）拟合检验

进行半对数曲线拟合检验和压力史拟合检验，用所选解释模型和解释结果产生的半对数曲线及压力史应与实测半对数曲线和压力史相一致，如不一致应重新解释。试井解释具有多解性，很可能出现多种模型都可用来解释的情况，甚至结果都可以通过压力史拟合检验，但测试层的实际情况只有一种。在这种情况下，解释人员应参考地质研究成果，听取地质研究人员意见，选定最符合地质实际的模型，排除多解性。

第四章　风险评价方法

第一节　风险评价基础知识

风险评价是运用安全系统工程的原理和方法，对工程建设、施工中可能存在的危险和可能产生的后果进行综合评价与预测，并根据可能导致事故的大小，提出相应的安全对策措施，以达到工程安全的目的。风险评价应贯穿于工程项目的设计、施工建设、投产运行和退役整个生命周期的各个阶段。对工程项目进行安全风险评价，既是政府安全监督管理的需要，也是企业、科研和生产部门搞好安全生产的重要保证。

一、风险评价的基本概念

（一）风险评价

风险评价是以实现安全为目的，应用安全系统工程原理和方法，辨识与分析工程、系统、科研、生产经营活动中的风险源，预测发生事故或造成职业危害的可能性及其严重程度，提出科学合理、切实可行的安全对策措施建议，并作出评价结论的相关活动。风险评价可针对一个特定的工程、工艺或系统，也可针对一个特定的领域或区域范围。

（二）安全和危险

安全与危险是相对的概念，在安全风险评价中，主要是指人和物的安全与危险。

安全是指不会发生财物损失或人员伤害的一种状态。安全的实质就是防止事故，消除导致死亡、伤害、职业危害及各种财产损失发生的条件。

危险是指工程或系统中存在导致发生不期望后果的可能性，并超过了人们的承受程度。工程或系统中危险性由其中的危险因素决定，危险因素与危险之间具有因果关系。

（三）事故

在生产过程中，事故是造成人员死亡、伤害、职业病、财产损失或其他损失的意外事件。事件的发生可能造成事故，也可能没有造成任何损失。对于没有造成职业病、死亡、伤害、财产损失或其他损失的事件可称为“未遂事件”或“未遂过失”。因此，事件包括事故事件和未遂事件。

危险因素导致人员死亡、伤害、职业危害及各种财产损失的事件叫事故。管理失误、人的不安全行为和物的不安全状态及环境因素等都可能造成事故的发生。

（四）风险率

风险率就是风险大小，即危险、危害事故发生的可能性与危险、危害事故所造成损失的严重程度来综合衡量指标。风险大小可以用风险率(R)来衡量，风险率等于事故发生的概率(P)与事故损失严重程度(S)的乘积：

$$R=PS$$

由于概率值难以取得，常用事故频率代替事故概率，则上式可表示为：

$$风险率=\frac{事故次数}{单位时间}\times\frac{事故损失}{事故次数}=\frac{事故损失}{单位时间}$$

单位时间可以是系统的运行周期，也可以是一段时间；事故损失可以用死亡人数、事故次数、事故停产天数或经济损失等表示；风险率可以定量表示为百万工时事故死亡率、百万工时总事故率等，对于财产损失则可以表示为直接经济损失或千人经济损失率等。

（五）系统和系统安全

系统是指由若干相互作用、相互信赖的若干组成部分结合而成的具有特定功能的有机整体。对生产系统来讲，系统构成包括人员、物资、设备、资金、任务指标和信息六个要素。系统安全是指在系统寿命周期内，应用系统安全工程的原理和方法，识别系统中的危险源，定性或定量表征其危险性，并采取控制措施使其危险性最小化。从而使系统在规定的性能、时间和成本范围内达到最佳的可接受安全程度。

（六）安全系统工程

安全系统工程是指应用系统工程的基本原理和方法，辨识、分析、评价、排除和控制系统中的各种危险，对工艺过程、设备、生产周期和资金等因素进行分析评价和综合处理，使系统可能发生的事故得到控制，并使系统安全性达到最佳状态的一门综合性技术科学。安全系统工程将工程和系统中的安全作为一个整体系统，应用科学的方法对构成系统的各个要素进行全面的分析，判明各种状况下危险因素的特点及其可能导致的灾害性事故，通过定性和定量分析对系统的安全性作出预测和评价，将系统事故降至最低的可接受限度。危险识别、风险评价、风险控制是安全系统工程方法的基本内容，其中危险识别是风险评价和风险控制的基础。

二、风险评价发展历程

20 世纪 30 年代，随着保险业的发展需要，风险评价技术逐步发展起来。保险公司为客户承担各种风险，必然要收取一定的费用，而收取费用的多少是由所承担风险的大小决定的。因此，就产生了一个衡量风险程度的问题，这个衡量风险程度的过程就是当时的美国保险协会所从事的风险评价。

风险评价技术在 20 世纪 60 年代得到了很大的发展，首先使用于美国军事工业，1962 年美国公布了第一个有关系统安全的说明书“空军弹道导弹系统安全工程”。1969 年美国国防部批准颁布了最具有代表性的系统安全军事标准《系统安全大纲要点》(MIL-STD-882)，首次奠定了系统安全工程的概念，以及设计、分析、综合等基本原则。该标准于 1977 年修订为MIL—STD 882A，1984年又修订为MIL—STD 882B，该标准对系统整个寿命周期内的安全要求、安全工作项目都作了具体规定。我国于1990年由国防科学技术工业委员会批准发布了GJB 900—90《系统安全性通用大纲》。MIL—STD—882系统安全标准从开始实施，就对世界安全和防火领域产生了巨大影响，迅速被日本、英国和其他欧洲各国引进使用。此后，系统安全工程方法陆续推广到航空、航天、核工业、石油、化工等领域，在当今安全科学中占有非常重要的地位。

1964年美国道(DOW)化学公司根据化工生产的特点，首先开发出《火灾、爆炸危险指数评价法》，用于对化工装置进行风险评价，该法1993年已发展到第七版。由于该评价方法日趋科学、合理、切合实际，在世界工业界得到一定程度的应用，引起各国的广泛研究、探讨，推动了评价方法的发展。1974年美国原子能委员会在没有核电站事故先例的情况下，应用系统安全工程分析方法，提出了著名的WASH-1400《核电站风险报告》，并被后来发生的核电站事故所证实。随着风险评价技术的发展，风险评价已在现代安全生产管理中占有十分重要的地位。

20世纪80年代初期，我国引入了安全系统工程，受到许多大中型生产经营单位和行业管理部门的高度重视。1987年原机械电子部首先提出了在机械行业内开展机械工厂风险评价，并于1988年颁布了第一个风险评价标准《机械工厂安全性评价标准》，1997年又对其进行了修订。由原化工部劳动保护研究所提出的化工厂危险程度分级方法，是在吸收DOW化学公司火灾、爆炸危险指数评价方法的基础上，通过计算物质指数、物量指数和工艺参数、设备系数、厂房系数、安全系数、环境系数等，得到工厂的固有危险指数，进行固有危险性分级，用工厂安全管理的等级修正工厂固有危险等级后，得到工厂的实际危险等级。

1988年，国内建设项目开始试行“三同时”，即安全设施同时设计、同时施工、同时投产的安全措施。经过几年的实践，在初步取得经验的基础上，1996年10月，劳动管理部门颁发并规定六类建设项目必须进行劳动安全卫生预评价。

2002年，国家颁布了《中华人民共和国安全生产法》，规定生产经营单位的建设项目必须实施“三同时”，还规定矿山建设和用于生产、储存危险物品的建设项目应进行安全条件论证和风险评价。

2006年国家安全生产监督局颁布了《危险化学品建设项目安全许可实施办法》，使我国对危险化学品建设项目安全管理提升到一个新水平。

2007年，国家安全生产监督局发布了AQ 8001—2007风险评价通则和AQ 8003—2007安全验收评价导则等行业标准。

2009年，国家安全生产监督局颁布了新的《风险评价机构管理规定》，对我国风险评价机构取得资质的条件和程序、风险评价活动、监督管理等作出了详细的规定和说明，对我国风险评价机构的规范起了决定性作用。

三、风险评价的目的和意义

（一）风险评价的目的

风险评价的目的是查找、分析和预测工程、系统、生产经营活动中存在的风险源及可能导致的危险、危害后果和程度，提出合理可行的安全对策措施，指导危险源监控和事故预防，以达到最低事故率、最少损失和最优的安全投资效益。

风险评价要达到的目的包括以下几个方面。

① 提高系统本质安全化生产。通过风险评价，对工程或系统的设计、建设、运行等过程中存在的事故和事故隐患进行科学分析，针对事故和事故隐患发生的各种可能原因和条件，提出消除危险源和降低风险的安全技术措施方案，特别是从设计上采取相应措施，设置多重安全屏障，实现生产过程的本质安全化。

② 现实过程安全控制。在系统设计前进行风险评价，可以避免选用不安全的工艺流程和危险的原材料以及不合适的设备、设施，或当必须采用时，提出降低或消除危险的有效方法。系统设计之后进行的风险评价，可以查出设计中的缺陷和不足，及早采取改进和预防措施。系统建成以后运行阶段进行的风险评价，可以了解系统的现实危险性，为进一步采取降低危险性的措施提供依据。

③ 建立系统安全的最优方案，为决策者提供依据。通过风险评价，分析系统存在的危险源及其分布部位、数目，预测事故发生的概率、事故严重度，提出应采取的安全对策措施等。为决策者选择系统安全最优方案和管理决策提供依据。

④ 为实现安全技术、安全管理的标准化和科学化创造条件。通过对设备、设施或系统在生产过程中的安全性是否符合有关技术标准、规范、相关规定的评价，对照技术标准、规范，找出存在的问题和不足，实现安全技术和安全管理的标准化、科学化。

（二）风险评价的意义

风险评价可有效地预防事故发生，减少财产损失和人员伤亡。风险评价是从系统安全的角度出发，分析、论证和评估可能产生的损失和伤害及其影响范围、严重程度，提出应采取的对策措施等。风险评价的意义可概括为以下几个方面。

① 风险评价是安全生产管理的一个必要组成部分。“安全第一，预防为主，综合治理”是我国安全生产的基本方针，作为预测、预防事故重要手段的风险评价，对贯彻安全生产方针起着十分重要的作用，通过风险评价可确认生产经营单位是否具备必要的安全生产条件，是否在生产过程中贯彻安全生产方针和“以人为本”的管理理念。

② 有助于政府安全监督管理部门对生产经营单位的安全生产实行宏观控制。安全预评价能有效地提高工程安全设计的质量和投产后的安全可靠程度；安全验收评价是根据国家有关安全生产法律法规、规章、标准、规范对安全设施、设备、装备等进行的符合性评价，提高安全达标水平；安全现状评价可客观地对生产经营单位、工业园区安全水平作出结论，使生产经营单位、工业园区不仅了解可能存在的危险性，而且明确了改进的方向，同时也为安全监督管理部门了解生产经营单位、工业园区安全生产现状、实施宏观调控打下基础。

③ 有助于安全投资的合理选择。风险评价不仅能确认系统的危险性，而且能进一步考虑危险性发展为事故的可能性及事故造成损失的严重程度，并以此说明系统危险可能造成负效益的大小，合理地选择控制措施，确定安全措施投资的多少，从而使安全投入和可能减少的负效益达到合理的平衡。

④ 有助于提高生产经营单位的安全管理水平。风险评价可以使生产经营单位安全管理

变事后处理为事先预测、预防。通过风险评价，可以预先识别系统的危险性，分析生产经营单位的安全状况，全面地评价系统及各部分的危险程度和安全管理状况，促使生产经营单位达到规定的安全要求。

⑤ 有助于生产经营单位提高经济效益。安全预评价可减少项目建成后由于安全要求引起的调整和返工建设；安全验收评价可将潜在事故隐患在设施开工运行前及时消除；安全现状评价可使生产经营单位较好地了解可能存在的危险，并为安全管理提供依据。生产经营单位的安全生产水平的提高可带来经济效益的提高，使生产经营单位真正实现安全生产和经济效益的同步增长。

四、风险评价的分类

风险评价方法是进行定性、定量风险评价的工具。风险评价的目的和对象不同，风险评价的内容和指标也不同。目前，风险评价方法有很多种，每种评价方法都有其适用范围和应用条件。在进行风险评价时，应根据风险评价对象和要达到的风险评价目标，选择适用的风险评价方法。

（一）风险评价方法分类

风险评价方法分类的目的是为了根据风险评价对象和要达到的评价目标选择适用的评价方法。风险评价方法的分类方法很多，常用的有按照评价结果的量化程度分类、按照评价的逻辑推理过程分类、按照评价要达到的目的分类等。

1. 按照评价结果的量化程度分类

按照风险评价结果的量化程度，风险评价方法可分为定性风险评价方法和定量风险评价方法。

（1）定性风险评价方法

定性风险评价方法主要是根据经验和直观判断能力对生产系统的工艺、设备、设施、环境、人员和管理等方面的状况进行定性的分析，风险评价的结果是一些定性的指标，如是否达到了某项安全指标、事故类别和导致事故发生的因素等。属于定性风险评价方法的有安全检查表、专家现场询问观察法、作业条件危险性评价法（格雷厄姆—金尼法或 LEC 法）、故障类型和影响分析、危险可操作性研究等。

定性风险评价方法的优点是容易理解、便于掌握，评价过程简单。目前定性风险评价方法在国内外企业安全管理工作中被广泛使用。但定性风险评价方法往往依靠经验，带有一定的局限性，风险评价结果有时会因参加评价人员的经验和经历等有相当大的差异。同时由于定性风险评价结果不能给出量化的危险度，所以不同类型的对象之间风险评价结果缺乏可比性。

（2）定量风险评价方法

定量风险评价方法是运用基于大量的实验结果和广泛的事故资料统计分析获得的指标或规律（数学模型），对生产系统的工艺、设备、设施、环境、人员和管理等方面的状况进行定量的计算，风险评价的结果是一些定量的指标，如事故发生的概率、事故的伤害（或破坏）范围、定量的危险性、事故致因因素的关联度或重要度等。按照风险评价给出的定量结果的类别不同，定量风险评价方法还可以分为概率风险评价法、伤害（或破坏）范围评价法和危险指数评价法。

① 概率风险评价法。概率风险评价法是根据事故的基本致因因素的发生概率，应用数理统计中的概率分析方法，求取事故基本致因因素的关联度（或重要度）或整个评价系统的事故发生概率的风险评价方法。故障类型及影响分析、故障树分析、统计图表分析法等都可以由基本致因因素的事故发生概率计算整个评价系统的事故发生概率，都属于此类方法。概率风险评价法是建立在大量的实验数据和事故统计分析基础之上的，因此评价结果的可信程度较高。由于能够直接给出系统的事故发生概率，因此便于各系统可能性大小的比较。特别是对于同一系统，该类评价方法可以给出发生不同事故的概率、不同事故致因因素的重要度，便于对不同事故的可能性和不同致因因素重要性进行比较。但该类评价方法要求数据准确、充分，分析过程完整，判断和假设合理，因此概率风险评价法不适用于基本致因因素不确定或基本致因因素事故概率不能给出的系统。但随着计算机在风险评价中的应用，模糊数学理论、灰色系统理论和神经网络理论已经应用到风险评价之中，弥补了该类评价方法的一些不足，扩大了该类评价方法的应用范围。

② 伤害（或破坏）范围评价法。伤害（或破坏）范围评价法是根据事故的数学模型，应用数学计算方法，求取事故对人员的伤害范围或对物体的破坏范围的风险评价方法。如液体泄漏模型、气体泄漏模型、气体绝热扩散模型、池火火焰与辐射强度评价模型、火球爆炸伤害模型、爆炸冲击波超压伤害模型、蒸汽云爆炸超压破坏模型、毒物泄漏扩散模型和锅炉爆炸伤害 TNT 当量法都属于伤害（或破坏）范围评价法。伤害（或破坏）范围评价法只要计算模型以及计算所需要的初值和边值选择合理，就可以获得可信的评价结果。评价结果是事故对人员的伤害范围或（和）对物体的破坏范围，因此评价结果直观、可靠。其评价结果可用于危险性分区，也可用于进一步计算伤害区域内的人员及其人员的伤害程度、破坏范围内物体损坏程度和直接经济损失。但该类评价方法计算量较大，需要使用计算机进行计算，特别是计算的初值和边值选取往往比较困难，而且评价结果对评价模型、初值和边值的依赖性很强，评价模型或初值和边值选择稍有不当或偏差，评价结果就会出现较大的失真，对评价结果造成很大影响。因此，该类评价方法只适用于系统的事故模型及初值和边值比较确定的风险评价。

③ 危险指数评价法。危险指数评价法是应用系统的事故危险指数模型，根据系统及其物质、设备（设施）、工艺的基本性质和状态，采用推算的办法，逐步给出事故的可能损失、引起事故发生或使事故扩大的设备、事故的危险性以及采取安全措施的有效性的风险评价方法。常用的危险指数评价法有 DOW 化学公司火灾、爆炸危险指数评价法，蒙德火灾、爆炸毒性指数评价法，易燃、易爆、有毒重大危险源评价法等。这种风险评价方法由于采用了指数，使得系统结构复杂，难以用发生概率计算事故的可能性，但可通过划分为若干个评价单元的办法得到解决。这种评价方法，一般将有机联系的复杂系统，按照一定的原则划分为相对独立的若干个评价单元，针对每个评价单元逐步推算事故可能损失和事故危险性以及采取安全措施的有效性，再比较不同评价单元的评价结果，确定系统最危险的设备和条件。评价指数值同时含有事故发生的可能性和事故后果两方面的因素，克服了事故概率和事故后果难以确定的缺点。但该类评价方法不足之处在于采用的风险评价模型对系统安全保障设施（或设备、工艺）的功能重视不够，评价过程中的安全保障设施（或设备、工艺）的修正系数，一般只与设施（或设备、工艺）的设置条件和覆盖范围有关，而与设施（或设备、工艺）的功能

多少、优劣等无关。特别是该类评价方法忽略了系统中的危险物质和安全保障设施（或设备、工艺）间的相互作用关系，而且在给定各因素的修正系数后，这些修正系数只是简单地相加或相乘，忽略了各因素之间重要度的不同。因此，只要系统中危险物质的种类和数量基本相同，系统工艺参数和空间分布就基本相似。不同系统服务年限有很大不同，会造成实际水平有很大的差异，但采用该类评价方法所得评价结果也基本相同，因此该类评价方法的灵活性和敏感性较差。

2. 按照逻辑推理过程分类

按照风险评价的逻辑推理过程，风险评价方法可分为归纳推理评价法和演绎推理评价法。

① 归纳推理评价法。归纳推理评价法是从事故原因推论结果的评价方法，即从最基本风险源开始，逐渐分析出导致事故发生的直接因素，最终分析到可能的事故。

② 演绎推理评价法。演绎推理评价法是从结果推论事故原因的评价方法，即从事故开始，推论导致事故发生的直接因素，再分析与直接因素相关的间接因素，最终分析和查找出导致事故发生的最基本风险源。

3. 按照风险评价目标分类

按照风险评价要达到的目标，风险评价方法可分为事故致因因素风险评价法、危险性分级风险评价法和事故后果风险评价法。

① 事故致因因素风险评价法。事故致因因素风险评价法是采用逻辑推理的方法，由事故推论最基本风险源或由最基本风险源推论事故的评价方法，该类方法适用于识别系统的风险源和分析事故，这类方法一般属于定性风险评价法。

② 危险性分级风险评价法。危险性分级风险评价法是通过定性或定量分析给出系统危险性的风险评价方法，该类方法适用于系统的危险性分级，可以是定性的风险评价方法，也可以是定量的风险评价方法。

③ 事故后果风险评价法。事故后果风险评价法可以直接给出定量的事故后果，给出的事故后果可以是系统事故发生的概率、事故的伤害（或破坏）范围、事故的损失或定量的系统危险性等。

4. 按研究内容分类

① 工厂设计的危险性评审。

② 安全管理的有效性评价。在设计阶段，对新建企业和应用新技术中的不安全因素主要是对安全管理组织机构的效能、事故的伤亡率、损失率、投资效益等进行评价。

③ 生产设备的可靠性评价。对机器设备、装置和部件的故障及人机系统设计，应用系统工程方法进行安全、可靠性的评价。

④ 作业行为危险性评价。对人的不安全心理状态的发现和人体操作的可靠度，通过行为测定评价其安全性。

⑤ 作业环境和环境质量评价。作业环境对人的安全与健康的影响及工厂排放物对环境的影响。

⑥ 化学物质的物理化学危险性评价。主要是对化学物质在加工生产、运输、储存中存在的物理化学危险性，或已发生的火灾、爆炸、中毒等安全问题进行评价。

5. 按照评价对象分类

按照评价对象的不同，风险评价方法可分为设备（设施或工艺）故障率评价法、人员失误率评价法、物质系数评价法、系统危险性评价法等。

（二）风险评价方法选择

任何一种风险评价方法都有其适用条件和范围，在风险评价中合理选择风险评价方法十分重要，如果选择了不适用的风险评价方法，不仅浪费工作时间，影响评价工作的正常开展，而且可能导致评价结果严重失真，使风险评价失败。

1. 风险评价方法的选择原则

在进行风险评价时，应该在认真分析并熟悉被评价系统的前提下，选择适用的风险评价方法。风险评价方法的选择应遵循充分性、适应性、系统性、针对性和合理性等原则。

① 充分性原则。充分性是指在选择风险评价方法之前，应充分分析被评价系统，掌握足够多的风险评价方法，充分了解各种风险评价方法的优缺点、适用条件和范围，同时为开展风险评价工作准备充分的资料。

② 适应性原则。适应性是指选择的风险评价方法应该适用被评价系统。被评价系统可能是由多个子系统构成的复杂系统，对于各子系统评价重点可能有所不同，各种风险评价方法都有其适用条件和范围，应根据系统和子系统、工艺性质和状态，选择适用的风险评价方法。

③ 系统性原则。风险评价方法要获得可信的风险评价结果，必须建立真实、合理和系统的基础数据，被评价的系统应该能够提供所需的系统化数据和资料。

④ 针对性原则。针对性是指所选择的风险评价方法应该能够提供所需的结果。由于评价目的不同，需要风险评价提供的结果也不相同。因此，应该选用能够给出所要求结果的风险评价方法。

⑤ 合理性原则。在满足风险评价目的、能够提供所需风险评价结果的前提下，应该选择计算过程最简单、所需基础数据最少和最容易获取的风险评价方法，使风险评价工作量和要获得的评价结果都是合理的。

2. 风险评价方法的选择过程

对不同的评价对象，应选择不同的风险评价方法。不同风险评价方法的选择过程一般可按图 4-1 所示的步骤进行。

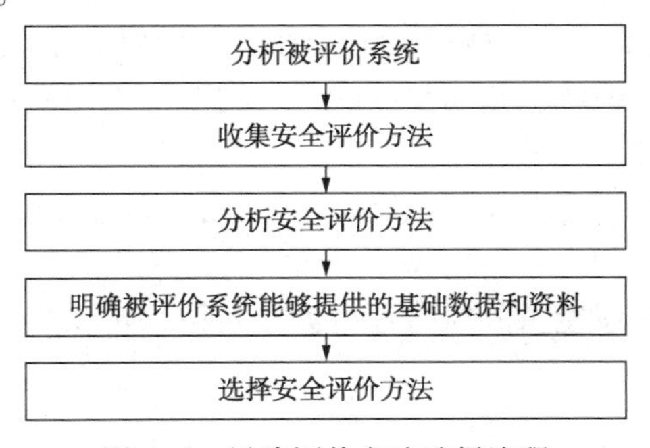

图 4-1　风险评价方法选择流程

选择风险评价方法时，应首先详细分析被评价系统，明确通过风险评价要达到的目标；分析被评价系统，收集风险评价方法，分析风险评价方法明确被评价系统能够提供的基础数据和资料选择风险评价方法。然后收集尽可能多的风险评价方法，将风险评价方法进行分类整理，明确被评价系统能够提供的基础数据、工艺和其他资料；再根据风险评价要达到的目标以及所收集的基础图数据、工艺过程和其他资料，选择适用的风险评价方法。

3. 选择风险评价方法应注意的问题

选择风险评价方法时应根据风险评价的特点、具体条件和需要，针对被评价系统的实际情况、特点和评价目标，认真地分析、比较。必要时，根据评价目标的要求，可选择几种风险评价方法同时进行评价，互相补充、分析综合和相互验证，以提高评价结果的可靠性。选择风险评价方法时应该特别注意以下几方面的问题。

① 充分考虑被评价系统的特点。根据被评价系统的规模、组成、复杂程度、工艺类型、工艺过程、工艺参数，以及原料、中间产品、产品、作业环境等，选择适用的风险评价方法。

随着被评价系统规模、复杂程度的增大，有些评价方法的工作量、工作时间和费用相应增大，甚至超过允许的条件，在这种情况下，有些评价方法即使很适合，也不能采用。

一般而言，对危险性较大的系统可采用系统的定性、定量风险评价方法，工作量也较大，如故障树、危险指数评价法等。反之，对危险性不大的系统可采用经验的定性风险评价方法或直接引用分级(分类)标准进行评价，如检查表、直观经验法等。

被评价系统若同时存在多种类别风险源，往往需要采用几种风险评价方法分别进行评价。对于规模大、复杂、危险性高的系统可先用简单的定性风险评价方法进行评价，然后再对重点部位(设备或设施)采用系统的定性或定量风险评价方法进行评价。

② 考虑评价的具体目标和要求的最终结果。在风险评价中，评价目标不同，要求的最终结果也不相同，如由风险源分析可能发生的事故，评价系统事故发生的可能性，评价系统事故的严重程度，评价某风险源对发生事故的影响程度等，因此需要根据被评价目标选择适用的风险评价方法。

③ 考虑评价资料占有情况。如果被评价系统是正在设计的系统，则只能选择较简单的、需要数据较少的风险评价方法。如果被评价系统技术资料、数据齐全，可采用适用的定性或定量评价方法进行评价。

④ 风险评价人员。风险评价人员的经验、习惯和知识掌握程度，对于风险评价方法选择十分重要。如一个企业进行风险评价的目的是为了提高全体员工的安全意识，树立“以人为本”的安全理念，全面提高企业的安全管理水平，风险评价需要全体员工的参与，使他们能够识别出与自己相关的风险源，找出事故隐患，这时应采用简单的风险评价方法，并且便于员工掌握和使用，同时还要能够提供危险性的分级，因此作业条件危险分析法是适用的。若企业为了某项工作的需要，请专业的风险评价机构进行风险评价，参与风险评价的人员都是专业的风险评价人员，他们有丰富的风险评价工作经验，掌握很多风险评价方法，对于此类风险评价，可以使用定性或定量的风险评价方法对被评价系统进行深入的分析和系统的风险评价。

(三) 常用风险评价方法

在风险评价中，使用的风险评价方法很多，不同的风险评价方法适用范围不尽相同。

1. 安全检查法(Safety Review，SR)

安全检查法可以说是第一个风险评价方法，它有时也称为“工艺安全审查”、“设计审查”或“损失预防审查”。它可以用于项目施工的任何阶段。对现有工艺设备进行风险评价时，传统的安全检查主要包括巡视检查、日常安全检查或专业安全检查，如当工艺尚处于设计阶段，项目设计小组可以对一套图纸进行审查。安全检查方法的目的是辨识可能导致事故、引起伤害、重大财产损失或对公共环境产生重大影响的装置条件或操作规程。一般安全检查人员主要包括与工艺设备有关的人员，即操作人员、维修人员、工程师、管理人员等，具体视安全检查项目、内容和组织情况而定。

安全检查的目的是为了提高整个工艺设备及工具的安全可靠程度，而不是干扰正常操作或对发现的问题进行处罚。安全检查完成后，评价人员对亟待改进的地方应提出具体的整改措施和建议。

2. 安全检查表分析方法(Safety Checklist Analysis，SCA)

安全检查表分析是最基础、最简便、应用最为广泛的风险评价方法。安全检查表是由对工艺、设备和操作情况熟悉并富有安全技术、安全管理经验的人员，通过对分析对象进行详尽分析和充分讨论，列出检查单元和部位、检查项目、检查要求、各项赋分标准、评定系统等级分值等标准的表格。

安全检查表基本上属于定性评价方法，可以适用于不同行业。从类型上来看，它可以划分为定性、半定量和否决型检查表。进行风险评价时，可运用半定量安全检查表逐项检查、赋分，从而确定评价系统的安全等级。当安全检查表用于设计、维修、环境、管理等方面查找缺陷或隐患时，可利用定性安全检查表。

3. 危险指数方法(Risk Rank，RR)

危险指数方法是一种通过评价人员对几种工艺现状及运行的固有属性(以作业现场危险度、事故概率和事故严重度为基础，对不同作业现场的危险性进行鉴别)进行比较计算，确定工艺危险特性和重要性大小，并根据评价结果，确定进一步评价的对象或进行危险性排序的风险评价方法。危险指数评价可以运用在工程项目的可行性研究、设计、运行、报废等各个阶段，作为确定工艺操作危险性的依据。

此类方法使用起来可繁可简，形式多样，既可定性，又可定量。常用的危险指数评价方法有：①危险度评价法；②DOW 化学火灾、爆炸危险指数法；③ICI 蒙德法；④化工厂危险程度分级法等。

4. 预先危险性分析(Preliminary Hazard Analysis，PHA)

预先危险性分析也称初始危险分析，该法是一种起源于美国军用标准的安全计划的方法。该法是在每项工作开始之前，特别是在设计的开始阶段，对危险物质和重要装置的主要区域等进行分析，包括设计、施工和生产前对系统中存在的危险性类别、出现条件和导致事故的后果进行概略的分析，其目的是识别系统中的潜在危险，确定其危险等级，防止危险发展成事故。

预先危险性分析可以达到以下目的：①大体识别与系统有关的主要危险；②分析产生危险的原因；③预测事故发生对人员和系统的影响；④判别已识别的危险等级，提出消除或控制危险的对策措施。

预先危险性分析常用于对潜在危险了解较少和无法凭经验觉察的工艺项目的初期阶段，如初步设计或工艺装置的研究和开发阶段。当分析一个庞大的现有装置或当无法使用更为先进的系统评价方法时，常优先考虑 PHA 法。预先危险性分析是一种应用范围较广的定性评价方法。

5. 故障假设分析方法(What…If Analysis)

故障假设分析方法是一种对系统工艺过程或操作过程的创造性分析方法。使用该方法的人员应熟悉工艺，通过提问(即故障假设)来发现可能潜在的事故隐患，即假想系统中一旦发生严重的事故，找出造成该假设事故的所有潜在因素，分析在最坏条件下潜在因素导致事故的可能性。

该方法要求评价人员了解有关的基本概念并将其用于具体的问题中。有关故障假设分析方法及应用的资料甚少，但是它在工程项目发展的各个阶段都可能会被经常采用。

故障假设分析方法一般要求评价人员用“如果……”作为开头，对有关问题进行考虑。任何与工艺安全有关的问题，即使它与之不太相关，也可提出加以讨论。例如：①如何处理在提供的原料不对情况下？②在开车时泵停止运转怎么办？③如果操作工打开阀 B 而不是阀 A，误操作怎么办？

通常评价人员要将所有的问题都记录下来，然后将问题分门别类，例如按照电气安全、消防、人员安全等问题分类，然后分头进行讨论。对正在运行的现役装置，则与操作人员进行交谈，所提出的问题要考虑到任何与装置有关的不正常的生产条件，而不仅仅是局限于设备故障或工艺参数的变化。

6. 故障假设分析/检查表分析方法(What. . . If/Checklist Analysis，WI/CA)

故障假设分析/检查表分析方法是由具有创造性的假设分析方法与安全检查表分析方法组合而成的，它弥补了各自单独使用时的不足。

安全检查表分析方法是一种以经验为主的方法，用它进行风险评价时，成功与否很大程度上取决于检查表编制人员的经验水平。如果检查表编制得不完整，评价人员就很难对危险性状况作出有效的分析。而故障假设分析方法鼓励评价人员思考潜在的事故和后果，它弥补了检查表编制时可能存在的经验不足；安全检查表则使故障假设分析方法更系统化。

故障假设分析/检查表分析方法可用于工艺项目的任何阶段。与其他大多数的评价方法相类似，这种方法同样需要有丰富工艺经验的人员来完成，常用于分析工艺中存在的最普遍的危险。虽然它也能够用来评价所有层次的事故隐患，但故障假设分析/检查表分析方法一般主要对过程危险作初步分析，然后再用其他方法进行更详细的评价。

7. 危险和可操作性研究(Hazard and Operability Study，HAZOP)

危险和可操作性研究是一种定性的风险评价方法。其基本过程是以关键词为引导，找出过程中工艺状态的变化，即可能出现的偏差，然后分析偏差产生的原因、后果及可采取的安全对策措施。危险和可操作性研究是基于这样一种原理，即背景各异的专家们若在一起工作，就能够在创造性、系统性和风格上互相影响和启发，能够发现和鉴别更多的问题，要比他们独立工作并分别提供工作结果更为有效。虽然危险和可操作性研究技术起初是专门为评价新设计和新工艺而开发的，但这种方法同样可以用于整个工程或系统项目生命周期的各个阶段。

危险和可操作性研究是通过各种专业人员按照规定的方法，通过系列会议对工艺流程图和操作规程进行分析，对偏离设计的工艺条件进行过程危险和可操作性研究。危险和可操作性分析与其他风险评价方法的明显不同之处是，其他风险评价方法可由某人单独去做，而危险和可操作性研究则必须由一个多方面的、专业的、熟练的人员组成的小组来完成。

8. 故障类型和影响分析(Failure Mode Effects Analysis，FMEA)

故障类型和影响分析(FMEA)是对系统各组成部分或元件进行分析的重要方法，根据系统可以划分为子系统、设备和元件的特点，按实际需要将系统进行分割，然后分析各自可能发生的故障类型及其产生的影响，以便采取相应的对策措施，提高系统的安全可靠性。

故障类型和影响分析可直接导出事故或对事故有重要影响的单一故障模式。在故障类型和影响分析中，不直接确定人的影响因素，但像人的失误操作影响通常作为某一设备的故障模式表示出来。但一个 FMEA 不能有效地分析引起事故的详尽的设备故障组合。

9. 故障树分析(Fault Tree Analysis，FTA)

故障树(Fault Tree)又称事故树，它是一种描述事故因果关系的具有方向的“树”，是安全系统工程中重要的分析方法之一，是一种演绎的推理方法。它能对各种系统的危险性进行识别评价，既可用于定性分析，又能进行定量分析，具有简明、形象化的特点，体现了以系统工程方法研究安全问题的系统性、准确性和预测性。故障树作为安全分析、评价和事故预测的一种先进的科学方法，已得到国内外的公认，并被广泛采用。

FTA 不仅能分析出事故的直接原因，而且能深入提示事故的潜在原因，因此在工程或设备的设计阶段、事故查询或编制新的操作方法时，都可以使用 FTA 对它们的安全性作出评价。

10. 事件树分析(Event Tree Analysis，ETA)

事件树分析是用来分析普通设备故障或过程波动(称为初始事件)导致事故发生的可能性的方法。事故是典型设备故障或工艺异常(称为初始事件)所引发的结果。与故障树分析不同，事件树分析使用的是归纳法，而不是演绎法。事件树分析适合被用来分析那些产生不同后果的初始事件。事件树强调的是事故可能发生的初始原因以及初始事件对事件后果的影响，事件树的每一个分支都表示一个独立的事故序列，对一个初始事件而言，每一独立事故序列都清楚地界定了安全功能之间的功能关系。

11. 人员可靠性分析(Human Reliability Analysis，HRA)

人员可靠性行为是人机系统成功的必要条件，人的行为受很多因素影响。这些“行为成因要素”(PSFs)可以是人的内在属性，如紧张、情绪、教养和经验，也可以是外在因素，如工作空间、环境、监督者的举动、工艺规程等。影响人员行为的成因要素数不胜数。尽管有些行为成因要素是不能控制的，而许多行为成因要素却是可以控制的，并且可以对一个过程或一项操作的成功或失败产生明显的影响。

人为因素研究是研究机器设计、操作、作业环境，以及它们与人的能力、局限和需求如何协调一致的学科。有许多不同的方法可供人为因素专家用来评估工作情况，如“作业安全分析”(Job Safety Analysis，JSA)是一种常用的方法，但该方法的重点是作业人员的个人安全。作业安全分析是一个良好的开端，但就工艺安全分析而言，人员可靠性分析方法则更为有用。人员可靠性分析技术可用来识别和改进行为成因要素，从而减少人为失误的机会。这种技术所分析的是系统、工艺过程和操作人员的特性，可以识别失误的源头。

在大多数情况下，建议将人员可靠性分析方法与其他风险评价方法结合使用。一般来说，人员可靠性分析技术应该在其他评价技术(如 HAZOP，FMEA，FTA)之后使用，以便识别出具体的、有严重后果的人为失误。

12. 作业条件危险性评价法(Job Risk Analysis，LEC)

美国的 K. J. 格雷厄姆(Keneth J. Graham)和 G. F. 金尼(Gilbert F. Kinney)研究了人们在具有潜在危险环境中作业的危险性，提出了以所评价的环境与某些作为参考环境的对比为基础，将作业条件的危险性作因变量(D)，事故或危险事件发生的可能性(L)、暴露于危险环境中的频率(E)及危险严重程度(C)为自变量，确定了它们之间的函数式。根据实际经验，他们给出了 3 个自变量在各种不同情况的分数值，采取对所评价的对象根据情况进行“打分”的办法，然后根据公式计算出其危险性分数值，最后再将危险性分数值划分的危险程度等级表或图上，查出其危险程度的一种评价方法。这种评价方法简单易行。

13. 定量风险评价法(Quantity Risk Analysis，QRA)

在识别危险分析方面，定性和半定量的评估是非常有价值的，但是这些定性的方法不能提供足够的定量化，特别是不能对复杂的并存在危险的工业流程等提供决策依据和足够的信息。在这种情况下，必须能够提供完全的定量计算和评价。定量风险评价可以将风险的大小完全量化，可以对事故发生的概率和事故的后果进行评价，并提供足够的信息，为业主、投资者、政府管理者提供有利的定量化的决策依据。

五、风险评价的程序

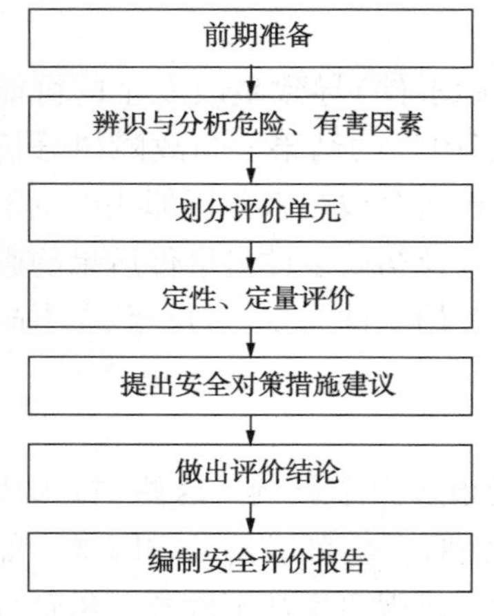

图 4-2　风险评价程序

风险评价程序包括：前期准备，辨识与分析风险源，划分评价单元，定性、定量评价，提出安全对策措施建议，作出评价结论，编制风险评价报告，如图 4-2 所示。

1）前期准备。明确评价对象，备齐有关风险评价所需的设备、工具，收集国内外相关法律法规、标准、规章、规范等资料。

2）辨识与分析风险源。根据评价对象的具体情况，辨识和分析风险源，确定风险源存在的部位、方式，以及发生的途径和变化规律。

3）划分评价单元。根据评价对象情况，遵循科学、合理，便于实施评价，相对独立且具有明显的特征界限的原则，合理划分评价单元。

4）定性、定量评价。根据评价单元的特征，选择合理的评价方法，对评价对象发生事故的可能性及其严重程度进行定性、定量评价。

5）对策措施建议。依据风险源辨识结果与定性、定量评价结果，遵循针对性、技术可行性、经济合理性的原则，提出消除或减弱风险源的技术和管理措施建议。对策措施建议应具体详实、具有可操作性。按照针对性和重要性的不同，措施和建议可分为应采纳和宜采纳两种类型。

6）风险评价结论。根据客观、公正、真实的原则，严谨、明确地做出风险评价结论。风险评价结论的内容应包括高度概括评价结果，从风险管理角度给出评价对象在评价时与国家有关安全生产的法律法规、标准、规章、规范的符合性结论，给出事故发生的可能性和严重程度的预测性结论，以及采取安全对策措施后的安全状态等。

7）风险评价报告的编制。风险评价报告应全面、概括地反映风险评价过程的全部工作，文字应简洁、准确，提出的资料应清楚可靠，论点明确，利于阅读和审查。

第二节 安全检查分析法

一、安全检查法

安全检查法(Safety Review, SR)是对设计、装置、操作、维修等进行详细检查，以识别所存在的危险性。

1. 安全检查对象

安全检查对象是可能导致人员伤亡、重要财产损失或环境损害等事故的设计图纸、装置条件及操作、维修作业。

评价人员可针对正在进行设计的工艺过程、设计文件给出的图纸进行安全审查；也可对在役装置的工作条件、工作状态以及作业人员的操作、维修作业的符合性及规范性进行安全检查。

2. 安全检查目的

① 警惕工艺过程可能发生的危险性。

② 评估控制系统和安全系统的设计依据。

③ 因新工艺或新设备带来的新危险。

④ 检验新兴安全技术对危险控制的可靠性。

3. 安全检查法操作步骤

1）组成检查组、制定检查计划。检查组成员视检查项目和内容的具体情况而定，一般应由熟悉安全标准、了解工艺过程，具有建筑、电气、压力容器等特定专业知识和丰富实践经验的人员组成，如专职安全员、管理人员、工程技术人员以及具有安全监管职能部门的政府部门官员和中介机构的风险评价人员等。制定检查计划主要包括确立检查的主要目的、对象及安排检查日程等。

2）进行资料收集与研究。检查组成员在检查前应完成相关工艺过程的资料收集，并进行资料研究。如对化工装置的安全检查，应收集研究的资料包括：相关规范及标准、工艺流程及带控制点的工艺流程图、工艺物料的安全技术特性、类似工艺的开停车及正常操作维修规程、类似工艺的安全分析与事故报告等。

3）完成现场检查，检查组根据计划进行现场安全检查。安全检查的目的是为了提高装置整体的安全可靠度，更好地保证安全生产，检查人员不应在现场干扰正常操作或对发现的问题进行处罚。对于现场发现的安全操作隐患应以适度的、科学的方式予以纠正。

4）编写检查结果文件。检查完毕后应编制安全检查报告，报告的内容应从以下三个方面着手：偏离设计工艺条件的安全隐患；偏离规定操作规程的安全隐患；发现的其他安全隐患。对隐患项目可下达《隐患整改通知书》，提供给被检查单位或部门，要求对隐患进行限期整改。对严重威胁安全生产及公共利益的重大隐患项目可下达《停业整改通知书》。

4. 安全检查法的适用性

安全检查法直观科学，能及时发现并进行有效纠正，防止事故的发生，是一种十分常用的评价方法。安全检查的类型有企业安全大检查、专业安全检查、专项安全检查、季节性安全检查等，可用于企业自身的安全管理，也可用于政府职能部门的安全监督。安全检查法的效果关键取决于检查组成员的综合素质以及检查的方法和手段。

二、安全检查表分析法

安全检查表分析法(Safety Checklist Analysis，SCA)是事先将要检查的项目编制成表，用以检查装置、储运、操作、管理和组织措施等各方面的不安全因素，以评价系统安全状态的方法。安全检查表分析法是一种最通用的定性风险评价方法，可适用于各类系统的设计、验收、运行、管理阶段以及事故调查过程，应用十分广泛。

安全检查表分析法具有以下主要特点：检查表的编制系统全面，可全面查找风险源，避免了传统安全检查中易遗漏、疏忽的弊端；检查表中体现了法规、标准的要求，使检查工作法规化、规范化；针对不同的检查对象和检查目的，可编制不同的检查表，应用灵活广泛；检查表简明易懂，易于掌握，检查人员按表逐项检查，操作方便适用，能弥补其知识和经验不足的缺陷；编制安全检查表的工作量及难度较大，检查表的质量受制于编制者的知识水平及经验积累。

安全检查表分析法主要包括四个操作步骤：收集评价对象的有关数据资料；选择或编制安全检查表；现场检查评价；编写评价结果分析。

1. 编制安全检查表应收集研究的主要资料

① 有关标准、规程、规范及规定。

② 同类企业的安全管理经验及国内外事故案例。

③ 通过系统安全分析已确定的危险部位及其防范措施。

④ 装置的有关技术资料等。

2. 选择指导性或强制性的安全检查表

世界各国都较为重视安全检查表分析法，有关人员按照国家有关法律法规、标准、规范的要求，根据系统或经验分析的结果，把评价项目及环境的危险集中起来，编制了若干指导性或强制性的安全检查表。例如，日本劳动省的安全检查表、美国杜邦公司的过程危险检查表、我国机械工厂安全性评价表、危险化学品经营单位风险评价现场检查表、加油站安全检查表、液化石油气充装站风险评价现场检查表、光气及光气化产品生产装置安全检查表等。

评价人员需熟知国家及地方的风险评价法规、标准中规定的各类安全检查表，根据评价对象正确选择适宜的安全检查表。

3. 编制安全检查表

当无适宜安全检查表可选用时，风险评价人员应根据评价对象正确选择评价单元，依据法规、标准要求编制安全检查表。

1）编制安全检查表应注意的问题。编制安全检查表是安全检查表分析法的重点和难点，编制时应注意以下问题：①检查表的项目内容应繁简适当、重点突出、有启发性；②检查表的项目内容应针对不同评价对象有侧重点，尽量避免重复；③检查表的项目内容应有明确的定义，可操作性强；④检查表的项目内容应包括可能导致事故的一切不安全因素，确保能及时发现和消除各种安全隐患。

2）编制安全检查表时评价单元的选择。安全检查表的评价单元确定是按照评价对象的特征进行选择的，例如编制生产企业的安全生产条件安全检查表时，评价单元可分为安全管理单元、厂址与平面布置单元、生产储存场所建筑单元、生产储存工艺技术与装备单元、电气与配电设施单元、防火防爆防雷防静电单元、公用工程与安全卫生单元、消防设施单元、安全操作与检修作业单元、事故预防与救援处理单元和危险物品安全管理单元等。

3）安全检查表的类型。为了使安全检查表分析法的评价能得到系统安全程度的量化结果，有关人员开发了许多行之有效的评价计值方法，根据评价计值方法的不同，常见的安全检查表有否决型检查表、半定量检查表和定性检查表三种类型。

① 否决型检查表。否决型检查表是给定一些特别重要的检查项目作为否决项，只要这些检查项目不符合，则将该系统总体安全状况视为不合格，检查结果就为“不合格”。这种检查表的特点是重点突出。《危险化学品经营单位风险评价导则》中“危险化学品经营单位风险评价现场检查表”属于此类检查表。

② 半定量检查表。半定量检查表是给每个检查项目设定分值，检查结果以总分表示，根据分值划分评价等级。这种检查表的特点是可以对检查对象进行比较，但对检查项目准确赋值比较困难。

安监管管二字[2003]50号文《关于开展危险化学品生产、储存企业安全生产现状评估工作的通知》中“危险化学品生产、储存企业风险评估标准”属于此类检查表。

③ 定性检查表。定性检查表是罗列检查项目并逐项检查，检查结果以“是”、“否”或“不适用”表示，检查结果不能量化，但应作出与法律、法规、标准、规范中具体条款是否一致的结论。这种检查表的特点是编制相对简单，通常作为企业安全综合性评价或定量评价以外的补充性评价。

4. 现场检查评价

根据安全检查表所列项目，在现场逐项进行检查，对检查到的事实情况如实记录和评定。

5. 编写评价结果分析

根据检查的记录及评定，按照安全检查表的评价计值方法，对评价对象给予安全程度评级。定性的分析结果随不同分析对象而变化，但需作出与标准或规范是否一致的结论。此外，安全检查表分析通常应提出一系列的提高安全性的可能途径给管理者考虑。

第三节 故障树分析法

故障树是从结果到原因描述事故发生的逆向逻辑树，对故障树进行演绎分析，寻求防止结果发生的对策，这种方法称为故障树分析。显然，故障树分析是从结果开始，寻求结果事件(通称顶上事件)发生的原因事件，是一种逆时序的分析方法。另外故障树分析是一种演绎的逻辑分析方法，将结果演绎成构成这一结果的多种原因，再按逻辑关系构建故障树，寻求防止结果发生的措施。

20世纪60年代初期，很多高新产品在研制过程中，因对系统的可靠性、安全性研究不够，新产品在没有确保安全的情况下就投入市场，造成大量使用事故的发生，用户纷纷要求厂家进行经济赔偿，从而迫使企业寻求一种科学方法确保安全。1961年，为了评价民兵式导弹控制系统的安全，贝尔电话实验室的维森首次提出了故障树分析的概念。波音公司的分析人员改进了故障树分析技术，使之便于应用计算机进行定量分析。在随后的十年中，特别是航天工业在该项分析技术的精细化和应用方面，取得了巨大进展。1974 年美国原子能委员会发表了关于核电站灾害性危险性评价报告——拉斯姆逊报告，对故障树分析做了大量和有效的应用，引起全世界的关注，目前这种方法已在许多工业部门得到运用。

故障树分析能对各种系统的危险性进行辨识和评价，不仅能分析出事故的直接原因，而且能深入地揭示出事故的潜在原因。用故障树描述事故的因果关系直观、明了，思路清晰，逻辑性强，既可定性分析，又能定量分析。现在 Matlab 等计算工具都有用于故障树定量分析的子程序(模块)，其功能非常强大，而且使用方便。故障树分析已成为系统分析中应用最广泛的方法之一。

一、故障树分析的目的和特点

1. 故障树分析的目的

通过故障树的安全分析，达到以下目的。

① 识别导致事故的基本事件(基本的设备故障)与人为失误的组合，可以提供设法避免或减少导致事故基本原因的线索，从而降低事故发生的可能性。

② 对导致灾害事故的各种因素及逻辑关系能作出全面、简洁和形象的描述。

③ 便于查明系统内固有的或潜在的各种风险源，为设计、施工和管理提供科学依据。

④ 使有关人员、作业人员全面了解和掌握各项防灾要点。

⑤ 便于进行逻辑运算，进行定性、定量分析和系统评价。

2. 故障树分析的特点

故障树分析方法具有以下特点。

① 故障树分析是一种图形演绎方法，是故障事件在一定条件下的逻辑推理方法。它可以就某些特定的事故状态作层次深入的分析，分析各层次之间各因素的相互联系与制约关系，即输入(原因)与输出(结果)的逻辑关系，并且用专门符号标示出来。

② 故障树分析能对导致灾害或功能事故的各种因素及其逻辑关系作出全面、简洁和形象的描述，为改进设计、制定安全技术措施提供依据。

③ 故障树分析不仅可以分析某些元件、部件故障对系统的影响，而且可对导致这些元件、部件的特殊原因(人为因素、环境因素等)进行分析。

④ 故障树分析既可用于定性评价，也可定量计算系统的故障概率及其可靠性参数，为改善评价系统的安全性和可靠性提供定量分析的数据。

⑤ 故障树是图形化的技术资料，具有直观性，即使不曾参与系统设计的管理、操作和维修人员通过阅读也能全面了解和掌握各项防灾控制要点。

进行故障树分析的过程，也是对系统深入认识的过程，可以加深对系统的理解和熟悉，找出薄弱环节，并加以解决，避免事故发生。故障树分析除可作为安全性和可靠性分析外，还可在安全上进行事故分析及风险评价。另外，还可用于设备故障诊断与检修表的制订。

二、故障树分析步骤

故障树分析是对既定的生产系统或作业中可能出现的事故条件及可能导致的灾害后果，按工艺流程、先后次序和因果关系绘成程序方框图，表示导致灾害、伤害事故(不希望事件)的各种因素间的逻辑关系。它由输入符号或关系符号组成，用以分析系统的安全问题或系统的运行功能问题，为判明灾害、伤害的发生途径及事故因素之间的关系，提供一种最形象、最简洁的表达形式。

故障树分析的步骤常因被评价对象、分析目的的不同而不同。但一般可按图 4-3 所示程序进行。

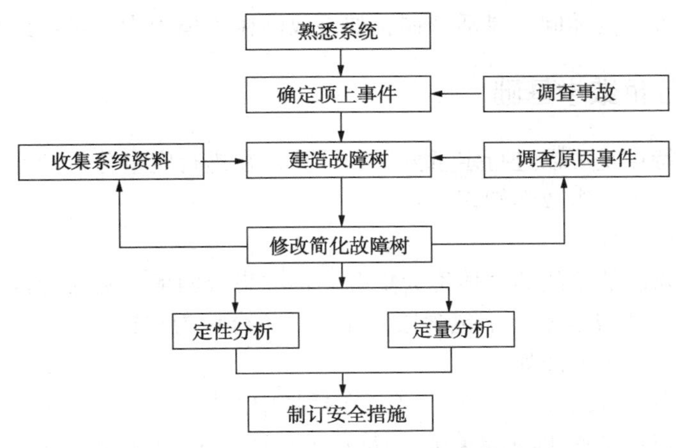

图 4-3　故障树分析的一般流程图

① 熟悉系统。要求详细了解系统状态和各种参数、作业情况及环境状况等，必要时绘出工艺流程图和布置图。

② 调查事故。收集事故案例，进行事故统计，设想给定系统可能要发生的事故。

③ 确定顶上事件。要分析的对象事件即为顶上事件。对所调查的事故要进行全面分析，从中找出后果严重且较易发生的事故作为顶上事件。

④ 确定目标。根据以往的事故记录和同类系统的事故资料，进行统计分析，求出事故发生的概率，作为要控制的事故目标值。

⑤ 调查原因事件。调查与事故有关的所有原因事件和各种因素，包括设备故障、机械故障、操作者的失误、管理和指挥失误、环境因素等，尽量详细查清原因和影响。

⑥ 绘制故障树。这是故障树分析的核心之一。根据上述资料，从顶上事件起，按其逻辑关系，绘制故障树。

⑦ 定性分析。根据故障树结构进行化简，求出故障树的最小割集和最小径集，确定各基本事件的结构重要度。根据定性分析的结论，按轻重缓急分别采取相应对策。

⑧ 计算顶上事件发生概率。确定所有原因事件发生的概率，标在故障树上，并进而求出顶上事件(事故)的发生概率。

⑨ 分析比较。要根据可维修系统和不可维修系统分别考虑。对可维修系统，把求出的概率与通过统计分析得出的概率进行比较，如果二者不符，则必须重新研究，看原因事件是否齐全，故障树逻辑关系是否清楚，基本原因事件的数值是否设定得过高或过低等。对不可维修系统，求出顶上事件发生的概率即可。

⑩ 定量分析。定量分析通常包括：当事故发生概率超过预定的目标值时，要研究降低事故发生概率的所有可能途径，可从最小割集着手，从中选出最佳方案；利用最小径集，找出根除事故的可能性，从中选出最佳方案；求各基本原因事件的临界重要度系数，从而对需

要治理的原因事件按临界重要度系数大小进行排队，或编出安全检查表，以加强人为控制。

⑪ 制定安全对策。建造故障树的目的是查找隐患，找出薄弱环节，查出系统的缺陷，然后加以改进。在对故障全面分析之后，必须制定安全措施，防止灾害发生。安全措施应在充分考虑资金、技术、可靠性等条件之后，选择最经济、最合理、最切合实际的对策。

在具体分析时可视具体问题灵活掌握，如果故障树规模很大，可借助计算机进行。

三、故障树分析数学基础

故障树的突出特点是可以进行定量分析和计算，在进行定量分析和计算时需要了解一些基本概念，如概率、集合等数学知识。

1. 集合的概念

具有某种共同属性的事故的全体称为集合。构成集合的事件称为元素。包含一切元素的集合称为全集，用符号 Ω 表示；不包含任何元素的集合称为空集，用符号 Φ 表示。

集合之间关系的表示方法如下：

① 集合以大写字母表示，集合的定义写在括号中。如 $A=\{2, 4, 6\}$。

② 集合之间的包含关系(即从属关系)用符号 $\in$ 表示。如子集 B_1 包含于全集，记为 $B_1\in\Omega$。

③ 两个子集相交后，相交的部分为两个子集的共有元素的集合，称为交集。交集的关系用符号 $\cap$ 表示，如 $C_1=B_1\cap B_2$。

④ 把两个集合中的元素合并在一起，这些元素全体构成的集合称为并集。并集的关系用符号 $\cup$ 表示，如 $C_2=B_1\cup B_2$。

⑤ 在全集中的集合 A 的余集为一个不属于 A 集的所有元素的集，余集又称为补集。集合 A 的补集符号记为 A'。

故障树分析就是研究一个故障树中各基本事件构成的各种集合，以及它们之间的逻辑关系，最后达到优化处理的一种演绎方法。

集合与概率的含义对照见表 4-1。

表 4-1　集合与概率的含义对照表

符　　号	集　　合	概　　率
A	集合	事件
A'	A 的补集	A 的对立事件
$A\in B$	A 属于 B(即 B 包含 A)	事件 A 发生导致事件 B 发生
$A=B$	A 与 B 相等	事件 A 发生导致事件 B 发生， 事件 B 发生也会导致事件 A 发生
$A\cup B(A+B)$	A 与 B 的并集	事件 A 与事件 B 至少有一个发生
$A\cap B(A\cdot B)$	A 与 B 的交集	事件 A 与事件 B 同时发生

2. 布尔代数与主要运算法则

在故障树分析中常用逻辑运算符号(·)、(+)将各个事件连接起来，这种连接式称为布尔代数表达式。在求最小割集时，要用布尔代数运算法则化简代数式。

常用的法则有如下几种。

① 结合律　$A+(B+C)=(A+B)+C$

$A\cdot(B\cdot C)=(A\cdot B)\cdot C$

② 分配律　$A+B\cdot C=(A+B)\cdot(A+C)$

$A\cdot(B+C)=A\cdot B+A\cdot C$

③ 交换律　$A+B=B+A \quad A\cdot B=B\cdot A$

④ 等幂律　$A+A=A \quad A\cdot A=A$

⑤ 吸收律　$A\cdot(A+B)=A \quad A+A\cdot B=A$

⑥ 对合律　$(A')'=A$

⑦ 互补律　$A+A'=\Omega=1 \quad A\cdot A'=\Phi$

⑧ 对偶法则(狄摩根定律)　$(A\cdot B)'=A'+B' \quad (A+B)'=A'\cdot B'$

在故障树分析中，等幂律和吸收律用得最多。

各种运算规则关系见表4-2。

表4-2　布尔代数运算规则

运算法则	并集(逻辑加)的关系式	交集(逻辑乘)的关系式
结合律	$A\cup(B\cup C)=(A\cup B)\cup C$	$A\cap(B\cap C)=(A\cap B)\cap C$
分配律	$A\cup(B\cap C)=(A\cup B)\cap(A\cup C)$	$A\cap(B\cup C)=(A\cap B)\cup(A\cap C)$
交换律	$A\cup B=B\cup A$	$A\cap B=B\cap A$
等幂律	$A\cup A=A$	$A\cap A=A$
吸收律	$A\cup(A\cap B)=A$	$A\cap(A\cup B)=A$
对合律	$(A')'=A$	
互补律	$A\cup A'=\Omega=1$	$A\cap A'=\Phi=0$
对偶法则	$(A\cup B)'=A'\cap B'$	$(A\cap B)'=A'\cup B'$

四、故障树的编制

1. 故障树符号的意义

(1) 事件符号

① 矩形符号。如图4-4(a)所示。用它表示顶上事件或中间事件，需要进一步分析的事件。将事件扼要记入矩形框内。必须注意，顶上事件一定要清楚明了，不要太笼统。如“油库静电爆炸”、“触电伤亡事故”等具体事故。

② 圆形符号。如图4-4(b)所示。它表示基本(原因)事件，可以是人的差错，也可以是设备、机械故障、环境因素等。它表示最基本的事件，不能再继续往下分析了。将事故原因扼要记入圆形符号内。

③ 菱形事件。如图4-4(c)所示。它表示省略事件，即表示事前不能分析，或者没有再分析下去的必要事件。将事件扼要记为菱形符号内。

④ 屋形符号。如图4-4(d)所示。它表示正常事件，是系统在正常状态下发生的事件。将事件扼要记入屋形符号内。

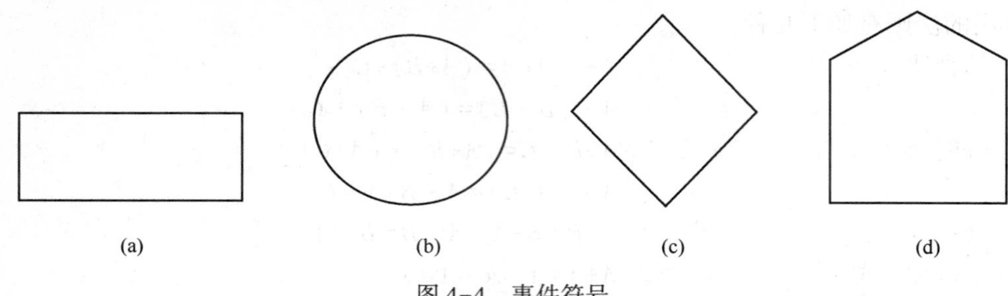

图 4-4　事件符号

(2) 逻辑门符号

即连接各个事件，并表示逻辑关系的符号。其中主要有与门、或门、条件与门、条件或门和限制门。

① 与门符号。与门表示输入事件 B_1、B_2 同时发生的情况下，输出事件 A 才会发生的连接关系。二者缺一不可，表现为逻辑乘的关系。即 $A=B_1\cap B_2$。在有若干输入事件时，也是如此，如图 4-5(a)所示。与门用与门电路图来说明更易理解，如图 4-5(b)所示。

当 B_1、B_2都接通($B_1=1$，$B_2=1$)时，电灯才亮(出现信号)，用布尔代数表示为 $X=B_1\cdot B_2=1$。当 B_1、B_2中有一个断开或都断开($B_1=1$，$B_2=0$ 或 $B_1=0$，$B_2=1$ 或 $B_1=0$，$B_2=0$)时，电灯不亮(没有信号)，用布尔代数表示为 $X=B_1\cdot B_2=0$。

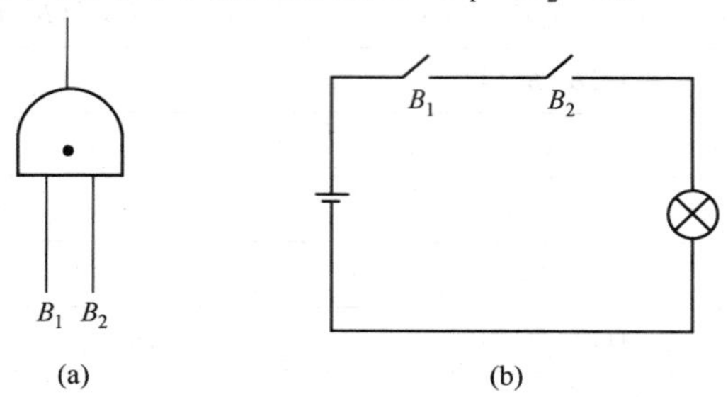

图 4-5　与门符号及与门电路图

② 或门符号。或门连接表示输入事件 B_1或 B_2中，任何一个事件发生都可以使事件 A 发生，表现为逻辑加的关系，即 $A=B_1\cup B_2$。在有若干输入事件时，情况也是如此，如图 4-6(a)所示。或门用或门电路来说明更容易理解，如图 4-6(b)所示。

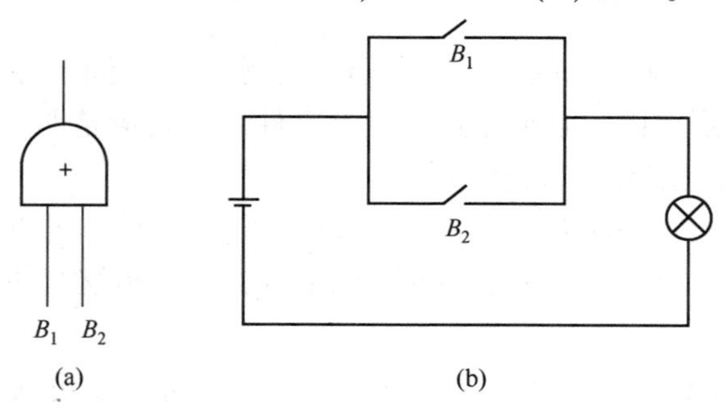

图 4-6　或门符号及或门电路图

当 B_1、B_2断开($B_1=0$，$B_2=0$)时，电灯才不会亮(没有信号)，用布尔代数表示为

$X=B_1+B_2=0$。当 B_1、B_2 中有一个连通或两个都接通（即 $B_1=1$，$B_2=0$ 或 $B_1=0$，$B_2=1$ 或 $B_1=1$，$B_2=1$）时，电灯亮（出现信号），用布尔代数表示为 $X=B_1+B_2=1$。

③ 条件与门符号。表示只有当 B_1、B_2 同时发生（输入）时，且满足条件 a 的情况下，A 才会发生（输出）。相当于三个输入事件的与门。即 $A=B_1\cap B_2\cap a$。将条件记入六边形内，如图 4-7 所示。

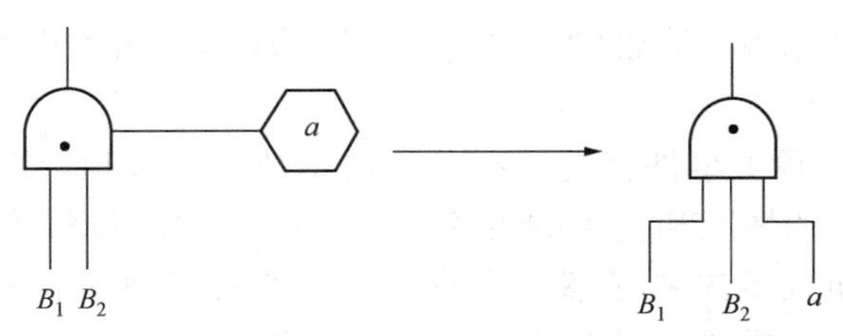

图 4-7　条件与门符号

④ 条件或门符号。表示 B_1 或 B_2 任一事件单独发生（输入），且满足条件 a 时，A 事件才发生（输出）。将条件记入六边形内，如图 4-8 所示。

⑤ 限制门符号。表示 B 事件发生（输入）且满足条件 a 时，A 事件才发生（输出）。相反，如果不满足，则不发生输出事件，条件 a 写在椭圆形符号内，如图 4-9 所示。

图 4-8　条件或门符号　　　　图 4-9　限制门符号

（3）转移符号

当故障树规模很大时，需要将某些部分画在别的纸上，这就要用转出和转入符号，以标出向何处转出和从何处转入。

① 转出符号。表示这部分树由该处转移至他处，由该处转出（在三角形内标出向何处转移），如图 4-10（a）所示。

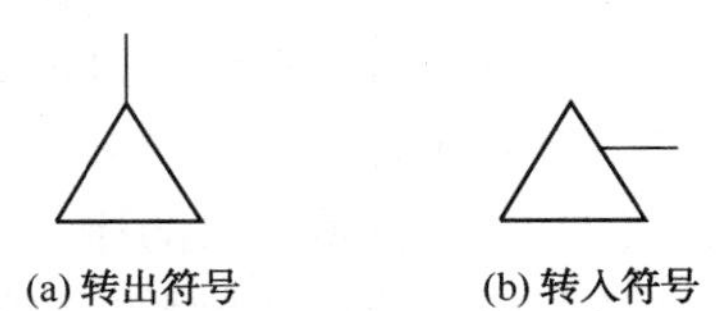

图 4-10　转移符号图

② 转入符号。表示在别处的部分树，由该处转入（在三角形内标出从何处转入）。如图 4-10（b）所示。

2. 故障树的编制

（1）故障树编制的启发性原则

根据以往的经验可归纳成以下几条。

① 事件符号内必须填写具体事件，每个事件的含义必须明确、清楚，不能把管理上的状况和人的状态写入其中，不得写入笼统、含糊不清或抽象的事件。例如不能用“电动机工作时间过长”代替“给电动机通电时间过长”。

② 尽可能地将一些事件划分为更具体的基本事件。例如“储罐爆炸”用“加注过量造成爆炸”或“反应失控造成爆炸”来代替。

③ 找出每一级中间事件(或顶上事件)的全部直接原因。

④ 将触发事件同“无保护动作”配合起来。例如“过热”用“冷却失灵”加上“系统未关机”来代替。

⑤ 找出相互促进的原因。例如“着火”用“可燃流体漏出”和“明火”来代替。

(2) 故障树编制

① 确定顶上事件。顶上事件就是所要分析的事故。选择顶上事件，一定要在了解系统情况、有关事故发生的情况和发生的可能，以及事故的严重程度和事故发生的概率等资料的情况下进行，而且事先要仔细寻找造成事故的直接原因和间接原因。然后，根据事故的严重程度和发生的概率确定要分析的顶上事件，将其扼要地填写在矩形框内。顶上事件也可以是已经发生过的事故。通过编制故障树，找出事故原因，制订具体措施，防止事故再次发生。

② 调查或分析造成顶上事件的各种原因。顶上事件确定之后，为了编制好故障树，必须将造成顶上事件的所有直接原因事件找出来，尽可能不要漏掉。直接原因可以是机械故障、人为因素或环境因素等。要找出直接原因可以采取对造成顶上事件的原因进行调查，召开有关人员座谈会；也可根据以往的经验进行分析，确定造成顶上事件的原因。

③ 绘制故障树。在确定了顶上事件并找出造成顶上事件的各种原因之后，就可以用相应事件符号和适当的逻辑门把它们从上到下分层连接起来，层层向下，直到最基本的原因事件，这样就构成了一个故障树。在用逻辑门符号连接上下层之间的事件原因时，若下层事件必须全部同时发生，上层事件才会发生，就用“与门”连接。逻辑门的连接问题在故障树中是非常重要的，含糊不得，它涉及各种事件之间的逻辑关系，直接影响以后的定性分析和定量分析。

④ 认真审定故障树。绘制的故障树是逻辑模型事件的表达，各个事件之间的逻辑关系要求相当严密、合理。否则在计算过程中将会出现许多意想不到的问题。因此，对故障树的绘制要十分慎重。在编制过程中，一般要反复推敲、修改，除局部更改外，有的甚至要推倒重来，有时还要反复进行多次，直到符合实际情况，比较严谨为止。

(3) 故障树编制时的注意事项

故障树应能反映出系统故障的内在联系和逻辑关系，同时能使人一目了然，形象地掌握这种联系与关系，并据此进行正确的分析，为此，建造故障树时应注意以下几点。

① 熟悉分析系统。建造故障树由全面熟悉开始，必须从功能的联系入手，充分了解与人员有关的功能，掌握使用阶段的划分等与任务有关的功能，包括现有的冗余功能以及安全、保护功能等。此外，使用、维修状况也要考虑周全。这就要求广泛地收集有关系统的设计、运行、流程图、设备技术规范等技术文件及资料，并进行深入细致的分析研究。

② 循序渐进。故障树的编制过程是一个逐级展开的演绎过程。首先，从顶上事件开始分析其发生的直接原因、判断逻辑关系，给出逻辑门；其次，找出逻辑门下的全部输入事件；再分析引起这些事件发生的原因、判断逻辑关系，给出逻辑门；继续逐层分析，直至列出引起顶上事件发生的全部基本事件和上下逻辑关系。

③ 选好顶上事件。建造故障树首先要选定一个顶上事件，顶上事件是指系统不希望发

生的故障事件。选好顶上事件有利于使整个系统故障分析相互联系起来，因此，对系统的任务、边界以及功能范围必须给予明确的定义。顶上事件在大型系统中可能不止一个，一个特定的顶上事件可能只是许多系统失效事件之一。顶上事件在很多情况下是用故障类型及影响分析、危险预先性分析或事件树分析得出的。一般考虑的事件有：对安全构成威胁的事件——造成人身伤亡，或导致设备财产的重大损失（火灾、爆炸、中毒、严重污染等）；妨碍完成任务的事件——系统停工，或丧失大部分功能；严重影响经济效益的事件——通信线路中断、交通停顿等妨碍提高直接收益的因素。

④ 合理确定系统的边界条件。所谓边界条件是指规定所建造故障树的状况，有了边界条件就明确了故障树建到何处为止。一般边界条件包括以下几项。

a. 确定顶上事件。

b. 确定初始条件。它是与顶上事件相适应的，凡具有不只一种工作状态的系统、部件都有初始条件问题。例如储罐内液体的初始量就有两种初始条件，一种是“储罐装满”，另一种是“储罐是空的”，必须加以明确规定。同时也必须加以规定，例如，在启动或关闭条件下可能发生与稳态工作阶段不同的故障。

c. 确定不许可的事件。指的是建造故障树时规定不允许发生的事件，例如“由系统之外的影响引起的故障”。

⑤ 调查事故事件是系统故障事件还是部件故障事件。要对矩形符号的每个说明进行检查，并要问：“这个故障能否由部件失效组成？”如果回答“能”，则这个事件归为“部件故障事件”，那么就在这个事件下面加一个“或门”，并寻找一次、二次失效和受控故障。如果回答“否”，则这个事件归为“系统故障事件”，这时就要寻找最简捷的、充分必要的直接原因。若是系统故障事件，在这个事件下面可用“或门”、“与门”或“条件门”，至于用哪种门，必须由必要而充分的直接原因事件来定。

⑥ 准确判明各事件间的因果关系和逻辑关系。对系统中各事件间的因果关系和逻辑关系必须分析清楚，不能有逻辑上的紊乱及因果矛盾。每一个故障事件包含的原因事件都是事故事件的输入，即原因—输入，结果—输出。逻辑关系应根据输入事件的具体情况来定，若输入事件必须全部发生时顶上事件才发生，则用“与门”；若输入事件中任何一个发生时顶上事件即发生，则用“或门”。

⑦ 避免门连门。为了保证逻辑关系的准确性，故障树中任何逻辑门的输出都必须也只能有一个结果，不能将逻辑门与其他逻辑门直接相连。

3. 故障树的建造

顶上事件确定以后，就要分析顶上事件是怎样发生的。由顶上事件出发循序渐进地寻找每一层事件发生的所有可能的直接原因，一直到基本事件为止。寻找直接原因事件可从三个方面考虑：机械（电器）设备故障或损坏、人的差错（操作、管理、指挥）以及环境不良等因素。

五、故障树分析方法应用

故障树分析既可用于定性分析，也可用于定量分析。定量分析计算较为麻烦，在此仅就对中途测试中井壁失稳故障树进行定性分析。

井壁失稳问题是世界许多油田都普遍存在的一大难题，一直困扰着石油工业界。据有关资料统计，井壁失稳每年造成的损失约 5 亿美元，用于处理井壁失稳问题而消耗的时间约占钻井总时间的5%~6%。在中途测试过程中，导致井壁失稳的因素有如下几个方面。

1. 地层力学因素

针对不同地层，其井壁失稳原因也会有所不同。

1）泥页岩地层失稳。影响泥页岩稳定性的主要组分是晶体和非晶体的黏土矿物。当泥页岩与钻井液接触时，在水力梯度和化学势梯度的驱动下会发生水化。由于泥页岩的渗透率较低，因此，在钻进泥页岩地层时，通常不会产生泥浆滤液漏失，然而在孔隙压力和泥浆液柱压力不平衡时，将会在二者之间出现压力传递，最终逐渐达到平衡状态。当泥浆液柱压力大于地层孔隙压力时，泥浆液就会侵入泥页岩，引起孔隙压力增加。此外，由于泥页岩与钻井液之间不利的阳离子交换，减小了有效应力。加上泥页岩与钻井液相互接触时，会发生一些不利的化学变化，减弱其胶结力。上述因素的共同作用导致了暴露在钻井液中的泥页岩趋于不稳定。

2）高陡地层井壁失稳。井眼失稳产生的根本原因在于井眼形成过程中周围的应力场发生了改变，引起井壁应力集中，井内钻井液未能与地层中应力建立新的平衡。当井内钻井液液柱压力低于坍塌压力时，井壁岩石将产生剪切破坏，脆性岩石将会坍塌造成井径扩大，塑性岩石将向井内产生塑性流动而发生缩径，当井内钻井液液柱压力高于破裂压力时，井壁岩石则会发生拉伸破裂而造成井漏。

从力学方面分析，在高陡地层中，剧烈的构造运动相互挤压形成了大曲率高倾角地层，倾角越大，地层的地应力越高。根据摩尔—库仑准则的剪切破坏理论及Jaeger弱面理论可知，倾角越大，各向同性岩石越易坍塌，井眼坍塌主要表现为剪切破坏。

从化学方面分析，即钻井液的化学性质对井壁稳定的影响。高陡构造由于强烈的地质构造运动，产生了较强的挤压作用，使得泥页岩失去了大部分水分，岩石较为干燥，从而具有很高的扩散吸附能力。钻井液中的水和矿物离子与黏土矿物进行离子交换并沿径向扩散到泥页岩地层中，产生了膨胀应力，使井筒周围的应力不平衡，产生缩径或者井塌。沉积过程中形成的页岩密度越高，其层理性越好，越易发生脆性破坏，表现为井塌。页岩密度越低，其层理性越差，越易发生塑性破坏，表现为缩径。

2. 工程因素

1）钻井液性能变化对井壁稳定的影响。首先考虑滤失量影响，在相同压差下，滤失量越大，进入地层的滤液越多，加剧了水化作用，造成井壁失稳。其次考虑密度影响，钻井液密度对井壁稳定起决定性的作用，在测试过程中，若钻井液密度过低，则可能造成井塌或井喷。最后考虑流变性的影响，钻井液流变性能的变化会引起井内循环压力的变化。随着钻井液黏度、切力增加，井内循环压力也会增加，使井壁的侧压增大，起钻时的抽汲作用增强。若井内循环压力变小，可能会改变环空流态，加剧对井壁的冲刷作用。除了上述几点，钻井液成分对于井壁失稳也有重要的影响。

2）施工及设计问题。由于钻速慢、组织停工多，使得钻井周期延长，易坍塌地层的浸泡时间过长，可能造成严重的井塌。对于软地层，若钻速过快，且与钻井液排量不匹配，则会使环空钻屑浓度过大，贴在井壁上，造成井径缩小。起钻时，若钻井液返速过大，冲刷井壁上已形成的泥饼，使滤液进入地层，引起黏土水化、膨胀、分散，也易发生井塌。此外井身质量差，井斜过大，可导致地应力集中，容易产生失稳。测试工具撞击井壁也容易引起井壁坍塌。在测试过程中，由于工具起下次数多、裸眼浸泡时间长，导致黏土矿物水化膨胀，易造成井壁失稳。在测试过程中，要时刻注意钻井液的性能和流变性。如果钻井液的循环排量过大、返速高且呈紊流状态，则容易冲蚀井壁地层，引起坍塌，如果钻井液循环排量过小、返速低且呈层流状态，在某些松软地层又极易缩径。采用高黏度高剪切低滤失量的钻井液有助于防止井壁失稳，也有利于携带岩屑，但不利于提高钻速。所以应针对现场情况，进行具体分析。

根据对井壁失稳事故的原因分析，绘制事故树如图 4-11 所示，用来防止在测试过程中可能出现的井壁失稳事故。分析事故原因主要由地层力学与工程施工两方面构成，在地层力学分析中，对泥页岩地层与高陡地层这两类容易出现井壁失稳问题的地层进行着重分析，在工程施工因素中，主要考虑钻井液问题、测试施工问题以及设计问题。

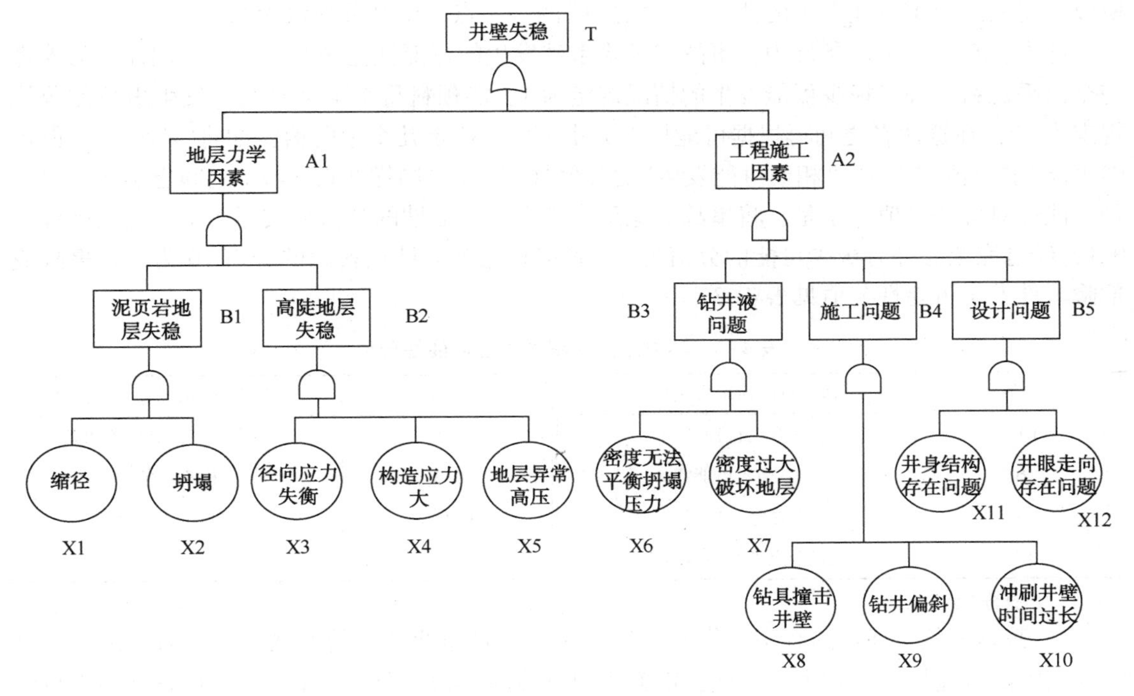

图 4-11 井壁失稳事故树

第四节 LEC 作业风险评价法

LEC 作业危险性评价法是一种简便易行的衡量人们在某种具有潜在危险环境中作业的危险性的半定量评价方法。

一、方法介绍

对于一个具有潜在危险性的作业条件，美国安全专家 K. J. 格雷厄姆和 G. F. 金尼认为，影响危险性的主要因素有三个：①发生事故或危险事件的可能性；②暴露于这种危险环境的情况；③事故一旦发生可能产生的后果。

用公式来表示，则为

$$D=LEC \tag{4-1}$$

式中 D——作业条件的危险性；

L——事故或危险事件发生的可能性；

E——暴露于危险环境的频率；

C——发生事故或危险事件的可能结果。

1）发生事故或危险事件的可能性。事故或危险事件发生的可能性与其实际发生的概率有关。若用概率表示时，绝对不可能发生事故的概率为0；而必然发生事故的概率为1。但在考察一个系统的危险性时，绝对不可能发生事故是不确切的，即概率为0的情况不确切。所以，将实际上不可能发生的情况作为“打分”的参考点，定其分数值为0.1。

此外，在实际生产条件中，事故或危险事件发生的可能性范围非常广泛，因而人为地将完全出乎意料之外、极少可能发生的情况规定为1；能预料将来某个时候会发生事故的分值规定为10；在这两者之间再根据可能性的大小相应地确定几个中间值，如将“不常见，但仍然可能”的分值定为3，“相当可能发生”的分值规定为6。同样在0.1与1之间也插入了与某种可能性对应的分值。于是，将事故或危险事件发生可能性的分值从实际上不可能的事件为0.1，经过完全意外有极少可能的分值为1，确定到完全会被预料到的分值10为止。事故或危险事件发生可能性分值见表4-3。

表4-3　事故或危险事件发生可能性分值

分值	事情或危险情况发生可能性	分值	事情或危险情况发生可能性
10①	完全会被预料到	0.5	可以设想，但高度不可能
6	相当可能	0.2	极不可能
3	不经常，但可能	0.1①	实际上不可能
1①	完全意外，极少可能		

① 为“打分”参考点。

2）暴露于危险环境的频率。作业人员暴露于危险作业条件的次数越多、时间越长，则受到伤害的可能性也就越大。为此，K.J. 格雷厄姆和G.F. 金尼规定了连续出现在潜在危险环境的暴露频率分值为10，一年仅出现几次非常稀少的暴露频率分值为1。以10和1为参考点，再在其区间根据在潜在危险作业条件中暴露情况进行划分，并对应地确定其分值。例如，每月暴露一次的分值定为2，每周一次或偶然暴露的分值定为3。根本不暴露的分值应为0，但这种情况实际上是不存在的，是没有意义的，因此无须列出。关于暴露于潜在危险环境的分值见表4-4。

表4-4　暴露于潜在危险环境的分值

分值	出现在危险环境的情况下	分值	出现于危险环境的情况
10①	连续暴露于潜在危险环境	2	每月暴露一次
6	逐日在工作时间内暴露	1①	每年几次出现在潜在危险环境
3	每周一次或偶然的暴露	0.5	非常罕见的暴露

① 为“打分”参考点。

3）发生事故或危险事件的可能结果。造成事故或危险事故的人身伤害或物质损失可在很大范围内变化，以工伤事故而言，可以从轻微伤害到许多人死亡，其范围非常宽广。因此，K. J. 格雷厄姆和 G. F. 金尼把需要救护的轻微伤害的可能结果分值规定为 1，以此为一个基准点；而将造成许多人死亡的可能结果分值规定为 100，作为另一个参考点。在两个参考点 1~100 之间，插入相应的中间值，列出表 4-5 所示可能结果的分值。

表 4-5　发生事故或危险事件可能结果的分值

分值	可能结果	分值	可能结果
100①	大灾难，许多人死亡	7	严重，严重伤害
40	灾难，九人死亡	3	重大，致残
15	非常严重，一人死亡	1①	引人注目，需要救护

① 为“打分”参考点。

4）危险性确定了上述 3 个具有潜在危险性的作业条件的分值。并按公式进行计算，即可得到危险性分值。据此，要确定其危险性程度时，则按下述标准进行评定。由经验可知，危险性分值在 20 以下的环境属低危险性，一般可以被人们接受，这样的危险性比骑自行车通过拥挤的马路去上班之类的日常生活活动的危险性还要低。当危险性分值在 20~70 时，则需要加以注意。危险性分值 70~160 的情况时，则有明显的危险，需要采取措施进行整改。同样，根据经验，当危险性分值在 160~320 的作业条件属高度危险的作业条件，必须立即采取措施进行整改。危险性分值在 320 分以上时，则表示该作业条件极其危险，应该立即停止作业直到作业条件得到改善为止，详见表 4-6。

表 4-6　危险性分值

分值	危险程度	分值	危险程度
>320	极其危险，不能继续作业	20~70	可能危险，需要注意
160~320	高度危险，需要立即整改	<20	稍有危险，或许可以接受
70~160	显著危险，需要整改		

二、方法特点及适用范围

作业条件危险性评价法用于评价人们在某种具有潜在危险的作业环境中进行作业的危险程度，该法简单易行，危险程度的级别划分比较清楚、醒目。但是，由于它主要是根据经验来确定 3 个因素的分数值及划定危险程度等级，因此具有一定的局限性。而且它是一种作业的局部评价，故不能普遍适用。此外，在具体应用时，还可根据自己的经验、具体情况对该评价方法作适当修正。

第五节　层次分析法

一、方法介绍

层次分析法（Analytic Hierarchy Process，简称 AHP）是将与决策有关的元素分解成目标、准则、方案等层次，在此基础之上进行定性和定量分析的决策方法。该法由美国运筹学家

T. L. saaty 于 20 世纪 70 年代提出，是对方案的多指标系统进行分析的一种层次化、结构化决策方法，它将决策者对复杂系统的决策思维过程模型化、数量化。应用这种方法，决策者通过将复杂问题分解为若干层次和若干因素，在各因素之间进行简单的比较和计算，就可以得出不同方案的权重，为最佳方案的选择提供依据。该方法的一个重要特点就是用两两重要性程度之比的形式表示出两个方案的相应重要性程度等级。运用 AHP 方法，大体可分为以下三个步骤。

1）分析系统中各因素间的关系，对同一层次各元素关于上一层次中某一准则的重要性进行两两比较，构造两两比较的判断矩阵。在深入分析实际问题的基础上，将有关的各个因素按照不同属性自上而下地分解成若干层次，同一层的诸因素从属于上一层的因素或对上层因素有影响，同时又支配下一层的因素或受到下层因素的作用。最上层为目标层，通常只有一个因素，最下层通常为方案或对象层，中间可以有一个或几个层次，通常为准则或指标层。

2）由判断矩阵计算被比较元素对于该准则的相对权重，并进行判断矩阵的一致性检验。对于每一个成对比较阵计算最大特征根及对应特征向量，并做一致性检验，若检验通过，特征向量(归一化后)即为权向量；若不通过，需重新构造成对比较阵。

3）计算各层次对于系统的总排序权重，并进行排序，最终得到各方案对于总目标的总排序。在中途测试风险评价中，通过此法，针对我们绘制的各风险事故树，就相当于是层次分析法中的各个层次，在已知最底层事件的风险值或概率后，再赋予各个层次相对指标间的权重，通过一致性检验后，就可以得出顶上事件的风险值或发生的概率。通过层次分析法的有关思想，方便于中途测试风险评估体系的建立。

首先，按照事故树划分的层次，输入基本事件概率值，如果缺少历史资料，无法对基本事件的概率进行估算，可先假定同一层次下的基本事件发生概率相等。接着，由现场专家根据各基本事件的重要程度确定其相互权重，构造判断矩阵。然后对判断矩阵进行一致性检验，检验通过后，便可计算上一层事件的发生概率，这样通过逐层计算，便可估算出某个主要风险的发生概率以及中途测试总风险值。对于风险较高的环节，通过事故树便可以有针对性的找到预防措施，降低风险发生的可能性。

采用层次分析法，现场专家只需输入各事件的相互权重，避免进行主观打分，最大限度地降低了主观性的影响，使风险计算结果具有一定的可信度。

因为中途测试缺少相应的历史数据，在本项目中，需要人为打分的部分，均可由主观评分法获得。见计算公式(4-2)。

$$R=\frac{1}{\sum_{1}^{m}k_{i}}(k_1,\ \cdots,\ k_m)\begin{pmatrix}A_{11}, & \cdots, & A_{1n}\\ \vdots & A_{ij} & \vdots\\ A_{m1}, & \cdots, & A_{mn}\end{pmatrix}=(R_1,\ R_2,\ \cdots,\ R_n) \tag{4-2}$$

假设有 m 个专家对 n 个事件进行打分，这样就构成了构成矩阵 A，k 是这 m 个人的权重系数(可参考现场专家的工资系数)，kA 再除以权重和便得出这 n 个事件的基准分。本专著中涉及的 L、E、C、M 取值、权重取值，以及涉及的风险对应值，均可由此法得到较为准确的数值，这样有助于确立中途测试过程中某个风险源的风险程度，从而对高风险环节加以控制，保证中途测试能够顺利进行。

二、方法特点及适用范围

层次分析法能合理地将定性与定量的决策结合起来，按照思维、心理的规律把决策过程层次化、数量化。以其定性与定量相结合地处理各种决策因素的特点，以及其系统灵活简洁的优点，迅速地在我国社会经济各个领域内，如能源系统分析、城市规划、经济管理、科研评价等，得到了广泛的重视和应用。主要适用于多目标、多因素、多准则、难以全部量化的大型复杂系统。

第五章　中途测试风险评价

第一节　风险源的辨识方法

一、风险源的定义

1. 危险

危险是指特定事件发生的可能性与后果的结合。

2. 危害

危害是指可能造成人员伤害、职业病、财产损失、作业环境破坏的根源或状态。

3. 危险因素

危险因素是指能对人造成伤亡或对物造成突发性损坏的因素。主要强调突发性和瞬间作用。

4. 有害因素

有害因素是指能影响人的身体健康，导致疾病，或对物造成慢性损坏的因素。主要强调在一定时间范围内的积累作用。

5. 风险源

通常对危险因素和有害因素并不加以区别而统称为风险源。总的来说，风险源是指能对人造成伤亡或影响人的身体健康甚至导致疾病，对物造成突发性损害或慢性损害的因素。客观存在的危险有害物质或能量超过一定限值(一般称临界值)的设备、设施和场所，都有可能成为风险源。

二、风险源的产生

所有的风险源虽然表现的形式各不相同，但是从其本质上讲，之所以能产生和造成危险、有害的后果，如发生伤亡事故、损害身体健康和造成物的损害等，其原因都可以归结为，存在能量、危险有害物质和能量、危险有害物质失去控制两个方面因素的综合作用，并导致了能量的意外释放和危险有害物质的泄漏、散发。因此，存在能量、危险有害物质和能量、危险有害物质的失控是产生风险源并转换为事故的根本原因。

一般来讲，能量、危险有害物质失控主要是由人的不安全行为和物的不安全状态所造成的，有时管理缺陷和客观环境因素等的影响也可造成能量、危险有害物质失控。

1. 人的不安全行为

(1) 人员失误

人员失误泛指不安全行为中产生不良后果的行为，即职工在职业活动过程中，违反劳动纪律、操作程序和方法等具有危险性的做法。在一定条件下，人员失误是引发风险源的重要因素。人员失误在生产过程中是不可避免的，具有偶然性和随机性，多数是不可预见的意外行为。但其发生规律和失误率通过长期大量的观测、统计和分析是可以加以预测的。

(2) 不安全行为

由于工作态度不正确、知识不足、操作技能低下、健康或生理欠佳、劳动条件(包括设施条件、工作环境、劳动强度和工作时间等)不良可导致不安全行为。在国家标准《企业职工伤亡事故分类》(GB 6441—86)中将不安全行为归纳为13大类，见表5-1。

表5-1　人的不安全行为

分类号	分　类
7.01	操作错误、忽视安全、忽视警告
7.02	造成安全装置失效
7.03	使用不安全设备
7.04	手代替工具操作
7.05	物体(指成品、半成品、材料、工具、切屑和生产用品等)存放不当
7.06	冒险进入危险场所
7.07	攀坐不安全位置(如平台护栏、汽车挡板、吊车吊钩)
7.08	在起吊物下作业、停留
7.09	机器运转时进行加油、修理、检查、调整、焊接、清扫等工作
7.10	有分散注意力的行为
7.11	在必须使用个人防护用品用具的作业或场合中．忽视其使用
7.12	不安全装束
7.13	对易燃、易爆等危险物品处理错误

2. 物的不安全状态

(1) 故障

包括生产、控制、安全装置和辅助设施等。

① 故障(含缺陷)。故障是指系统、设备元件等在运行过程中由于性能(包括安全性能)低下而不能实现预定功能(包括安全功能)的现象。在生产过程当中故障的发生具有随机性、渐进性和突发性，故障的发生是一种随机事件。

② 故障发生原因。造成故障发生的原因多种多样，如设计原因、制造原因、使用原因、设备老化原因、检查和维修保养不当等。但通过长期的经验积累可以得到故障发生的一般规律。通过定期检查、维护保养和分析总结，可使多数故障在预定期内得到控制。因此掌握各种故障发生规律和故障率是防止故障发生造成严重后果的手段。

(2) 不安全状态

系统发生故障并导致事故发生的风险源，在国家标准《企业职工伤亡事故分类》(GB6441—86)中，将物的不安全状态分为四大类，见表5-2。

表5-2　物的不安全状态

分类号	分　类
6.01	防护、保险、信号等装置缺乏或有缺陷
6.02	设备、设施、工具、附件有缺陷
6.03	个人防护用品、用具——防护服、手套、护目镜及面罩、呼吸器官护具、听力护具、安全带、安全帽、安全鞋等缺少或有缺陷
6.04	生产(施工)现场环境不良

3. 管理缺陷

职业安全卫生管理是为了及时、有效地实现目标，在预测、分析的基础上所进行的计划、组织、协调、检查等一系列工作，是预防发生事故和人员失误的有效手段。因此，在安全管理方面的缺陷也是导致危险有害物质和能量失控发生的重要因素。

4. 客观环境因素

温度、湿度、风雨雪、照明、视野、噪声、振动、通风换气、色彩等环境因素也会引起设备故障和人员失误，是导致危险有害物质和能量失控发生的间接因素。

三、风险源的分类

对风险源分类是为了便于进行风险源的分析与辨识。风险源的分类方法有许多种，常用的主要有按照导致事故和职业危害的直接原因分类、参照事故类别分类和参照职业病类别分类等分类方法。

1. 按照导致事故和职业危害的直接原因分类

根据国家标准《生产过程危险和有害因素分类与代码》(GB/T 13861—2009)的规定，生产过程中的风险源分为四大类，代码的结构分为四层。

1）人的因素。包括心理、生理性危险有害因素；行为性危险和有害因素。

2）物的因素。包括物理性危险和有害因素；化学性危险和有害因素。

3）环境因素。包括室内作业场所环境不良；室外作业场所环境不良；地下(含水下)作业环境不良。

4）管理因素。包括职业安全卫生组织机构不健全；职业安全卫生责任制未落实；职业安全卫生管理规章制度不完善；职业安全卫生投入不足；职业健康管理不完善；其他管理因素缺陷。此分类方法所列出的风险源具体、详细、科学合理，适用于各行业在规划、设计和生产组织中，对风险源进行预测和预防，对伤亡事故进行统计分析，也可用于风险评价中的风险源的辨识。

2. 参照事故类别进行分类

参照国家标准《企业职工伤亡事故分类》(GB 6441—86)，综合考虑起因物、引起事故的诱导性原因、致害物和伤害方式等，将事故和风险源分为20类，见表5-3。

表5-3 按事故类别划分的风险源

序号	类别名称	序号	类别名称
01	物体打击	011	冒顶片帮
02	车辆伤害	012	透水
03	机械伤害	013	放炮
04	超重伤害	014	火药爆炸
05	触电	015	瓦斯爆炸
06	淹溺	016	锅炉爆炸
07	灼烫	017	容器爆炸
08	火灾	018	其他爆炸
09	高处坠落	019	中毒和窒息
010	坍塌	020	其他伤害

此分类方法所列出的风险源，与企业职工伤亡事故调查处理和职工安全教育的口径基本一致，为安全监督管理部门和企业职工、安全管理人员所熟悉，易于接受和理解。因此，在风险评价中是较常用的风险源的辨识方法。

3. 按职业健康分类

参照卫生部、原劳动部、总工会等颁发的《职业病范围和职业病患病者处理办法的规定》，将风险源分为生产性粉尘、毒物、噪声与振动、高温、低温、辐射(包括电离辐射、非电离辐射)和其他有害因素七类。

四、风险源的辨识

1. 风险源辨识应遵循的原则

1）科学性。风险源的辨识是分辨、识别、分析和确定系统中存在的危险，是预测安全状态和事故发生途径的一种手段。因此，在进行风险源辨识时，必须以安全科学理论作指导，使辨识的结果能真实反映系统中风险源存在的部位、存在的方式、事故发生的途径和变化规律，并准确描述，可定性或定量表示，并用合乎逻辑的理论予以解释。

2）系统性。风险源存在于生产活动的各个方面和各个环节。因此，要对系统分清主要和次要的风险源及其相关的危险、有害性，就必须对系统进行全面详细的分析，分析和研究系统之间、系统与子系统之间的相互关系。

3）全面性。辨识风险源要全面，不得发生遗漏，以避免留下隐患。要从厂址、自然条件、运输、建(构)筑物、工艺过程、生产设备装置、特种设备、公用工程、设施、安全管理制度等各方面进行分析、识别；既要分析、识别正常生产、操作中的风险源，还要分析、识别开车、停车、检修及装置遭到破坏和操作失误情况下的危险、有害后果。

4）预测性。对于辨识出的风险源，要分析风险源出现的条件和可能的事故模式。预测可能发生的事故，以便采取对策措施。

2. 风险源辨识应注意的问题

① 为了有序、方便地进行分析，防止遗漏，宜按厂址、平面布局、建(构)筑物、物质、生产工艺及设备、辅助生产设施(包括公用工程)、作业环境等几个方面，分别分析其存在的风险源，列表登记，综合归纳。

② 对导致事故发生的直接原因、诱导原因进行重点分析，从而为确定评价目标、评价重点、划分评价单元、选择评价方法和采取控制措施计划提供依据。

③ 对重大风险源，不仅要分析正常生产、运输、操作时的风险源，更重要的是要分析设备、装置遭到破坏及操作失误时可能会产生严重后果的风险源。

3. 风险源辨识的方法

风险源的辨识是事故预防、风险评价、重大危险源监督管理、建立应急救援体系和职业健康安全管理体系的基础。常用的辨识方法可分为如下两大类。

（1）直观经验分析法

该类方法较适用于有可供参考的先例或可以借鉴以往经验的系统，不能用于没有可供参考先例的新系统中，包括类比法和对照经验法。

① 类比法。类比法是利用相同或相似工程系统或作业条件的经验和安全生产事故的统计资料，类推、分析评价对象的风险源。

② 对照经验法。对照经验法是对照有关标准、法规、检查表或依靠评价人员的观察和分析能力，借助于经验和判断能力，直观地判断评价对象的风险源。

（2）系统安全分析方法

该类方法是应用系统安全工程评价方法中的某些方法进行风险源的辨识。该方法常用于复杂和没有事故经验的新开发系统。常用的系统安全分析方法有事件树（ETA）、故障树（FTA）、故障类型和影响分析（FMEA）等方法。

4. 设备或装置的风险源辨识

设备装置主要包括工艺设备装置、化工设备、机械加工设备、电气设备、特种机械、锅炉及压力容器、登高装置等。

（1）工艺设备或装置的风险源的辨识要点

① 设备本身是否能满足生产工艺的要求。包括特种设备的设计、生产、安装、使用和检测，是否具有相应的资质或许可证；标准设备是否由有资质的专业生产厂家制造。

② 设备是否有相应的安全附件或安全防护装置。如温度表、压力表、液位计、安全阀、阻火器及防爆装置等。

③ 设备是否有指示性安全技术措施。如故障报警、超限报警及状态异常报警等各种报警装置。

④ 设备是否有紧急停车装置。如自动联锁装置等。

⑤ 设备是否有在检修时不能自行运行、不能自动反向运转的安全装置。

（2）化工设备的风险源的辨识要点

① 设备是否有足够的强度。

② 设备是否有可靠的密封性能。

③ 设备是否有与之配套的安全保护装置。

④ 设备是否适用。

（3）机械加工设备的风险源辨识要点

机械加工设备可根据《机械加工设备一般安全要求》、《磨削机械安全规程》、《剪切机械安全规程》等标准和规程进行查对，来辨识风险源。

（4）电气设备的风险源辨识要点

电气设备风险源的辨识必须与工艺要求和生产环境状况紧密结合来进行。

① 电气设备是否在属于有火灾爆炸危险、粉尘、潮湿或腐蚀等环境下工作。如在这些环境下工作，电气设备是否能满足相应的要求。电气设备是否具有国家指定机构的安全认证标志。

② 电气设备是否属于国家规定的淘汰产品。

③ 用电负荷等级对电力设施的要求。

④ 是否有电气火花引燃源。

⑤ 漏电保护、触电保护、短路保护、过载保护、绝缘、电气隔离、屏护、电气安全距离等是否可靠。

⑥ 是否根据作业环境和条件选择安全电压，安全电压和设施是否符合规定。

⑦ 设备的防静电、防雷措施是否可靠有效。

⑧ 设备的事故照明、消防和应急救援等应急用电是否可靠。

⑨ 设备的自动控制系统、紧急停车装置及冗余装置是否可靠。

（5）特种机械的风险源辨识要点

特种机械一般包括起重机械，厂内机动车辆和传送设备等。

① 起重机械。起重机械风险源是指各种起重作业(包括起重机安装、检修、试验和检测等)中发生的挤压、坠落、物体打击和触电。起重机械除包含一般机械的基本安全要求外，还有以下风险源。

a. 翻倒；b. 超重；c. 碰撞；d. 基础损坏；e. 操作失误；f. 负载失落。

② 厂内机动车辆。厂内机动车辆的性能和类型应与用途相适应，动力类型与作业区域的性质相适应。如密闭车间不能使用内燃发动机、车辆重要部件要经常维护保养、操作者的头部上方要有安全防护措施。除以上对车辆本身的要求外，主要有如下风险源。

a. 翻倒；b. 超载；c. 碰撞；d. 楼板缺陷，指楼板不牢固或承载能力不够；e. 载物失落；f. 火灾或爆炸。

③ 传送设备。常用传送设备有带式输送机、滚轴和齿轮传送装置。主要有如下风险源。

a. 夹钳；b. 擦伤；c. 卷入伤害；d. 撞击伤害。

（6）锅炉及压力容器的风险源的辨识要点

锅炉及压力容器是广泛使用的承压设备。包括锅炉、压力容器、有机载热体炉和压力管道。我国政府将其定为特种设备。为了确保特种设备的使用安全，国家对这些特种设备的设计、制造、安装和使用等各个环节实行国家劳动安全监察，并相应制定了比较完善的标准、规程及规定等。如《蒸汽锅炉安全技术监察规程》《热水锅炉安全技术监察规程》《压力容器安全监察规程》《特种设备质量监督与安全监察规程》《特种设备安全监察条例》等。在进行此类风险源辨识时可以对照相应的规程进行查对，仔细辨识风险源。锅炉、压力容器主要的风险源有三大类，在辨识时要特别引起重视。①锅炉、压力容器内具有一定温度的带压工作介质。②锅炉、压力容器上承压元件的失效。③锅炉、压力容器上所安装的安全防护装置的失效。

因为承压元件失效或安全防护装置失效，都可能使锅炉、压力容器内的介质失控，从而导致事故的发生。如果漏出的物质是易燃、易爆或有毒物质，不仅可以造成热(或冷)伤害，还有可能引发火灾、爆炸、中毒、腐蚀或环境污染。所以，在进行风险源辨识时必须认真仔细地进行以防有遗漏。

（7）登高装置的风险源的辨识要点

登高装置包括梯子、活梯、活动架、通用脚手架、塔式脚手架、吊笼、吊椅、升降工作平台和动力工作平台等。其主要风险源有：a. 登高装置本身设计缺陷；b. 所支撑的基础下沉或毁坏；c. 作业方法不安全；d. 悬挂系统结构失效；e. 因承载超重，安装、检查、维护不当，不平衡而造成的结构损坏或失效；f. 因所选设施的高度或臂长不能满足使用要求而超限使用；g. 使用错误或理解错误；h. 负重爬高；i. 攀登方式不对或脚上穿着物不合适、不清洁造成跌落；j. 未经批准使用或更改作业设备；k. 与障碍物或建(构)筑物碰撞；l. 电动或液压系统失效；m. 运动部件卡住等。

对于不同的登高装置可能有不同的风险源，具体到某一种装置的风险源的辨识，可以查阅相关标准和规定。

5. 作业环境的风险源的辨识

作业环境中的风险源主要有危险有害物质、生产性粉尘、工业噪声与振动、温度与湿度及辐射等。

(1) 危险有害物质的辨识要点

① 危险有害物质的辨识。危险有害物质的辨识应从其理化性质、稳定性、化学反应活性、燃烧爆炸危险性、毒性及对健康危害等方面进行分析与辨识。危险有害物质的这些物质特性可以从危险化学品安全技术说明书中获取。

② 危险化学品安全技术说明书。在该技术说明书中共包括16个部分的内容，依次是化学品及企业的标识、成分或组成信息、危险性概述、急救措施、消防措施、泄漏应急处理、操作处置与储存、接触控制和个体防护、理化特性、稳定性和反应性、毒理学信息、生态学信息、废弃处置、运输信息、法规信息、其他信息。

③ 在对危险有害物质进行辨识时，将危险有害物质分为9类。分别是易燃易爆物质、有害物质、刺激性物质、腐蚀性物质、有毒性物质、致癌及致变致畸物质、造成缺氧的物质、麻醉物质、氧化剂。

④ 在国家标准《化学品分类和危险性公示通则》中将化学品分为理化危险、健康危险、环境危险三大类。

理化危险包括爆炸物、易燃气体、易燃气溶胶、氧化性气体、压力下气体、易燃液体、易燃固体、自反应物质或混合物、自燃液体、自燃固体、自热物质和混合物、遇水放出易燃气体的物质或混合物、氧化性液体、氧化性固体、有机过氧化物、金属腐蚀剂16类。健康危险包括急性毒性、皮肤腐蚀/刺激、严重眼损伤/眼刺激、呼吸或皮肤过敏、生殖细胞致突变性、致癌性、生殖毒性、吸入危险等。环境危险包括危害急性水生毒性和慢性水生毒性2类。

(2) 生产性粉尘风险源的辨识要点

① 粉尘的危险。在生产过程中如长时间吸入粉尘就会引起肺部组织的病变，导致肺病或尘肺病。粉尘还会引起刺激性疾病、急性中毒或癌症。爆炸性粉尘在空气中达到爆炸下限浓度时遇到火源还会发生爆炸。

② 生产性粉尘的风险源辨识。生产性粉尘主要产生在开采、粉碎、筛分、配料、混合、搅拌、散粉装卸、输送、包装、除尘等生产过程中。对其风险源的辨识包括以下内容。

a. 根据工艺、设备、物料和操作条件，分析可能产生的粉尘种类和部位。

b. 用已投产的同类生产厂家或作业岗位的检测数据进行类比。

c. 分析粉尘产生的原因、扩散传播的途径、作业时间和粉尘特性等，确定其危害方式和危害范围。

d. 分析是否具有形成爆炸性粉尘的可能，是否具备发生爆炸的条件。

③ 爆炸性粉尘的危险性。

a. 粉尘爆炸与气体爆炸相比，虽然粉尘爆炸的燃烧速度和爆炸压力都较低，但因为其燃烧时间长和产生能量大，所以其破坏力和损害程度都很大。

b. 当爆炸发生时粒子一边燃烧一边飞散，致使可燃物局部严重炭化，造成人员严重烧伤。

c. 初起局部爆炸发生后，会扬起周围的粉尘，继而引发二次爆炸、三次爆炸，进一步扩大伤害范围。

④ 爆炸性粉尘的辨识。

a. 属于爆炸性粉尘必须具备的 4 个必要条件：粉尘的化学组成和性质；粉尘的粒度和粒度分布；粉尘的形状与表面状态；粉尘中含有的水分大小。

b. 爆炸性粉尘发生爆炸的 4 个必要条件：可燃性和微粉状态；在空气或助燃气体中搅拌形成悬浮式流动；达到爆炸极限；存在引火源。

(3) 工业噪声风险源的辨识要点

① 工业噪声的危险。工业噪声能引起职业性耳聋、神经衰弱、心血管疾病和消化系统疾病等的发生，会使操作人员的操作失误率上升，严重时可导致事故发生。

② 工业噪声的风险源辨识。工业噪声一般分为机械噪声、空气动力噪声和电磁噪声 3 类。工业噪声主要根据已掌握的机械设备或作业场所的噪声来确定噪声源和声级来进行辨识。

(4) 振动风险源的辨识要点

① 振动的危险。振动危害有全身振动和局部振动危害，振动可导致中枢神经、植物神经功能紊乱、血压升高，也会造成设备或部件的损坏。

② 振动的风险源辨识。在进行振动的危害辨识时应先找出产生振动的设备，然后依照国家标准并参照类比资料确定振动的强度及危害范围。

(5) 温度、湿度风险源的辨识要点

①温度、湿度的危险、危害主要有如下几种情况。

a. 高温、高湿的环境会引起中暑，加快对有毒物质的吸收，导致操作失误率升高，易发生事故，低温可引起冻伤。

b. 温度发生急剧变化时，因热胀冷缩的原因，会造成材料变形或热应力过大，从而导致材料破坏，在低温环境下，金属会发生晶型转变，甚至引起破裂而引发事故。

c. 高温、高湿环境会加速材料的腐蚀速度。

d. 高温环境会增大火灾危险性。

② 热源。生产性热源主要来自以下几个方面。

a. 工业炉窑，如冶炼炉、加热炉、炼焦炉、锅炉等。

b. 电热设备，如工频炉、电阻炉等。

c. 高温工件，如铸铁件、锻造件等。

d. 高温液体，如热水、导热油等。

e. 高温气体，如水蒸气、热烟气、热风气等。

③ 温度、湿度风险源的辨识。

a. 生产过程中的热源位置、发热量、有无表面绝热层、表面温度、热源与操作者的距离。

b. 是否采取了防暑降温措施、防冻保温措施，有无安装空调。

c. 是否采用了全面或局部的通风换气措施。

d. 是否有作业环境温度、湿度的调节或控制措施。

(6) 辐射的危险有害因素的辨识要点

辐射主要分为电离辐射和非电离辐射两类。电离辐射伤害主要是由 α 粒子、β 粒子、γ

射线、X射线和中子极高剂量的放射作用所造成。非电离辐射的危害主要是射频电磁波的致热效应。

6. 手工操作风险源的辨识

1）手工操作可导致的伤害在进行推、拉、搬、举及运送重物等与手工操作有关的工作时，可导致的伤害有挫伤、擦伤、割伤、肌肉损伤、椎间盘损伤、韧带损伤、神经损伤及疝气等。

2）手工操作风险源的辨识要点如下：

① 推、拉、搬、举及运送重物时超出负荷。

② 拿取或操纵重物时远离身体躯干。

③ 负荷的负重运动，如搬、举重物时距离过长，运送重物的距离过长。

④ 负荷有突然运动的风险。

⑤ 不良的工作姿势或身体运动，如躯干扭转、弯曲、伸展时拿取东西。

⑥ 手工操作的时间及频率不合理。

⑦ 工作的节奏及速度安排不合理。

⑧ 休息及恢复体力的时间不够充足。

7. 建筑和拆除过程风险源的辨识

（1）建筑过程中风险源的辨识要点

建筑过程中的风险源主要考虑如下几方面：

① 高处坠落危险。

② 物体打击和挤压伤害。

③ 机械伤害。

④ 电击及触电伤害。

⑤ 火灾或爆炸危险。

⑥ 交通事故。

⑦ 起重机械伤害。

⑧ 职业病及传染性疾病等。

（2）拆除过程中风险源的辨识要点

应在拆除过程中除考虑建筑过程中所述几点风险源外，还应重点考虑拆除工作未按计划和程序进行所导致的建筑物、构筑物的过早或突然倒塌所带来的危害。

8. 生产过程风险源的辨识

在进行生产过程中风险源的辨识时应全面而有序地进行。在最初的设计阶段就要进行风险源分析，并通过对设计、安装、试车、开车、正常运行、停车和检修等阶段的风险源分析，辨识出生产全过程中所有的风险源，然后有针对性地研究安全对策措施，保证生产系统安全可靠的运行。为防止出现遗漏，在辨识时宜按厂址、总平面布置、厂内运输、建构筑物、生产工艺过程、物流、主要生产装置、作业环境等多方面进行。从某种意义上讲，风险源辨识的过程实际上就是系统安全分析的过程。

（1）厂址的风险源辨识要点

在对厂址进行风险源的辨识时应从工程地质、地形地貌、水文条件、气象条件、交通运输条件、周围环境、消防以及自然灾害等方面进行分析和辨识。

（2）总平面布置的风险源辨识要点

在对总平面布置进行风险源的辨识时，应从功能分区、防火间距、安全距离、风向、最大风速、危险化学品仓库位置、动力设施、氧气站、乙炔气站、煤气站、压缩空气站、锅炉房、液化石油气站、变电站、配电站、建构筑物朝向、道路及储运等方面进行分析和辨识。

（3）厂内运输的风险源辨识要点

在对厂内运输进行风险源辨识时，应从运输、装卸、人流、物流、平面交叉运输、竖向交叉运输、消防、疏散等方面进行辨识。

（4）建、构筑物的风险源辨识要点

在对建、构筑物进行风险源的辨识时，应对厂房、库房分别进行辨识。

① 对于厂房应从厂房的生产物料、中间产品、半成品及产品的火灾危险性分类、耐火等级、结构、层数、占地面积、防火间距、安全疏散和消防等方面进行分析和辨识。

② 对于库房应从库房内储存物品的火灾危险性分类、耐火等级、结构、层数、占地面积、防火间距、消防设施、安全通道、安全疏散和消防等方面进行分析和辨识。

（5）生产工艺过程的风险源辨识要点

① 新建、改建、扩建项目设计阶段风险源的辨识，应从 7 个方面进行分析和辨识。

a. 根据生产工艺流程，按岗位对生产、存储和使用过程中潜在的风险源进行全面的逐步分析和辨识。

b. 在设计阶段是否通过合理的设计，来尽可能从根本上消除风险源，从根本上杜绝危险、危害或事故的发生。

c. 当消除风险源有困难时，是否采取了预防性的技术措施来预防或消除危险、危害的发生。

d. 当无法消除危险或危险难以预防的情况下，是否采取了降低危险、危害的安全措施。

e. 当无法消除、降低危险的情况下，是否采取了将操作人员与风险源隔离等措施。

f. 当操作人员失误或设备运行一旦达到危险状态时，是否能通过联锁保护装置来终止危险、危害的发生。

g. 在危险性较大或易发生故障的地方，是否设置了醒目的安全色、安全标志，以及声、光报警器等警示装置。

② 在生产工艺过程正常运行，或者进行安全现状评价风险源的辨识时，可根据行业和专业的特点，及行业和专业制定的安全标准、规程等进行分析和辨识。国家有关部门按行业制定了冶金、化工、机械、石油化工、建筑、电力、电子、核电站等一系列的安全规程、规定等。可根据这些规程、规定的要求对被评价对象可能存在的风险源进行分析和辨识。例如，化工、石油化工行业，工艺过程的风险源辨识有以下几种情况。

a. 存在不稳定物质的工艺过程，这些不稳定物质可能是原料、中间产物、副产物、添加物或杂质等。

b. 放热的化学反应过程。

c. 含有易燃物料且在冷冻状态下运行的工艺过程。

d. 含有易燃物料且在高温、高压状态下运行的工艺过程。

e. 在爆炸极限范围内或接近爆炸极限且有爆炸性混合物的工艺过程。

f. 有可能形成尘、雾爆炸性混合物的工艺过程。

g. 有剧毒、高毒物料存在的工艺过程。

h. 储有压力能量较大的工艺过程。

③ 可根据典型的生产单元进行风险源的辨识。典型的生产单元是各行业生产中具有典型特点的基本过程或基本单元。例如，化工生产过程中的氧化还原、硝化、电解、聚合、催化、烷基化等；石油化工生产过程中的氯乙烯、催化裂化等；电力生产过程中的汽轮机系统、发电机系统、锅炉热力系统等。这些生产单元的风险源已被归纳总结在许多手册、规范、规程和规定中，可通过查阅得到。采用这类方法可使风险源的辨识比较系统、全面，可避免遗漏。

需要注意的是生产单元的风险源多数是由所处理物料的危险性决定的。当处理易燃气体时，要防止形成爆炸性混合物，尤其在负压状态下的操作，要防止系统中混入空气而形成爆炸性混合物。当处理易燃、可燃固体时，要防止形成爆炸性粉尘混合物。当处理含有不稳定物质的物料时，要防止不稳定物质的积聚和浓缩。例如像蒸馏、过滤、蒸发、萃取、结晶、回流、凝结、搅拌等生产单元都有使不稳定物质积聚或浓缩的可能，必须仔细分析和辨识。

9. 储存、运输过程的风险源辨识

在进行原料、半成品及成品的储存和运输过程中，有很多是易燃、可燃的危险品。一旦发生事故，往往会造成重大的经济损失和社会影响。因此，国家对危险化学品储运有相当严格的要求。国家标准《常用危险化学品的分类及标志》(GB 13690—92)将危险化学品分为爆炸品、压缩气体和液化气体、易燃液体、易燃固体自燃物品和遇湿易燃物品、氧化剂和有机过氧化物、有毒品、放射性物品、腐蚀品 8 类。可按此分类进行风险源的辨识。

(1) 爆炸品的风险源辨识要点

① 爆炸品的危险特性。

a. 敏感易爆炸。

b. 遇热危险性。

c. 机械作用危险性。

d. 静电火花危险性。

e. 火灾危险性。

f. 毒害性。

g. 光照易分解性。

h. 吸湿性。

② 爆炸品储存的风险源辨识。

a. 从单个仓库中的储存量是否符合最大允许储存量的要求进行辨识。

b. 从分类存放是否符合分类存放的要求进行辨识。

c. 从爆炸品储存单位是否具备资质进行辨识。

③ 爆炸品运输的风险源辨识。

a. 是否按安全要求进行装卸作业。

b. 是否具备公路运输的安全要求。

c. 是否具备铁路运输的安全要求。

d. 是否具备水上运输的安全要求。

e. 爆炸品运输单位是否具备资质。

f. 爆炸品运输人员是否具备资质、知识、能力。

(2) 易燃液体储运过程中的风险源辨识要点

① 易燃液体的危险特性。

a. 易燃、易爆性。

b. 静电危险性。

c. 高流动扩散性。

d. 受热膨胀、易挥发性。

② 易燃液体储存的风险源辨识。

a. 整装易燃液体的储存从储存状况、储存技术条件、储罐区及堆垛的防火要求等方面进行辨识。

b. 散装易燃液体的储存从防泄漏、防流散、防静电、防雷击、防腐蚀、装卸作业等方面进行辨识。

③ 易燃液体运输的风险源辨识。

a. 整装易燃液体运输从装卸作业、公路运输、铁路运输、水路运输等方面进行辨识。

b. 散装易燃液体运输从公路运输、铁路运输、水路运输、管道输送等方面进行辨识。

(3) 有毒物品储运过程中的风险源辨识要点

① 有毒品的危险特性。

a. 氧化性。

b. 遇水、遇酸分解性。

c. 遇高热、明火、撞击会发生燃烧爆炸。

d. 闪点低、易燃。

e. 遇氧化剂发生燃烧爆炸。

② 有毒品储存风险源的辨识。

a. 是否针对有毒品所具有的危险特性采取了相应的措施。

b. 是否采取了隔离存放的措施。

c. 有毒品的包装及封口是否会有泄漏危险。

d. 储存的温度、湿度是否适合。

e. 作业中操作人员是否会出现失误。

f. 作业环境空气中的有毒物品浓度是否存在危险。

③ 储存有毒品库房的风险源辨识。

在对储存有毒品的库房进行风险源辨识时，可以从防火间距、耐火等级、防爆措施、潮湿度、温度、有无腐蚀可能、安全疏散、占地面积、火灾危险等级等方面进行辨识。

④ 有毒品运输过程中的危险有害因素辨识。

在对有毒品运输过程中的风险源进行辨识时，可以从装配原则、装卸操作、公路运输、铁路运输、水路运输、人员资质等方面进行辨识。

10. 重大危险源的辨识

(1) 重大危险源

重大危险源是指长期地或临时地生产、加工、搬运、使用或储存危险物质，且危险物质的数量等于或超过临界量的单元(包括场所和设施)。单元是指一个(套)生产装置、设施或场所，或同属一个工厂的且边缘距离小于500m的几个(套)生产装置、设施或场所。临界量是指对于某种或某类危险物质规定的数量，若单元中的物质数量等于或超过该数量，则该单元定为重大危险源。重大危险源辨识应从是否存在一旦发生泄漏可能导致火灾、爆炸和中毒等重大危险的物质出发进行分析。通常是根据危险、有害物质的种类及其限量来确定重大风险源的。

(2) 重大危险源分类

按国家标准《危险化学品重大危险源辨识》(GB 18218—2009)，危险化学品重大危险源是指长期地或临时地生产、加工、使用或储存危险化学品，且危险化学品的数量等于或超过临界量的单元。按《关于开展重大危险源监督管理工作的指导意见》(安监管协调字[2004]56号)将重大危险源分为九大类：①储罐区(储罐)；②库区(库)；③生产场所；④压力管道；⑤锅炉；⑥压力容器；⑦煤矿(井下开采)；⑧金属非金属地下矿山；⑨尾矿库。

(3) 重大危险源的辨识方法

生产过程中的风险源往往不是单一的，且各风险源之间又是相互关联的，辨识中不能顾此失彼，遗漏隐患，应确定不同风险源的相关关系、相关程度和危及范围。

① 必须辨识出危险有害物质或能量所覆盖的范围，凡是在此范围内，均会处于危险之中。对危险有害物质或能量覆盖的时空范围，应在充分估计各方面因素作用的条件下，绘制出平面或空间关系图和时间关系图。

② 要辨识出危险有害物质或能量的损害特性，有的危险有害物质或能量只对人员产生伤害，有的危险有害物质或能量可能对人员和财物均产生损害，有的危险、有害物质或能量对环境和生态条件产生长期的损害，有的危险有害物质或能量对三者均可造成损害。

(4) 危险化学品重大危险源的确定

长期地或临时地生产、加工、使用或储存危险化学品，且危险化学品的数量等于或超过临界量的单元为危险化学品重大危险源。

第二节　风险源评价单元划分

一、评价单元定义

风险源评价单元就是在风险源辨识与分析的基础上，根据评价目标和评价方法的需要，将系统分成若干有限的、确定范围的、可分别进行评价的、相对独立的子系统。

二、评价单元划分原则

评价单元的划分应服务于评价目标和评价方法，而评价目标各有不同，各种评价方法又有各自的特点，因此只要能达到评价目的，评价单元的划分并没有绝对统一的要求，但应遵守以下的原则和方法。

1. 以风险源的类别为主划分评价单元

1）在进行工艺方案、总体布置及自然条件、社会环境对系统影响等方面的分析和评价时，可将整个系统作为一个评价单元。

2）将具有共性风险源的场所和装置划分为一个评价单元。再按工艺、物料、作业特点划分成子单元分别评价。

2. 以装置和物质的特征划分评价单元

1）按照装置、工艺、功能划分评价单元。

2）按布置的相对独立性划分评价单元。

① 可以将以安全距离、防火墙、防火堤、隔离带等与其他装置隔开的区域或装置作为一个评价单元。

② 在储存区域内，可以将在一个共同的防火墙或防火建筑物内的储罐或储存空间作为一个评价单元。

3）按工艺条件划分评价单元。

① 可按操作温度、压力范围的不同来划分评价单元。

② 可按开车、加料、卸料、正常运转、加入添加剂、检修等不同作业条件来划分评价单元。

4）按所储存、处理危险物质的潜在化学能、毒性和危险物质的数量划分评价单元。

① 在一个储存区域内储存不同危险物质时，为了能够正确识别其相对危险性，可按照危险物质的类别划分成不同的评价单元。

② 为避免夸大评价单元的危险性，评价单元内的可燃、易燃、易爆等危险物质应有最低限量。在美国DOW化学公司火灾、爆炸危险指数评价法(第七版)中就要求：评价单元内可燃、易燃、易爆等危险物质的最低限量为2270kg或2. 27m^3；小规模实验工厂上述物质的最低限量为454kg或0. 545m^3。若低于该要求不能列为评价单元。

5）根据以往事故资料划分评价单元。

① 可将发生事故时能导致停产、波及范围大、造成巨大损失和伤害的关键设备作为一个评价单元。

② 可将风险源大且资金密度大的区域作为一个评价单元。

③ 将风险源特别大的区域、装置作为一个评价单元。

④ 将具有类似危险性潜能的单元合并为一个大的评价单元。

三、中途测试风险单元

中途测试风险单元划分首先在系统分析中途测试工艺、工具和地面流程设备和现场操作等特点基础上，通过归类分析，共划分为井筒风险、测试工具分析、地面风险和其他操作管理风险四大单元。又对每个单元进行子系统分析划分，详细划分风险单元如图5-1所示。

根据中途测试风险评价单元划分情况，对各单元的风险进行风险分析，并选用相应的评价数学模型来进行计算，各子模块的定量计算结果，与风险值建立相应的联系，再结合输入

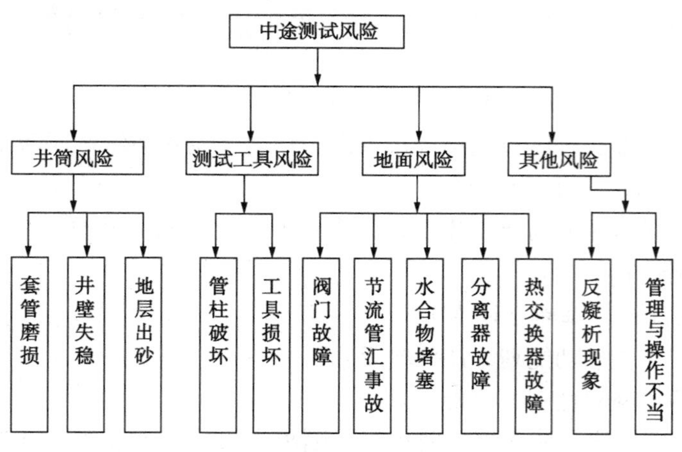

图 5-1　中途测试风险单元分析图

的风险权重，计算加权平均值，便可求得该中途测试方案的风险值。

1. 井壁失稳

应使测试层的钻井液密度ρ，大于该层坍塌压力p_b与地层孔隙压力p_p所对应钻井液密度的较大者a，并小于该层破裂压力p_f所对应钻井液密度b，见表 5-4。

表 5-4　井壁失稳风险值表

令 $a=\max(p_b, p_p)$，$b=p_f$	风险值
$\rho_i<a$ 或 $\rho_i>b$	10
$a<\rho_i<\frac{7a+b}{8}$ 或 $\frac{a+7b}{8}<\rho_i<b$	8
$\frac{7a+b}{8}<\rho_i<\frac{3a+b}{4}$ 或 $\frac{a+3b}{4}<\rho_i<\frac{a+7b}{8}$	6
$\frac{3a+b}{4}<\rho_i<\frac{5a+3b}{8}$ 或 $\frac{3a+5b}{8}<\rho_i<\frac{a+3b}{4}$	4
$\frac{5a+3b}{8}<\rho_i<\frac{3a+5b}{8}$	2

2. 地层出砂

将组合模量法、地层孔隙度法以及声波时差法的判定结果均与风险值相对应，取 3 个结果的平均值作为地层出砂风险值。见表 5-5～表 5-7。

表 5-5　组合模量法风险值表

E_c	风险值
$E_c<1.5\times10^4$ MPa	10
2×10^4 MPa$>E_c>1.5\times10^4$ MPa	6
$E_c>2\times10^4$ MPa	3

表 5-6　地层孔隙度风险值表

ϕ	风险值
$\phi>30\%$	10
$20\%<\phi<30\%$	6
$\phi<20\%$	3

表 5-7　声波时差风险值表

Δt_c	风险值
$\Delta t_c>295\mu s/m$	8
$\Delta t_c<295\mu s/m$	4

3. 管柱力学

采用第四强度理论校核的应力极大值σ要小于材料的许用应力$[\sigma]$，见表 5-8。

4. 套管评价

因为在中途测试各阶段，套管的受力情况有所不同，本章研究最危险的情况，要求在射孔(K)影响下，套管所受内应力 p_i 小于其抗内压强度 P_i，同时，套管所受外应力 p_o 还应小于其外挤毁压力 P_o，将二者分别与风险值相对应，并取较大者作为套管评价风险值，见表5-9、表 5-10。

表 5-8　管柱力学风险值表

σ，$[\sigma]$	风险值
$\sigma \geqslant [\sigma]$	10
$0.8[\sigma] \leqslant \sigma < [\sigma]$	8
$0.6[\sigma] \leqslant \sigma < 0.8[\sigma]$	6
$0.4[\sigma] \leqslant \sigma < 0.6[\sigma]$	4
$\sigma < 0.4[\sigma]$	2

表 5-9　内应力风险值表

$K \cdot p_i$、P_i	风险值
$K \cdot p_i \geqslant P_i$	10
$0.8P_i \leqslant K \cdot p_i < P_i$	8
$0.6P_i \leqslant K \cdot p_i < 0.8P_i$	6
$0.4P_i \leqslant K \cdot p_i < 0.6P_i$	4
$K \cdot p_i < 0.4P_i$	2

表 5-10　外应力风险值表

$K \cdot p_o$、P_o	风险值
$K \cdot p_o \geqslant P_o$	10
$0.8P_o \leqslant K \cdot p_o < P_o$	8
$0.6P_o \leqslant K \cdot p_o < 0.8P_o$	6
$0.4P_o \leqslant K \cdot p_o < 0.6P_o$	4
$K \cdot p_o < 0.4P_o$	2

5. 水合物

用节流处温度 T 与水合物生成温度 T_0 相比较，判断地面流程能否生成水合物，见表5-11。

6. 反凝析

用地层温度(或地面流程温度) T 与相包络线上该压力下温度 T_1 相比较，判断在测试层(或地面管路)是否会出现气液两相流，见表 5-12。

7. 腐蚀

参考国际泥浆公司对腐蚀的划分标准，见表 5-13。

表 5-11　水合物风险值表

T，T_0	风险值
$T \leqslant T_0$	10
$T_0 \leqslant T < 1.2T_0$	8
$1.2T_0 \leqslant T < 1.4T_0$	6
$1.4T_0 \leqslant T < 1.6T_0$	4
$1.6T_0 \leqslant T_0$	2

表 5-12　反凝析风险值表

T，T_1	风险值
$T \leqslant T_1$	10
$T_1 \leqslant T < 1.2T_1$	8
$1.2T_1 \leqslant T < 1.4T_1$	6
$1.4T_1 \leqslant T < 1.6T_1$	4
$1.6T_1 \leqslant T_1$	2

表 5-13　腐蚀风险值表

mm/a	腐蚀程度	风险值
0~1.3	低	4
1.3~2.6	中高	6
2.6~3.9	高	8
3.9 以上	严重	10

第三节　中途测试主要风险源辨识

通过对中途测试地面流程以及井下工具分析，完成对其中可能存在的风险源的识别工作，并针对各风险源，采用改进的 LEC 法进行分析，赋予相应的 L、E、C 和 M 值，最终便可求得 D 值，判定风险高低。

一、中途测试地面风险源

针对中途测试地面流程各个设备的功能，整理其中可能存在的风险源，完成风险识别表，见表5-14。

表5-14 中途测试地面流程风险识别表

序号	设备名称	风险源	可能导致的后果
1	井口控制头	测试旋转短节失灵	封隔器无法顺利坐封
		主阀失灵	无法有效隔离油井与地面流程，对地面设备造成损害
		抽汲阀失灵	无法将工具串下到井筒
		流动翼阀失灵	遇到紧急情况下阀门无法关闭
		压井翼阀失灵	无法将压井液注入井筒
2	数据头	化学泵连接处出现异常	水合物抑制剂、破乳剂等无法正常注入地面流程
		试压泵连接处出现异常	无法正常试压，试压时出现泄漏
		数据采集传感器连接异常	无法采集到压力、温度等数据
		紧急关闭系统启动器连接异常	遇到紧急情况时无法关闭相应阀门
3	油嘴管汇	水合物堵塞管路	管路损耗增加，严重时管路超压破裂
		自动控制系统故障	系统未及时根据流速、压力进行调节，造成压力波动
		阀门腐蚀严重	阀门操作失灵，容易造成泄漏
		阀门管汇刺穿泄漏	地层流体泄漏，阀门失效
4	加热器	加热器故障，无法启动	下游管路结蜡，产生水合物
		折流板故障	无法充分换热，加热效果降低
		管程堵塞	流通面积减小，影响换热，严重时造成泄漏
		管程泄漏	管中换热流体流入壳程流体中
		壳程泄漏	壳程中的流体泄漏到外部环境中
5	三相分离器	入口分流器堵塞	来液压力损耗增加
		消泡器故障	油品发泡严重，重力沉降区变小
		泄压阀故障	无法保证分离器安全工作
		捕雾器故障	气中含油增加
		聚结板故障	油水乳化程度严重，油中含有较多水
		液位控制器故障	油中含水增加，水中含油增加
6	地面安全阀	开启关闭不灵活	无法及时保护下游设备
		排放压力失准	安全阀异常启动或无法起到保护作用
		密封不严	阀门泄漏
		阀门无法回座	安全阀失灵，需要更换
7	紧急截断阀	腐蚀严重	产生泄漏
		连接部位泄漏	截断阀无法正常动作
		阀门卡死，动作滞后	无法起到保护作用，危及设备安全
8	化学注入泵	化学注入泵泄漏	水合物抑制剂、破乳剂等无法正常注入地面流程，导致下游节流处出现冰堵，或降低分离效果
		化学注入泵堵塞	
		化学注入泵内部零件发生故障	

续表

序号	设备名称	风险源	可能导致的后果
9	燃烧器	点火系统故障	流体无法点燃
		燃烧部分异常	流体无法充分燃烧，严重时产生爆炸
		燃烧污染	污染环境，人员中毒
10	计量罐	安全阀失效	压力过高，危害设备
		呼吸阀失效	
		计量故障	计量结果失准
11	储液罐	安全阀失效	罐内压力过高

二、MFE 提放式测试风险源

针对 MFE 提放式测试管柱各个部件的功能，整理其中可能存在的风险源，完成风险识别表，见表 5-15。

表 5-15　MFE 提放式测试工具风险识别表

序号	设备名称	风险源	可能导致的后果
1	多流测试器	测试阀无法打开	无法进行测试
		测试阀打开之后无法关闭	无法测得地层流体压力，导致测试失败
		取样器阀门泄漏	无法正常取样及分析地层流体样品
		下井过程中，测试阀开启	测试失败，起出检查重新测试
		换位机构中 J 型销断裂	无法正常打开测试阀
		换位机构中 J 型槽有异物卡住	
		延时机构液压油泄漏	MFE 延时机构失灵
2	MFE 旁通阀	起下钻时旁通阀无法打开	起下钻时阻力较大
		测试结束时，旁通阀无法打开	封隔器无法顺利解封
		在下钻过程中，副旁通阀意外关闭	下钻阻力增大
		MFE 打开前，副旁通阀无法关闭	无法形成密封，钻井液流入测试管柱
3	MFE 安全密封	安全密封失效	上提钻柱操作时，封隔器突然解封
4	裸眼封隔器	封隔器胶筒破裂	无法坐封
		施加的坐封吨位不足	
		胶筒尺寸与裸眼尺寸不匹配	胶筒尺寸过大容易下钻时遇卡，尺寸过小则容易坐封不严
5	套管卡瓦封隔器	封隔器旁通在起下钻过程中意外关闭	起下钻时阻力较大
		封隔器胶筒破裂	坐封不严
		卡瓦损坏无法打开	无法完成坐封
		卡瓦无法收回	无法将封隔器起出
6	套管剪销封隔器	剪销无法剪断	无法完成坐封
7	液压锁紧接头	锁紧装置失灵	上提钻柱操作时，封隔器突然解封
		锁紧接头选择液压面积过小	无法锁紧封隔器

续表

序号	设备名称	风险源	可能导致的后果
8	断销式反循环阀	地层砂在断销处沉淀，无法砸断断销塞	无法打开反循环阀
9	泵压式反循环阀	套阀泄漏，无法剪断剪销	
		铜片处有异物堵塞，无法将其压出	
10	旋转式反循环阀	循环孔有异物堵塞	反循环无法进行
		在旋转管柱过程中，反循环阀意外打开	钻井液流入管柱
11	压力记录仪及拖筒	压力记录仪内部被污染	无法准确记录压力
		拖筒上塞子损坏	无法封堵传压孔
12	震击器	震击器失灵	遇卡无法解卡
13	安全接头	安全接头无法脱开	无法将上部工具及钻杆取出
		安全接头无法重接	无法打捞其下部设备
14	筛管及带槽尾管	地层流体中固体颗粒进入工	堵塞测试阀等工具
		地层砂堵住筛管	地层流体无法流入工具
15	裸眼选层猫	选层锚未选坐在坚硬地层	井壁坍塌
		卡瓦无法打开	无法完成坐封
16	桥塞	桥塞卡瓦无法张开	无法坐封
		桥塞平衡阀堵塞	解封时阻力较大

三、APR 压控测试风险识别

APR 测试工艺需要在套管井中完成，一般不会在裸眼井的中途测试中采用，在中东地区进行的完井测试中大多采用 APR 压控式测试工艺，针对 APR 工具上的各个部件，整理其中可能存在的风险源，见表 5-16。

表 5-16　APR 压控式测试工具风险识别表

序号	设备名称	风险源	可能导致的后果
1	LPR-N 阀	球阀损坏，无法打开	测试阀无法打开
		球阀遇卡无法关闭	无法实现多次开关井
		计量阀失灵	无法打开球阀
		运送充氮的 LPR-N 阀时发生碰撞爆炸	人员伤亡
		环空加压时，泵压过高	误开 APR-M2 阀或 APR-A 阀，导致测试失效
2	APR-A 反循环阀	反循环孔堵塞	起钻遇阻
		剪销无法剪断	无法打开反循环孔
3	APR-M2 反循环阀	球阀泄漏	无法取样
		剪销无法剪断	无法打开反循环孔
		测试过程中，阀意外开启	钻井液流入管柱
4	RD 安全循环阀	破裂盘无法破裂	球阀无法关闭，循环孔无法打开
		球阀无法关闭	无法进行取样
		下井过程中剪销断裂	循环阀异常打开

续表

序号	设备名称	风险源	可能导致的后果
5	OMIN 阀	液压油泄漏	单向阀无法打开
		氮气压力不足	无法实现阀门的多次开启与关闭，并造成阀门意外开启
6	BJ 震击器	震击器失灵	遇卡无法解卡
		液压油泄漏	延时机构失灵，无震击效果
7	液压循环阀	解封时，循环阀无法开启	造成封隔器上下压力不平衡，解封困难
		测试过程中，阀意外开启	钻井液流入管柱
8	放样阀	起钻过程中，放样阀提前开启	取样失败
		工具起出后，放样阀无法工作	工具内部高压，易产生危险
9	伸缩接头	呼吸孔堵塞	流体无法顺利进入与排出，管柱内压力波动较高
10	RTTS 反循环阀	起下钻过程中，阀门堵塞	起下钻阻力增大
		坐封时，阀门开启	钻井液流入管柱，测试失败
11	RTTS 安全接头	安全接头无法脱开	无法将上部工具及钻杆取出
12	RTTS 封隔器	摩擦块尺寸过大	下钻阻力较大
		封隔器胶筒破裂	坐封不严
		卡瓦遇卡无法收回	无法解封
13	记录仪拖筒	传压孔堵塞	无法记录压力

第六章　中途测试风险评价实例

第一节　中途测试风险评价软件

中途测试风险评估软件从中途测试风险评估体系出发，考虑井筒风险、测试工具风险、地面风险、其他操作管理风险等各方面，建立中途测试方案评价模型。基于层次分析法、LEC 打分法建立了中途测试风险评估方法体系，对中途测试进行风险辨识、定性与定量分析，并提供预防或处理措施。

软件功能及用途，该软件在地层测试之前能够定性预测地层测试风险的严重程度，能够定量预测出砂、腐蚀、管柱强度、井壁稳定性等风险，能够对地层测试风险进行评价。软件分为主菜单、状态栏、配置区、判断结果区、流程图区、指示窗口区等不同区域，如图 6-1 所示。详细功能和使用说明见软件用户手册。

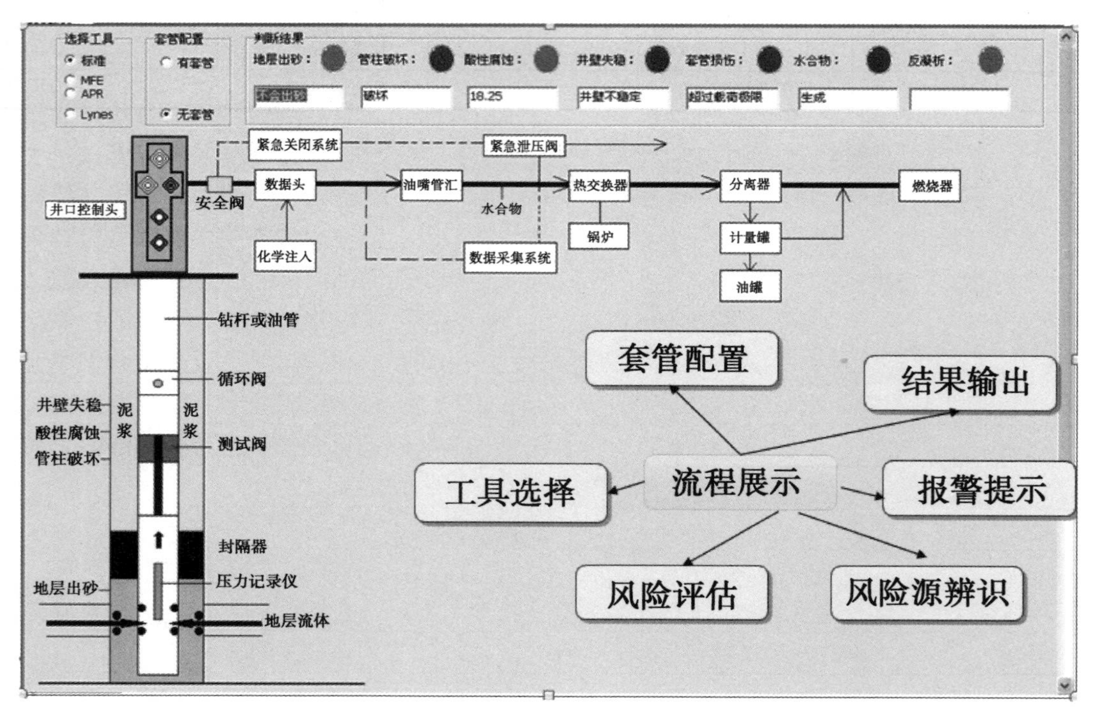

图 6-1　中途测试风险评估软件界面

该软件一共分为工程管理、风险评估、参数输入、风险分值设置、单独评估模块、综合评估模块、原理演示、评估报告 8 个模块。

第二节　测试参数输入

基于中途测试风险评估方法分析项目研究成果，开发了中途测试风险评估软件，选取了某区块 Patolon-1-1 井(DST1)进行软件应用。软件的 4 类输入参数如下。

1）地层参数：包括测试层岩石抗压强度(MPa)、岩石泊松比、上覆岩石平均密度(kg/m^3)、声波时差(μs/m)、岩石孔隙度(%)、岩石黏聚力(MPa)、水平最大地应力(MPa)、水平最小地应力(MPa)、地层孔隙压力(MPa)、井眼曲率(度)、岩石内摩擦角(度)、岩石拉伸强度(MPa)、地温梯度(K/m)、测试层压力(MPa)。

2）管材参数：包括套管滑动摩擦系数、套管最小屈服强度(kPa)、泥浆类型、套管钢级、管柱钢材泊松比、油管内径(m)、油管外径(m)、套管内径(m)、套管外径(m)、管柱许用应力(MPa)、安全系数。

3）组分参数：包括油藏温度(K)、液体运动黏度(m^2/s)、流体流量(m^3/s)、流体密度(kg/m^3)、二氧化碳分压(MPa)、各组分的百分比。

4）测试参数：包括测试层深度(m)、钻柱压力(N)、节流处压力(MPa)、节流处温度(K)、井口压力(MPa)、井口温度(K)、钻杆旋转次数、射孔相位(度)、钻井液密度(kg/m^3)、封隔器深度(m)、地表温度(K)、射孔孔径(mm)、射孔孔密(孔/m)、是否加入抑制剂。

测试风险评估井(层)的参数输入及测算结果如下所示。

Patolon-1-1 井(DST1)位于缅甸联邦实皆省(Sagaing)Kana 村西北方向约 2km 处(Patolon-1 井南偏东 5.7km 处)。开钻日期为 2013 年 01 月 07 日，完井日期为 2013 年 10 月 20 日。将 Patolon-1-1 井(DST1)的参数输入到软件中进行计算。主要包括以下几个方面参数。

一、地层参数

Patolon-1-1 井(DST1)输入的地层参数如图 6-2 所示。

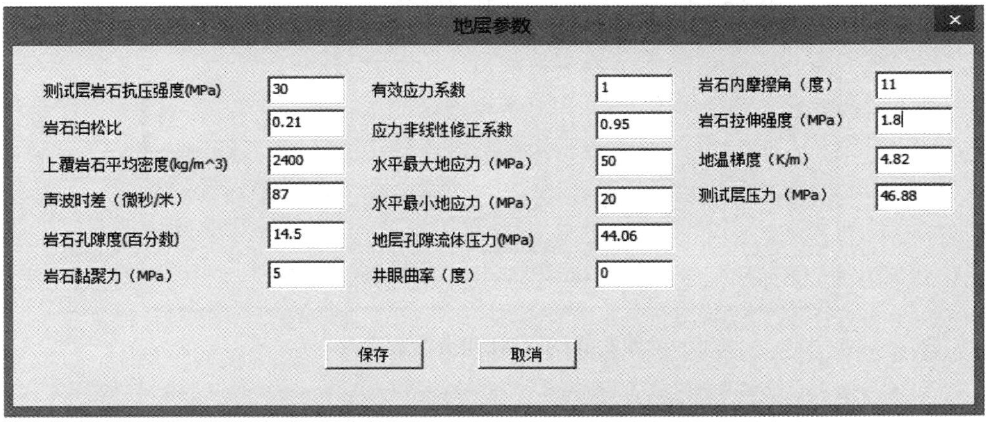

地层参数

参数	值	参数	值	参数	值
测试层岩石抗压强度(MPa)	30	有效应力系数	1	岩石内摩擦角（度）	11
岩石泊松比	0.21	应力非线性修正系数	0.95	岩石拉伸强度（MPa）	1.8
上覆岩石平均密度(kg/m^3)	2400	水平最大地应力（MPa）	50	地温梯度（K/m）	4.82
声波时差（微秒/米）	87	水平最小地应力（MPa）	20	测试层压力（MPa）	46.88
岩石孔隙度(百分数)	14.5	地层孔隙流体压力(MPa)	44.06		
岩石黏聚力（MPa）	5	井眼曲率（度）	0		

保存　取消

图 6-2　DST#1 地层参数输入

二、管材参数

Patolon-1-1 井(DST1)输入的管材参数如图 6-3 所示。

管材参数
套管滑动摩擦系数 0.25
套管最小屈服强度(kPa) 758420
管柱钢材泊松比 0.3
管柱许用应力(MPa) 655025
安全系数 1.25
套管外径（m） 0.339
套管壁厚（m） 0.013
套管内径（m） 0.31
油管外径（m） 0.18
油管内径（m） 0.1524
泥浆类型 水基泥浆
套管钢级 P-110
保存
取消

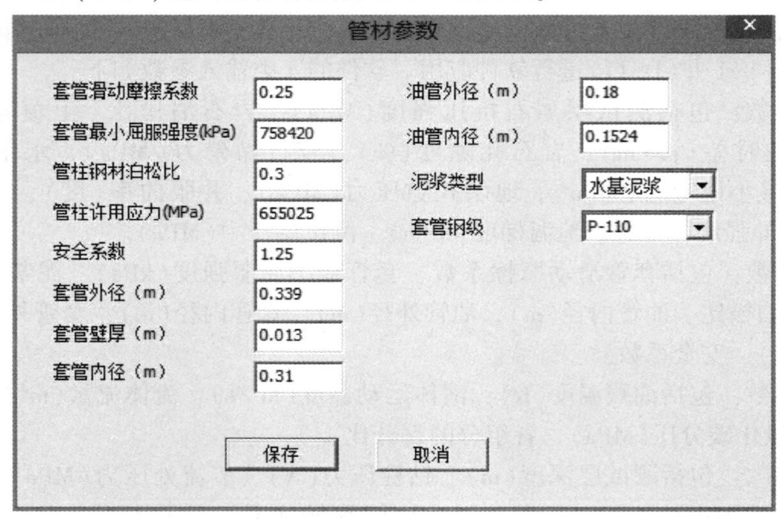

图 6-3　DST#1 管材参数输入

三、组分参数

Patolon-1-1 井(DST1)输入的组分参数如图 6-4 所示。

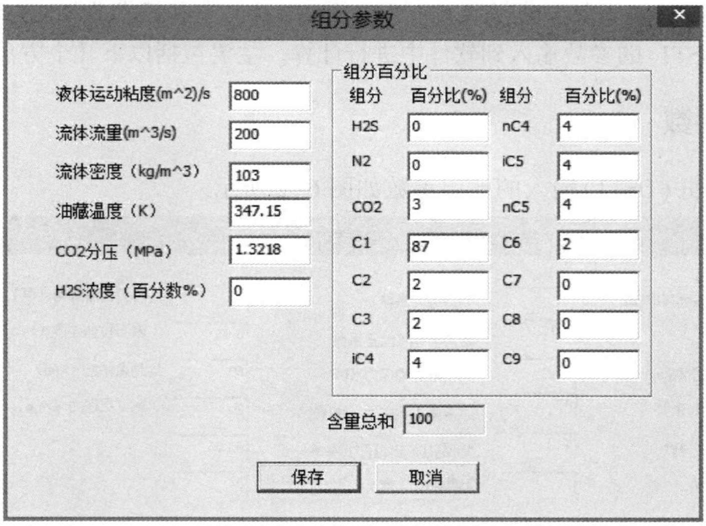

组分参数
液体运动粘度(m^2)/s 800
流体流量(m^3/s) 200
流体密度（kg/m^3） 103
油藏温度（K） 347.15
CO2分压（MPa） 1.3218
H2S浓度（百分数%） 0
组分百分比
组分 百分比(%) 组分 百分比(%)
H2S 0 nC4 4
N2 0 iC5 4
CO2 3 nC5 4
C1 87 C6 2
C2 2 C7 0
C3 2 C8 0
iC4 4 C9 0
含量总和 100
保存
取消

图 6-4　DST#1 组分参数输入

四、测试参数

Patolon-1-1 井(DST1)输入的测试参数如图 6-5 所示。

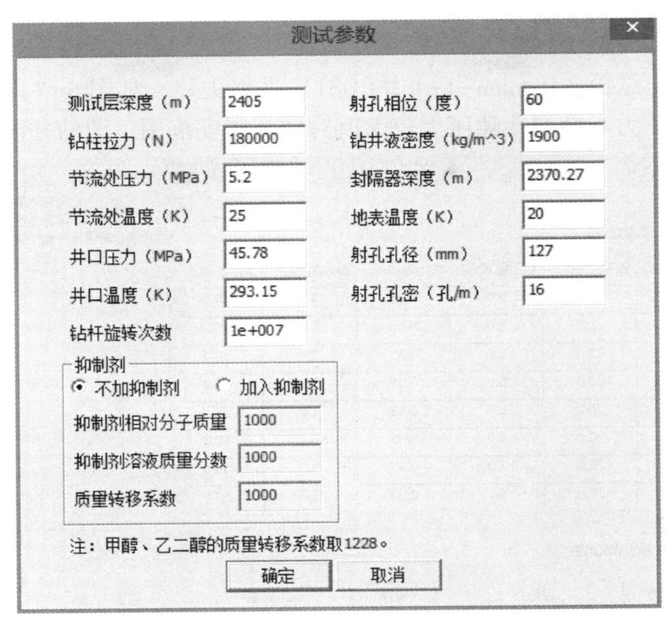

图 6-5　DST#1 测试参数输入

第三节　风险评估结果分析

一、地层出砂

软件计算后得出结论：Patolon-1-1 井(DST1)不会发生地层出砂，如图 6-6 所示。

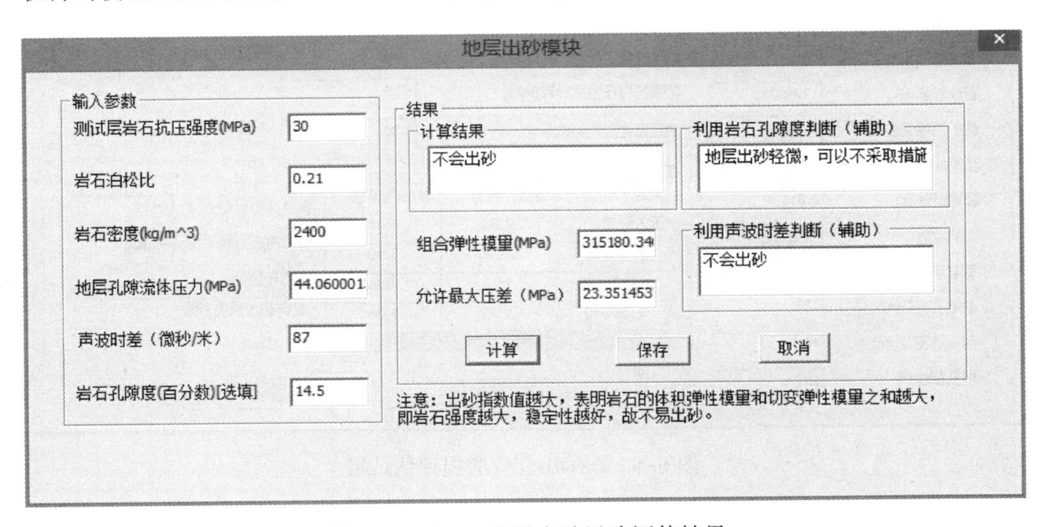

图 6-6　DST#1 地层出砂风险评估结果

二、井壁失稳

软件计算后得出结论：Patolon-1-1 井(DST1)井壁失稳，如图 6-7 所示。红色密度超过了破裂压力、坍塌压力和地层孔隙压力较大值对应的密度范围，即钻井液密度过大。

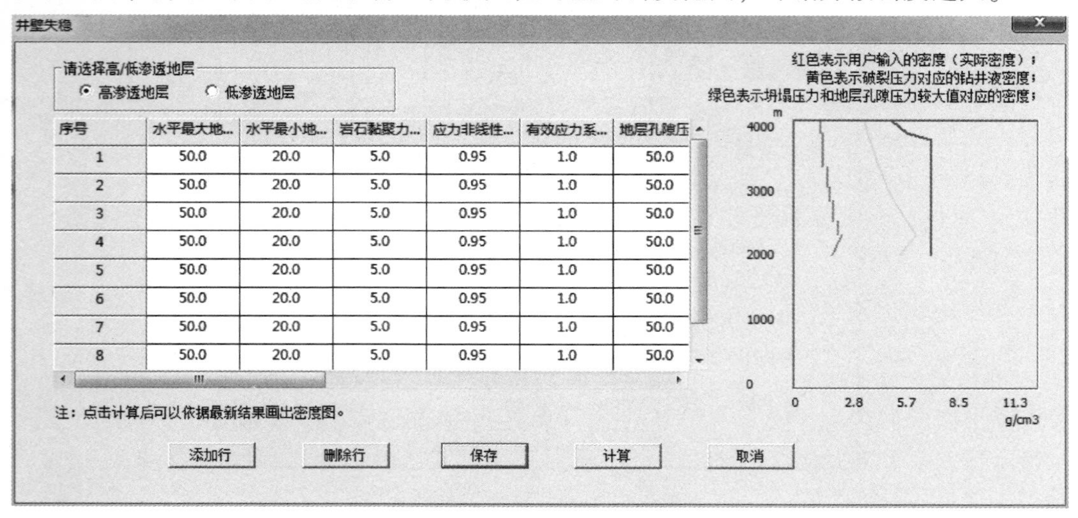

序号	水平最大地...	水平最小地...	岩石黏聚力...	应力非线性...	有效应力系...	地层孔隙压
1	50.0	20.0	5.0	0.95	1.0	50.0
2	50.0	20.0	5.0	0.95	1.0	50.0
3	50.0	20.0	5.0	0.95	1.0	50.0
4	50.0	20.0	5.0	0.95	1.0	50.0
5	50.0	20.0	5.0	0.95	1.0	50.0
6	50.0	20.0	5.0	0.95	1.0	50.0
7	50.0	20.0	5.0	0.95	1.0	50.0
8	50.0	20.0	5.0	0.95	1.0	50.0

图 6-7 DST#1 井壁失稳风险评估结果

三、套管磨损

软件计算后得出结论：Patolon-1-1 井(DST1)不会发生套管磨损，如图 6-8 所示。

套管损伤

钻柱压力(N)	180000
井眼曲率(°)	0
滑动摩擦系数	0.25
滑动距离(m)	9734000
最小屈服强度(kPa)	758420
套管外径(m)	0.339
套管壁厚(m)	0.013
泥浆类型	水基泥浆
套管钢级	P-110
射孔孔径(mm)	127
射孔孔密(孔/m)	16
射孔相位(°)	60

结果输出区

套管预测磨损量(m^3)	0	
塑弹性挤毁API套管外挤毁压力(MPa)	55.94	屈服强度挤毁
套管抗内压强度计算(MPa)	50.9	
油层套管射孔影响系数	1.36	

套管载荷计算

项目	有效外压力	有校内压力
下入阶段	2.00	6.00
开井阶段	50.00	3.00
测试阶段	4.00	30.96
起出阶段	3.00	1.00

有效外应力极大值 44.06

有效内应力极大值 46.5011

压力校核

没有超过载荷极限

计算并保存　取消

图 6-8 DST#1 套管磨损评估结果

四、管柱破坏

软件计算后得出结论：Patolon-1-1 井(DST1)不会发生管柱破坏，如图 6-9 所示。

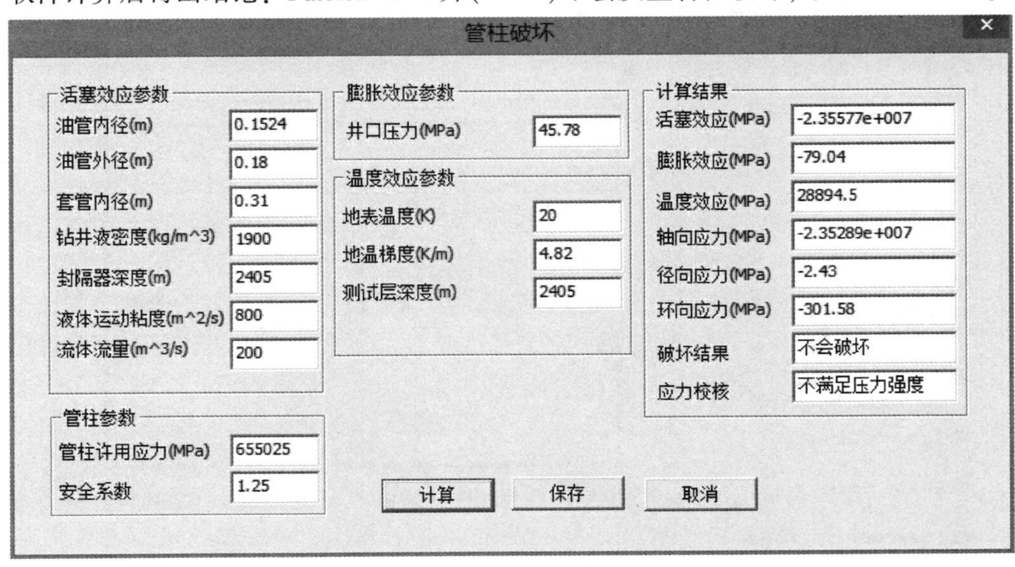

图 6-9　DST#1 管柱破坏评估结果

五、水合物

软件计算后得出结论：Patolon-1-1 井(DST1)不会生成水合物，软件运行计算结果如图 6-10所示。

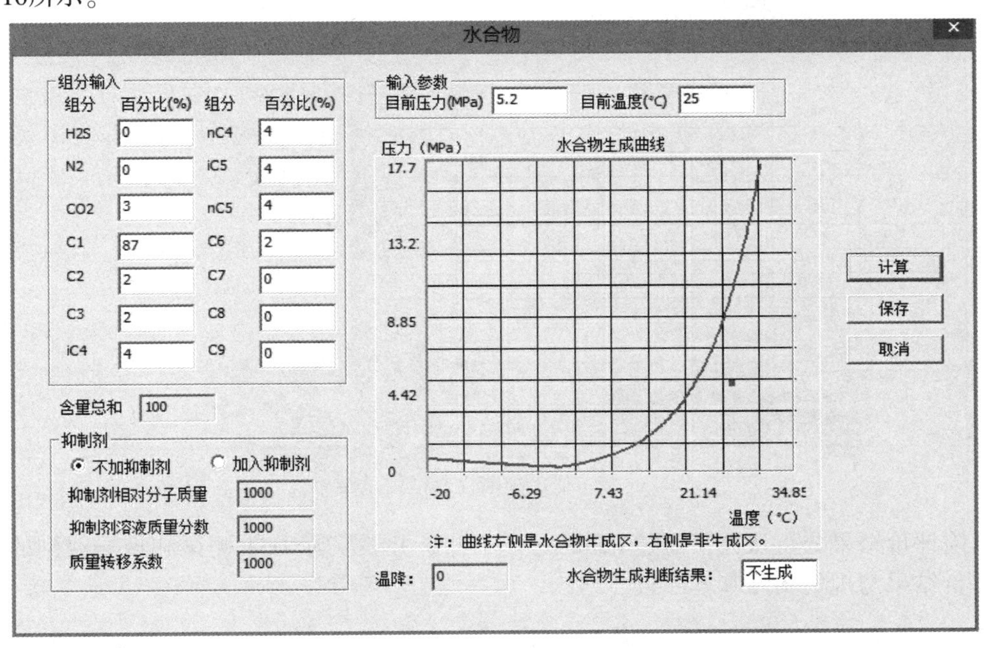

图 6-10　DST#1 水合物生成评估结果

六、反凝析

软件计算后得出结论：Patolon-1-1 井(DST1)不会发生反凝析，如图 6-11 所示。

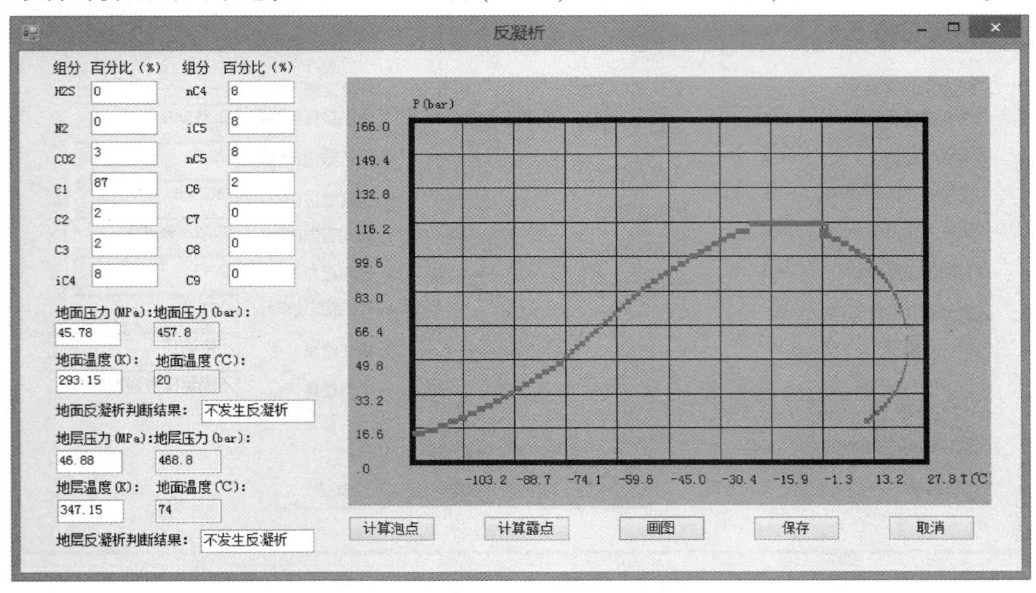

图 6-11　DST#1 反凝析评估结果

七、酸性腐蚀

软件计算后得出结论：Patolon-1-1 井(DST1)不会发生酸性腐蚀，如图 6-12 所示。

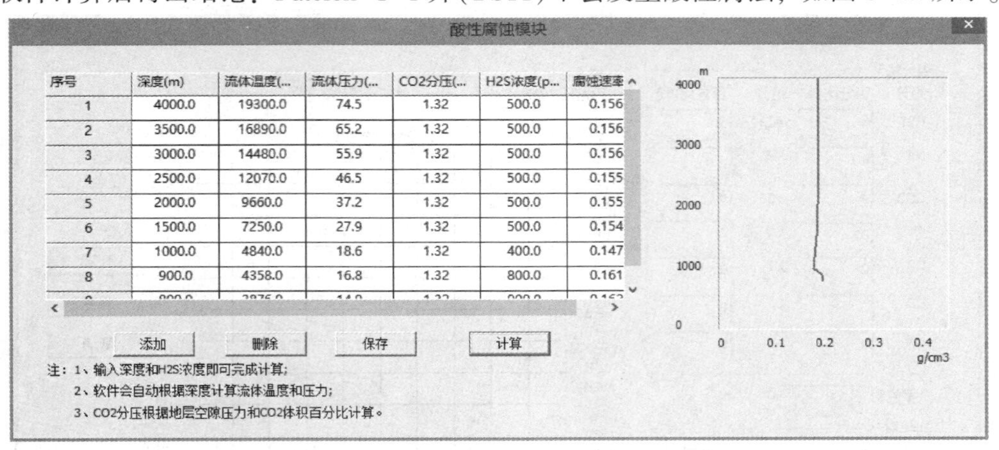

序号	深度(m)	流体温度(...	流体压力(...	CO2分压(...	H2S浓度(p...	腐蚀速率
1	4000.0	19300.0	74.5	1.32	500.0	0.156
2	3500.0	16890.0	65.2	1.32	500.0	0.156
3	3000.0	14480.0	55.9	1.32	500.0	0.156
4	2500.0	12070.0	46.5	1.32	500.0	0.155
5	2000.0	9660.0	37.2	1.32	500.0	0.155
6	1500.0	7250.0	27.9	1.32	500.0	0.154
7	1000.0	4840.0	18.6	1.32	400.0	0.147
8	900.0	4358.0	16.8	1.32	800.0	0.161

图 6-12　DST#1 酸性腐蚀评估结果

风险评价结果分析认为，通过 Patolon-1-1 井该井段实际 DST 测试和现场遇到的问题，软件评价结果与现场实际基本一致。

参 考 文 献

1 万仁溥. 现代完井工程. 北京：石油工业出版社，2009.
2 海上油气田完井手册编委会. 海上油气田完井手册. 北京：石油工业出版社，2001.
3 杨川东. 采气工程. 北京：石油工业出版社，1997.
4 魏淋生等. 油气井测试工艺技术. 北京：中国石化出版社，2012.
5 蔡庆红等. 安全评价技术. 北京：化学工业出版社，2011.
6 马永峰等. 油气井测试工艺技术. 北京：石油工业出版社，2010.
7 李美庆. 安全评价员使用手册. 北京：化学工业出版社，2007.
8 刘铁民等. 安全评价方法应用指南. 北京：化学工业出版社，2005.
9 徐志胜. 安全系统工程. 北京：机械工业出版社，2007.
10 吴宗之等. 工业危险源辨别与评价. 北京：气象出版社，2000.
11 尤凤乐. 油田生产安全评价. 北京：石油工业出版社，2005.
12 刘能强. 实用现代试井解释方法. 北京：石油工业出版社，1996.
13 张琪. 采油工程原理与设计. 北京：石油工业出版社，2006.
14 马建国. 油气田地层测试. 北京：石油工业出版社，2006.
15 陈元千. 现代油藏工程. 北京：石油工业出版社，1981.
16 秦同洛等. 实用油藏工程方法. 北京：石油工业出版社，1989.
17 林梁. 电缆地层测试器原理及应用. 北京：石油工业出版社，1994.
18 叶荣. 地层测试技术. 北京：石油工业出版社，1988.
19 孙玮. 川中磨溪与龙女寺雷口坡组构造特征. 成都理工大学学报，2009(4).
20 刘英. Mohr-coulomb 屈服准则在岩土工程中的应用. 世界地质，2010(4).